高等职业教育机电类专业系列教材

数字化建模与制造

主　编　郭　晟　张德红
副主编　刘　勇　刘存平　赖　啸
参　编　宋　宁　郭　容

中国轻工业出版社

图书在版编目（CIP）数据

数字化建模与制造/郭晟，张德红主编. —北京：中国轻工业出版社，2021.3

高等职业教育机电类专业系列教材

ISBN 978-7-5184-3091-8

Ⅰ.①数… Ⅱ.①郭…②张… Ⅲ.①三维-工业产品-产品设计-计算机辅助设计-应用软件-高等职业教育-教材 Ⅳ.①TB472

中国版本图书馆 CIP 数据核字（2020）第 130608 号

责任编辑：张文佳 宋 博

策划编辑：张文佳　　责任终审：李建华　　封面设计：锋尚设计

版式设计：霸 州　　责任校对：朱燕春　　责任监印：张 可

出版发行：中国轻工业出版社（北京东长安街 6 号，邮编：100740）

印　　刷：三河市国英印务有限公司

经　　销：各地新华书店

版　　次：2021 年 3 月第 1 版第 1 次印刷

开　　本：787×1092　1/16　印张：12.75

字　　数：350 千字

书　　号：ISBN 978-7-5184-3091-8　定价：39.80 元

邮购电话：010-65241695

发行电话：010-85119835　　传真：85113293

网　　址：http://www.chlip.com.cn

Email：club@chlip.com.cn

如发现图书残缺请与我社邮购联系调换

210212J2C102ZBW

[前言]
PREFACE

本书以三维数字化设计与制造的过程为主线，以来自真实的典型生产线产品为载体，系统介绍了数字化设计与制造技能，并将三维扫描、数据处理、逆向建模、CAD、CAM等知识与技能模块融入设计与制造过程，强调逆向设计与 CAD/CAM 技术的综合应用技能。

本书以“项目”式结构进行组织，紧密结合数字化设计与制造相关专业的技能要求与发展需要实施案例教学，设置三维数据采集与处理技术基础、逆向设计 CAD 技术基础、CAD 技术基础与应用、CAM 技术基础与应用、门把手三维数字化逆向建模与制造、剃毛器三维数字化逆向建模与制造、瓶盖注塑模具型腔逆向建模与再制造、叶轮三维数字化逆向建模与制造 8 个项目，从易到难进行层次性案例解说。每个项目均配有相应的练习实例与技能考评点，并配有相应的数据模型。本教材的编写体现了“学中做，做中学”的理念。

本书由宜宾职业技术学院的郭晟（项目 3、4、5）、张德红（项目 1）任主编，由刘勇（项目 8）、刘存平（项目 6）、赖啸（项目 7）任副主编，参加编写的还有宋宁（项目 2）、郭容（项目 2）等，本书最后由袁永富教授审核定稿，在此表示衷心的感谢！

本书的编写得到了北京三维天下科技股份有限公司技术人员的大力指导，在此一并表示感谢！

本书是高职数字化设计与制造专业的教学用书，也可供机械设计与制造等相关专业的本、专科教学使用或参考，对其他机械大类相关专业的逆向设计及 CAD/CAM 教学也有一定的参考价值。另外，本书还可以供从事逆向设计的工程技术人员及 UG NX 技术爱好者自学使用。

由于编者的水平有限，书中难免存在不足之处，恳请广大读者批评指正。

编者

[目 录]
CONTENTS

项目1 CHAPTER 1 三维数据采集与处理技术基础

【项目导读】

（1）项目内容

本项目主要是在全面了解逆向技术基础知识、扫描仪结构与功能基础、安装调试基本知识和点云数据处理的基础上，通过北京三维天下扫描仪数据采集、点云数据导入与处理等基本任务来学习零件产品的三维数据的采集与处理，掌握相应的基本操作方法，为下一步学习建模设计打基础。

（2）学习目标

通过本项目的学习，读者应了解 3D 扫描的基本工艺与方法，熟悉 3D 数据采集与处理的基本工作流程，学会北京三维天下三维扫描仪的基本操作方法及点云对齐、过滤、降噪、封装与三角面片处理（多边形数据补洞、光顺、诊断）等基本手段，能够正确进行扫描，并能生成适用性较好的初始数据文件。

（3）知识目标

了解逆向设计技术的发展与应用动向；了解三维扫描仪的基本结构与功能部件；了解三维扫描的基本方法与步骤；熟悉逆向技术的基本概念与应用。

（4）能力目标

熟悉 3D 扫描仪的组成；了解 3D 扫描仪的安装方法；能完成 3D 扫描仪系统软件的安装；能正确进行标定；能正确进行喷粉、贴标、橡皮泥、三维转盘等操作；能正确进行扫描；能生成适用性较好的初始数据文件。

（5）素质目标

具有学习新知识、新技能的能力；熟练地运用计算机，迅速准确查阅到与主题相关的信息，并具有较高的查阅和检索技巧；具有严谨、认真、细致的职业素养；具有标准化作业理念与职业素质；具有良好的团队意识和协作精神，思维开阔，创新意识强；求知欲强，方法能力较好，并具有较好的分析问题，处理问题的能力。

【知识链接】

1. 逆向工程的原理及特点

作为一种先进的设计方法，逆向工程在业界的应用已越来越广泛。在瞬息万变的现代产品市场中，能否快速地生产出合乎市场要求的产品成为企业成败的关键。大多数情况下，工程技术人员只拿到一个实物样品或手工模型，没有图纸或CAD数据档案，没办法得到准确的尺寸，这就为后续的设计和制造带来了很大的障碍。逆向工程技术很好地解决了这一问题。传统的复制方法时间长且效果不佳，逆向工程系统则专门为制造业提供了一个全新、高效的三维制造路线，并给出了一个一体化的解决方案，即从样品到数据再到产品。

逆向工程是一个“从有到无”的过程，其原理是根据已经存在的产品模型，通过使用各种测量手段及三维几何建模方法，将原有实物转化为计算机上的三维数字模型，反向推出产品的设计数据。逆向过程是使用高速三维激光扫描机对已有的样品或模型进行准确、高速的扫描，得到其三维轮廓数据后，由逆向软件进行曲向重构，并对重构的曲面进行在线精度分析、评价构造效果，最终生成IGES或STL数据，供快速成型或CNC数控加工。

从样品（实物，图片等）直接反求出CAD数据，然后用快速成型或CNC数控加工出产品（模具），体现了逆向工程快速、高效等特点。

2. 3D逆向建模设计的工作思路

3D逆向建模设计具有良好而清晰的工作思路，主要由数据获取、数据预处理、数据分割、曲面重构、再设计等几个步骤构成，如图1-1所示。

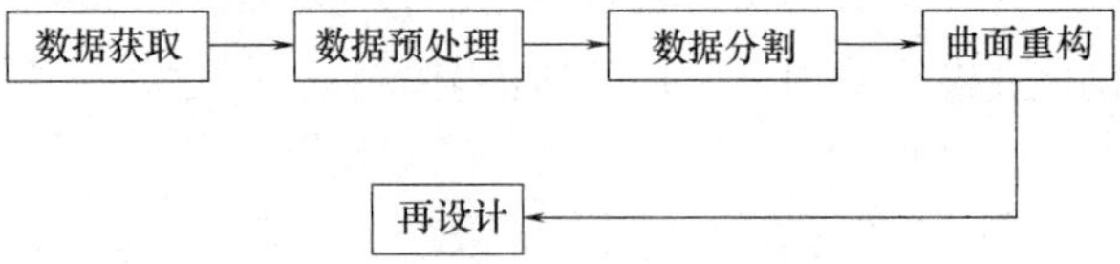

图1-1 逆向设计工作流程

在“数据获取”阶段，主要是运用先进的3D检测设备获取产品（制件或模型）的表面数据；在“数据预处理”阶段是运用数据处理软件对测量数据进行预处理，其主要手段有拼合、简化、过滤、三角化等；“数据分割”阶段主要是测量模型所构成的诸曲面所具有的不同的曲面特征，这些不同特征的曲面数据须进行分块；“曲面重构”阶段根据几何特征将前述分块的各子曲面进行曲面拟合，通过重构得到产品完整的曲面模型。通过导入这些模型，进行质量评价与精度验证，就可以在“再设计”阶段进行反求复原与优化设计，之后再通过CAM来进行加工验证。

3. Win3DD扫描仪介绍与结构分析

Win3DD系列产品是北京三维天下公司自主研发的高精度三维扫描仪。在延续经典双目系列的技术优势基础上，Win3DD扫描仪对外观设计、结构设计、软件功能和附件配置进行了大幅提升，具有了高精度、易学易用、方便携带、安全可靠等特点。

(1) 硬件系统结构

Win3DD扫描仪的硬件系统结构如图1-2所示。

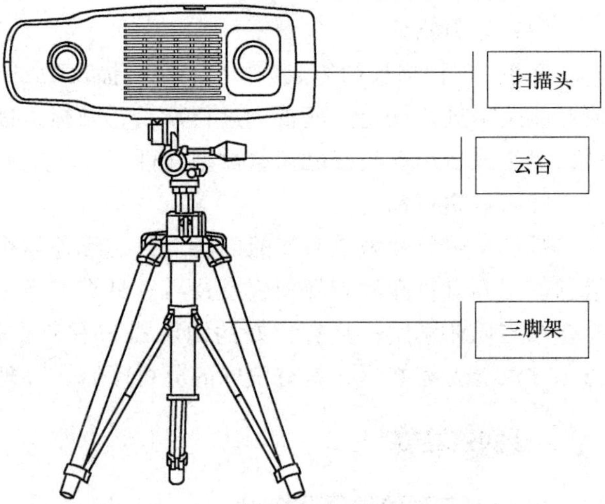

图1-2 Win3DD硬件系统结构

（2）扫描头使用注意事项（图 1-3）

1）避免扫描系统碰撞，造成不必要的硬件系统损坏或影响扫描数据质量。

2）禁止碰触相机镜头和光栅投射器镜头。

3）扫描头扶手仅在云台对扫描头做上下、水平、左右调整时使用。

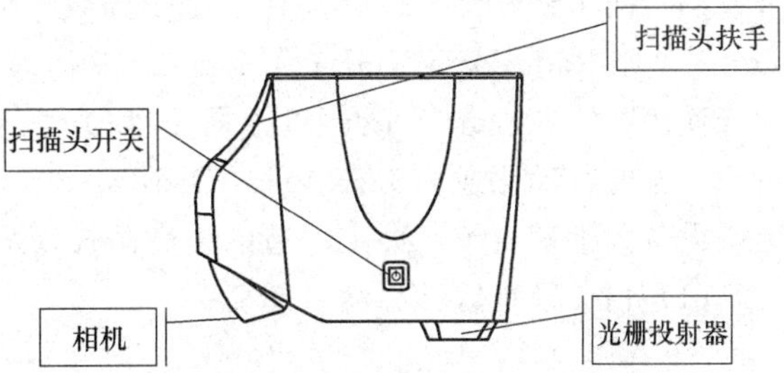

图 1-3 扫描头

4）严禁在搬运扫描头时使用此扶手。

（3）云台及三脚架使用注意事项（图 1-4）

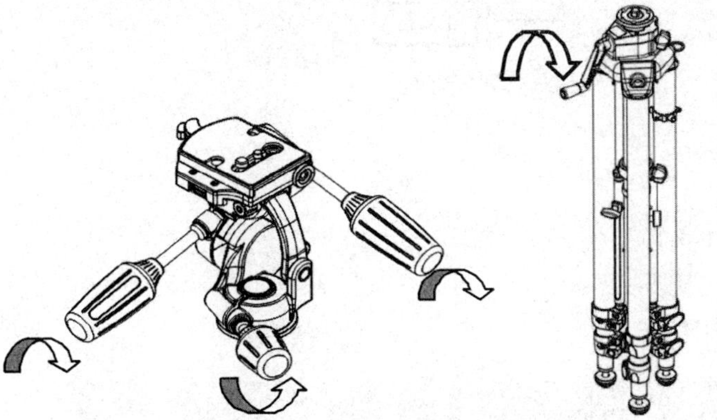

图 1-4 云台及三脚架

1）调整云台旋钮可使扫描头进行多角度转向。

2）调整三脚架旋钮可对扫描头的高低进行调整。

3）云台及三脚架在角度、高低调整结束后，一定要将各方向的螺钉锁紧，否则可能会由于固定不紧造成扫描头内部器件发生碰撞，导致硬件系统损坏。固定不紧也可能在扫描过程中硬件系统晃动，对扫描结果产生影响。

4. 复杂曲面的点云数据获取、处理与优化

逆向的基础是数据采集，是通过 3D 激光扫描技术来快速获取产品表层信息。我们采用北京三维天下科技有限公司的 Win3DD 三维扫描系统来进行数据采集。这种设备以非接触式方法来获得产品表面信息，其采用的面投影光栅法具有较高的精度和很高的扫描速度，使用方便，扫描精度可达 0.01～0.1mm。

产品的几何形状数据采集是逆向设计中的关键技术之一，完整性和精度是点云数据性能的两个重要指标。如果产品表面细小而边界残缺不全，那么点云数据就难以判断，这种状况下的数据重构是无法进行的。为使这两个指标均达到要求，扫描前要仔细观察产品的破损面，拟定最优的扫描方案。同时要做好清洁工作，认真标记合适的标志点，对设备完成较为精确的标定；在扫描时要注意结合转盘、橡皮泥、转盘垫块等辅助用品实现数据采集的全方位、完整性。

扫描所获取的产品初始图元数据是离散的，必须经过优化处理。采用 Geomagic Wrap 软件，通过降噪、去除孤点、去除重叠、填充孔、去除特征、松弛、网格医生、精简等工具对数据进行优化处理，最后进行封装得到网格面模型。通过运用这些点云数据处理工具，可以较好地甄别并人为减少扫描中产生的数据误差。

5. 扫描系统与点云处理软件基本介绍

Geomagic Studio（Wrap）是智能化的逆向工程软件，也是目前最容易入门和使用最普遍的逆向工程软件。该软件在三维扫描数据处理方面功能强大，经常与 Geomagic Design X（原 Rapidform XOR）、Siemens NX（UG）、Creo（Pro/E）、Catia 等软件在前端配合使用。Geomagic Studio 可根据任何实物零部件自动生成准确的数字模型。作为全球用户首选的自动化逆向工程软件，Geomagic Studio 还为新兴应用提供了理想的选择，如定制设备大批量生产、即定即造的生产模式以及原始零部件的自动重造。

（1）扫描系统软件界面（图 1-5）

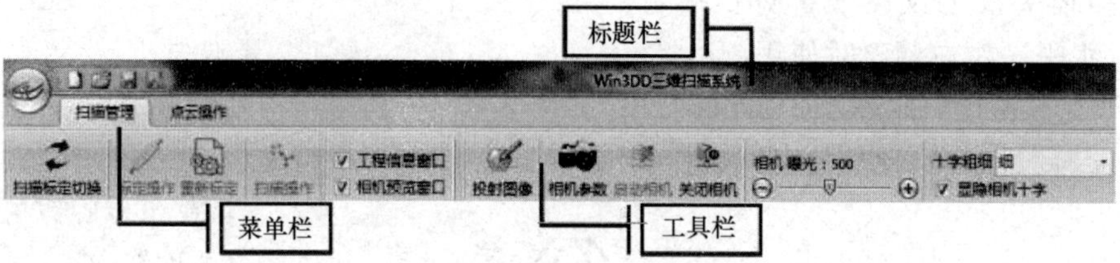

图 1-5　扫描系统软件界面

界面介绍，如图 1-5 所示。

1）标题栏：扫描系统名称。

2）菜单栏：包括所有的操作选项。

3）工具栏：提供了操作的快捷方式。

（2）点云操作工具栏界面（图 1-6）

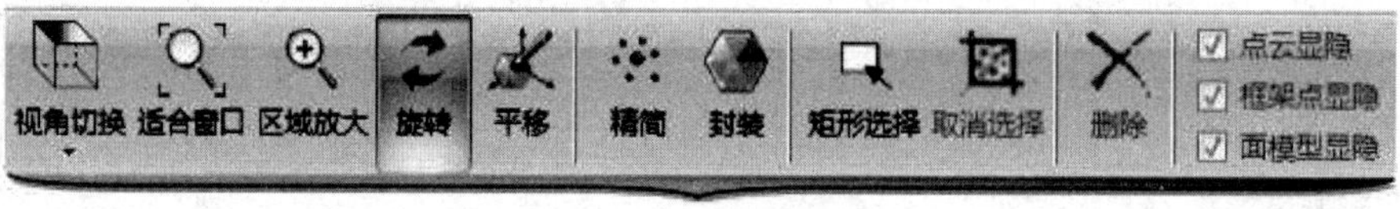

图 1-6　点云操作工具栏

1）视角切换（包括 6 个功能）：对视图进行多方位显示，即分别获得从 6 个方位观察三维点云数据的视觉效果。

2）适合窗口：使放大、缩小或偏离三维点云数据适合窗口显示。

3）区域放大：对所选区域的数据进行放大显示，便于观察。

4）旋转：对三维场景中的三维点云进行旋转，便于从各个角度观察。

5）平移：对三维场景中的三维点云进行平移。在放大点云观看其某个部分的时候，常会用到这一功能。

6）精简：精简点云模型数据量，压缩点云文件所占内存。

7）封装：计算当前点云模型的曲面模型，使点云模型转变为三角面片模型。

（3）扫描管理工具栏界面

扫描管理工具栏功能，如图 1-7 所示。

1）扫描标定切换：主要用于扫描视图与标定视图的转换。

2）标定操作：与软件系统菜单的“标定”项相对应，用于单帧采集标定板图像。

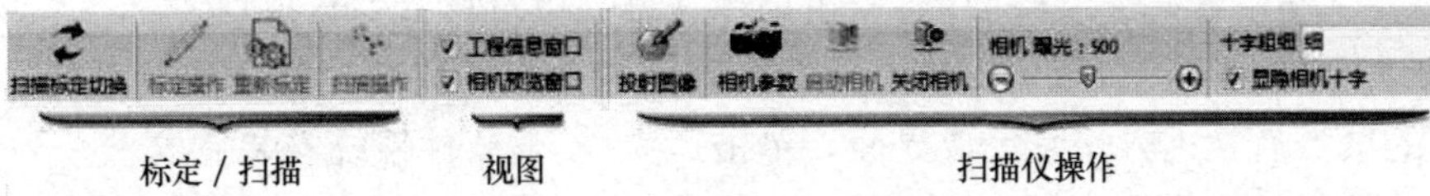

图 1-7　扫描管理工具栏

3）重新标定：用于标定失败或标定误差过大时进行重新标定。

4）扫描操作：用于单帧工件的扫描。

5）工程信息窗口：用于对工程信息树状显示区的显隐。

6）相机预览窗口：用于对相机实时显示区的显隐。

【项目实施】

任务 1　硬件系统与软件系统的安装

1. 任务导入

按照说明书要求，进行硬件系统装配、扫描与数据处理软件系统及相机驱动程序的安装。

2. 任务分析

本任务主要是实现扫描系统硬件与软件的安装。将学生分组，分发任务单。教师进行分步操作示范，并进行扫描系统装配分析与关键步骤解析，然后组织全场讨论。教师再以巡回指导、问题纠正及单独点拨等方式进行任务解惑来完成本任务的实施。

3. 工作步骤

（1）硬件系统的装配

首先将扫描头与快装板用螺丝连接，然后与云台连接装卡，硬件系统即装卡完毕。拆分时，按住云台快装板按钮，拔起扫描头即可。

（2）Win3DD 软件系统的安装

安装 Win3DD 软件系统前，建议先将硬件系统正确连接到专用计算机。要特别注意安装路径为英文路径，不能存在中文。

1）打开安装程序文件，找到 Win3DD 三维扫描系统安装向导图标。

2）双击安装向导。

3）点击“下一步”进入“安装向导许可证”界面，该界面提供使用本系统应遵循的《软件许可协议》。

4）选择“我接受许可证中的条款”，单击“下一步”，进入“组件设定”界面。该界面提供了用户需要安装的功能组件，包括软件协助功能组件、相机驱动程序和主程序（必须安装），其中软件协助功能组件和相机驱动程序为主程序正常运行时必不可少的支持。如果在专用计算机中已经正确安装软件协助功能组件和相机驱动程序，该两项为可选项。如果在专用计算机中已经安装主程序，此时则提示“已经安装”，用户无须再次安装主程序；如未安装主程序，安装向导则默认该项必须安装。

5）点击“下一步”，安装向导将给出用户选择，以供核对安装信息。

6）点击“安装”按钮后，安装向导将按照用户选择的安装项智能安装系统，安装完用户选择的项目后，进入安装完成界面，单击“完成”，软件系统安装完成。

（3）软件协助功能组件的安装

1）勾选软件协助功能组件，点击“下一步”。

2）在软件协助功能组件安装程序准备界面，点击“安装”。

3）在选择安装语言界面，点击“OK”。

4）在选择安装向导界面，点击“安装”。

5）根据提示步骤进行界面安装即可。

（4）相机驱动程序的安装

1）进入相机驱动安装向导欢迎界面，点击“安装”。

2）进入相机驱动安装中界面。

3）相机安装完成。

（5）主程序安装

1）进入主程序安装向导欢迎界面，点击“安装”。

2）进入主程序安装向导许可协议界面，选择“我接受该许可证协议中的条款”后点击“下一步”。

3）进入主程序安装向导用户信息界面。在该界面中用户可以修改用户姓名和单位。

4）进入主程序安装向导安装类型界面，选择安装类型。

5）进入主程序安装向导准备安装提示界面，点击“安装”。

6）进入主程序安装向导安装过程界面。

7）安装结束后主程序安装向导将给出主程序安装完成提示。

任务2　标定并新建工程

1. 任务导入

安装好扫描设备后，为获取有效的三维数据采集，在使用前要进行标定。按照规范，标定后还要建立一个工程文件。

2. 任务分析

标定是3D扫描设备首次使用时必须进行的一道工序，并且标定是操作难点之一，必须按规范操作认真完成。标定完成后要建立第一个3D数据采集工程文件。

3. 工作步骤

1）先打开电脑与WIN3DD软件，再打开扫描仪（数据线接触不良时要拔线后重做）。

2）点“扫描标定切换”图标工具，将白纸放黑布上进行标定，当黑＋与白＋中心对齐（支架不要太高，否则不能对中），说明已处于600高度间距。

3）将白纸换为标定板（注意必须戴手套，以免标定板被污染），两个大白点在上，使中心尽量对齐，必须保证看得到880个点（共990个）。

4）点击“标定操作”图标（或点击下空格键）。

5）上移 40（上摇 4 转）（640 高度），点击下空格键。

6）下移 80（上摇 8 转）（560 高度），点击下空格键。

7）上移 40（上摇 4 转）（600 高度），注意不要点击空格键，标定板转 90°并在其右侧一角垫 20（黑泡垫横摆垫其一角），点击下空格键。

8）标定板再同向转 90°，在其右侧一角垫 20（黑泡垫横摆垫其一角），点击下空格键。

9）标定板再同向转 90°，在其右侧一角垫 20（黑泡垫横摆垫其一角），点击下空格键。

10）标定板再同向转 90°，在其左侧一角垫 30（黑泡垫侧摆垫其一角），点击下空格键。

11）标定板再同向转 90°，在其左侧一角垫 30（黑泡垫侧摆垫其一角），点击下空格键。

12）标定板再同向转 90°，在其左侧一角垫 30（黑泡垫侧摆垫其一角），点击下空格键。

13）标定板再同向转 90°，在其左侧一角垫 30（黑泡垫侧摆垫其一角），点击下空格键。

14）点击左上 WIN3DD 图标，“新建工程 1”。

15）将喷好显像剂的产品垫橡皮泥放在转盘上（注意：转盘上先杂乱地多贴标志点），点击“扫描标定切换”图标工具，再点击“扫描操作”图标工具，转 3～5 个不同角度分别扫描（即点击“扫描操作”图标工具）。

16）将转盘垫高一点角度，再扫描几次（注意：产品在转盘上的位置不可移，通过转盘垫不同角度使扫到的表面尽可能完全，使正/反面扫描后拥有较多的重复区域，以便于手动对齐拼接），将模型导出为点云 ASC 格式。

17）“新建工程 2”，用同样方法扫描好反面的点云文件。

任务 3　实体零件 3D 扫描与数据获取

1. 任务导入

对实体曲面零件（图 1-8）进行 3D 扫描并获取完整性和精确性都能满足要求的数据信息。

2. 任务分析

本工件是高光表面制件，为保证采集的三维数据完整性与精度都达到要求，先要给工件喷涂显像剂，再优化标志点，然后按规范进行三维扫描与数据采集工作。

图 1-8　实体零件

3. 工作步骤

1）喷显像剂。

2）贴标志点。标志点粘贴在此工件的一个小弧面上，不影响其扫描及后期处理，如图 1-9

图 1-9 粘贴标志点

所示。

3）确定扫描方式。此工件为典型结构件，各方向特征明显，因此选用“拼接扫描”的方式。

4）将制件放在转盘上进行多角度旋转扫描，如图 1-10 所示。

5）保存扫描数据。如图 1-11 所示，拼接扫描好的点云数据，将数据保存为点云 txt 格式，之后导入到 Geomagic Studio 等逆向工程软件中，进行点云数据处理，最后完成建模。

图 1-10 多角度扫描

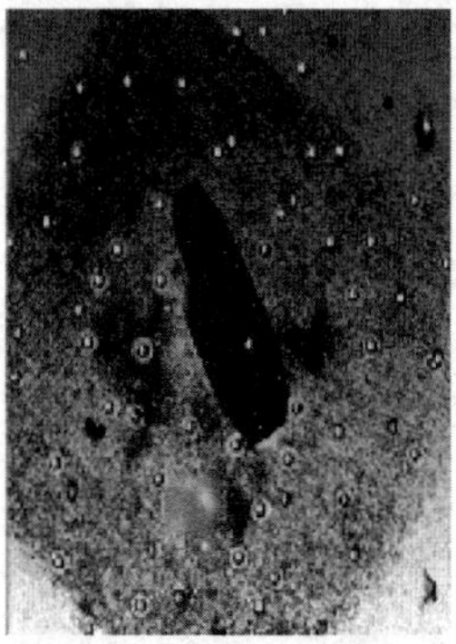

图 1-11 拼接点云数据

任务 4 瓶盖模具模板点云数据处理

1. 任务导入

对已经扫描完成的瓶盖模具模板点云数据进行处理，使之能满足接下来逆向建模的工作需求。初始的瓶盖模具模板点云数据文件如图 1-12 所示。

图 1-12 采集的初始瓶盖模具模板点云数据

2. 任务分析

本工作任务主要是运用先进的点云数据处理软件对初始采集的点云进行着色、对齐、过滤、降噪、封装等基本处理。

3. 工作步骤

1）打开文件：启动 Geomagic Studio (Wrap) 软件，选择菜单【文件】→【打开】命令，系统弹出“打开文件”对话框，查找模具模板数据文件并打开 txt 格式文件，在工作区显示载体，如图 1-13 所示。

2）点着色：为了更加清晰、方便地观察

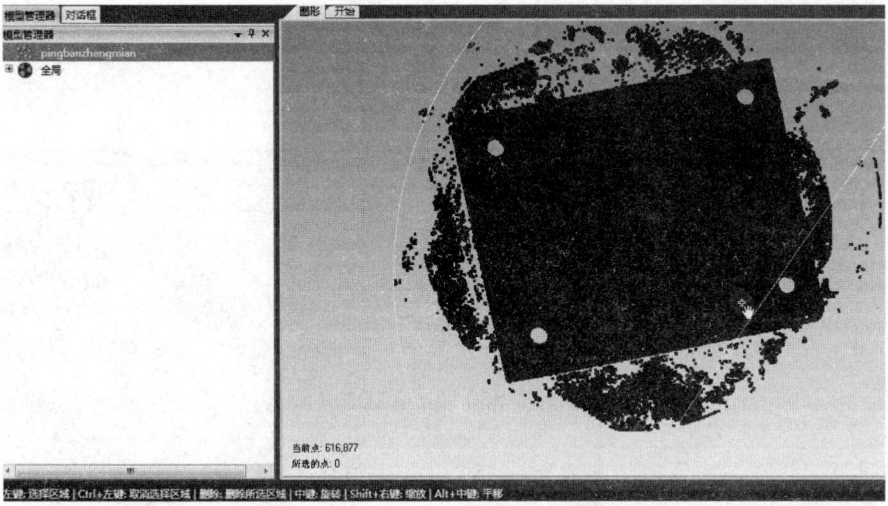

图 1-13　工作区

点云的形状，要将点云进行着色。选择菜单栏【点】→【着色点】，着色后的视图如图 1-14 所示。

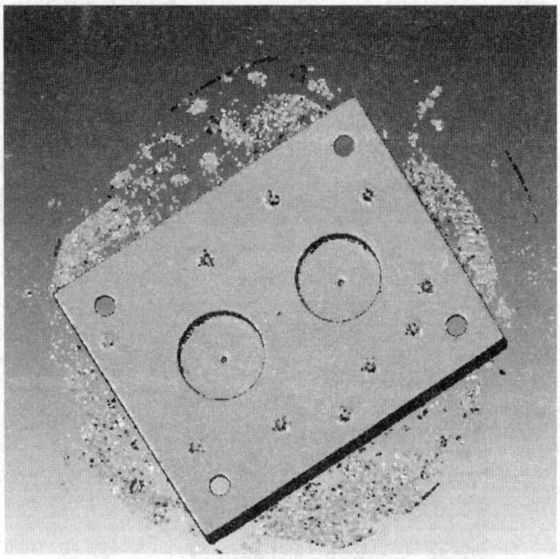

图 1-14　点着色

3）断开组件连接：选择菜单栏【点】→【选择】→【断开组件连接】，在管理器面板中弹出如图 1-15 所示的“选择非连接项”对话框。在分隔的下拉菜单中选择“低”分隔方式，这样系统会选择在拐角处离主点云很近但不属于它们一部分的点。“尺寸”按默认值 5.0，点击上方的“确认”按钮。点云中的非连接项被选中并呈现红色，按下 delete 键。

4）体外孤点：选择菜单【点】→【选择】→【体外孤点】，在管理面板中弹出“选择体外孤点”对话框，设置“敏感性”的值为 50，也可以通过单击右侧的两个三角号增加或减少“敏感性”的值，单击确定按钮。此时体外孤点被选中，呈现红色，如图 1-16 所示。对于选择不上的部分，使用套索手动选择。然后选择菜单【点】→【删除】或按 delete 键删除所选中的点。

5）手动注册：选择菜单【点】→【对齐】→【手动对齐】，在“模式”对话框选择“n 点注册”，分别在相应的图形框中选择上下拼接图。将两拼接图对齐放正，并在相互对应的位置上选择一定数量的拼接点，点击“确定”完成图形的拼接，如图 1-17 所示。

6）减少噪声：选择菜单【点】→【减少噪声】，在管理器模块中弹出“减少噪声”对话框。选择“棱柱形（积极）”，“平滑度水平”滑标设置在第二个挡上。“迭代”设为 5，“偏差限制”设为 0.2mm。单击“应用”按钮，退出对话框。

7）封装：选择菜单【点】→【封装】，系统会弹出一个对话框，该命令将围绕点云进行

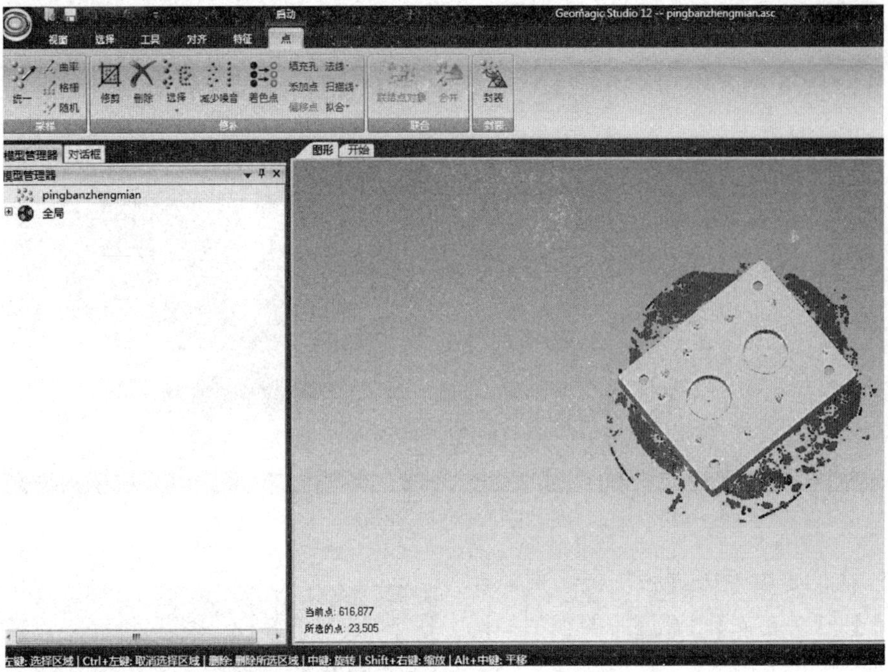

图 1-15 选择非连接项

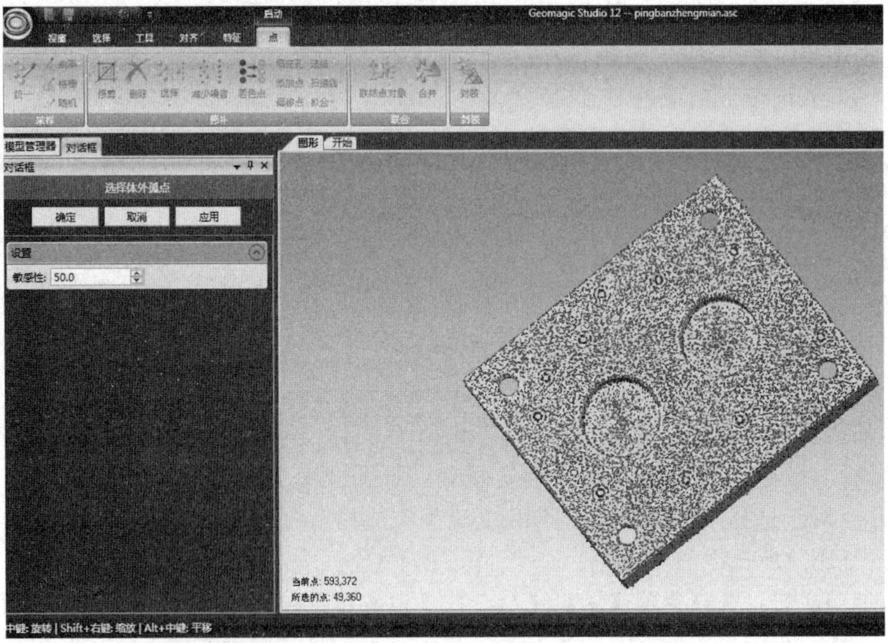

图 1-16 体外弧点

封装运算，使点云数据转化为多边形模型。

8）网格医生：封装后的文件需要进行处理，选择菜单栏【网格医生】，默认系统设置，点击“运用”后确定。

9）保存文件：最后点击左上角的保存图标，保存文件为 STL 格式。

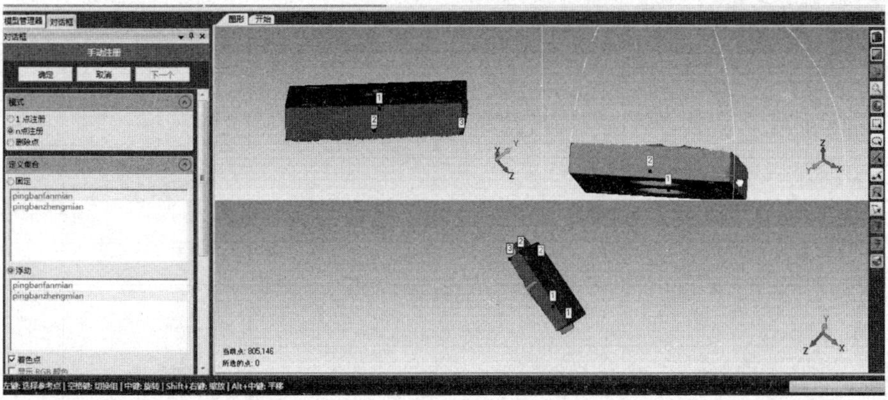

图 1-17　注册（对齐）

【项目总结】

通过本工作任务的实施，熟知逆向技术基本知识和三维扫描仪基本结构与功能，学会扫描设备装配分析，能安装 WIN3DD 软件。本工作任务重点要求掌握的关键技能点主要如下。

1. 3D 扫描仪结构与功能。
2. 扫描软件安装与文件的制定。
3. WIN3DD 系统工具与界面、3D 扫描仪的具体操作。
4. 标定、喷粉与贴标。
5. 点云数据的去除孤点、除杂、点云对齐、过滤、降噪、封装等处理方法。

【项目作业与技能考评】

某道具剑柄如图 1-18 所示，试以 3D 逆向技术对其进行数据采集与处理，生成能用于逆向建模的数据文件。此作业任务的考评要求如表 1-1 所示。

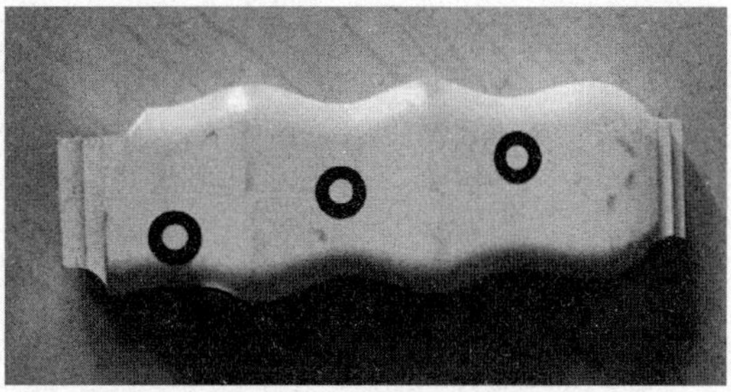

图 1-18　（道具）剑柄

表 1-1　3D 数据采集与处理技能考评表

实训作业任务序次	实训作业任务主要内容	关键能力与技术检测点	检测结果	评分
1	3D 扫描与数据采集	接受新事物能力 3D 扫描设备的操作能力 喷涂显像剂、贴标、转盘与橡皮泥的运用技巧 扫描数据的获取技巧等		
2	数据处理	数据处理软件应用操作能力 点云数据的去除孤点、除杂、点云对齐、过滤、降噪、封装等工具的使用等		

① 此表建议细化每一项技能量化一个分数，方便学生对照练习；方便教师考评。

② 标明满分多少分，每项配分多少。

			配分	结果	得分
1					
2					
3					
4					
5					
⋮					

项目2 CHAPTER 2 逆向设计CAD技术基础

【项目导读】

（1）项目内容

本项目主要是在全面了解逆向设计基本知识和逆向设计软件 Geomagic Design X 系统的基础上，通过基本建模、终端到终端建模、领域编辑、面片草图、视图对齐等任务实施，来理解 Geomagic Design X 的各主要功能模块，掌握 Geomagic Design X 的基本操作方法，初步学会运用 Geomagic Design X 工具进行逆向建模设计。

（2）学习目标

通过本项目的学习，认识常见逆向设计软件，学会 Geomagic Design X 文件的创建、打开、保存与退出，了解 Geomagic Design X 的基本工作流程，学会 Geomagic Design X 的基本建模设计方法，学会调用系统工具进行操作。

（3）知识目标

了解逆向设计技术的发展与应用动向；了解 Geomagic Design X 的系统要求；熟悉软件系统的基本界面；掌握 Geomagic Design X 理念与工作过程；熟悉 Geomagic Design X 的基本操作流程。

（4）能力目标

掌握 Geomagic Design X 的基本操作流程；了解常用菜单；能熟练调用各功能指令；掌握零件摆正、坐标系创建、草图建模、特征提取建模、细节设计、数据修复等技术手段及混合建模的一般流程。

（5）素质目标

具备学习新知识、新技能的能力；吃苦耐劳，乐于钻研，热爱专业技术工作；具有一定的创新意识与设计技巧。

【知识链接】

1. 逆向设计技术基础知识

逆向工程也称“反求工程”或“反向工程”，是根据已存在的产品或零件原型构造产品或零件的工程设计模型，并在此基础上对已有产品进行剖析和改进，是对已有设计的再设计技术。随着计算机技术、信息技术、数据采集与处理技术的迅猛发展，作为前沿的高新技术之一，逆向设计技术在工业界的应用越来越广泛，已成为现代工业设计与制造不可或缺的重要技术手段，是现代企业进行新产品开发及关键零件与装置的修复、创新的法宝，是当代生产单位在日趋激烈的国际竞争中立足的强有力保障。

（1）逆向工程的分类

1）实物逆向：它是在已有产品实物的条件下，通过测绘和分析进行再创造，包括功能、性能、方案、结构、材质等多方面的逆向。实物逆向的对象可以是整机、零部件和组件。

2）软件逆向：产品样本、技术文件、设计书、使用说明书、图纸、有关规范和标准、治理规范和质量保证手册等均属于技术软件。软件逆向有三类：既有实物，又有全套技术软件；只有实物而无技术软件；没有实物，仅有全套或部分技术软件。

3）影像逆向：既无产品实物，也无技术软件，仅有产品的图片、广告介绍或参观后的印象等，设计者要通过这些资料构思、设计产品，这种逆向称为影像逆向。

目前，国内外有关逆向工程的研究主要集中在几何外形的逆向，即重建产品实物的CAD，也称为“实物逆向工程”。

（2）逆向工程数据丈量技术

数据丈量是通过特定的丈量设备和丈量方法获取产品表面离散点的几何坐标数据，将产品的几何外形数字化。数据丈量的原理是：将被测产品放置于三坐标丈量机的丈量空间内，获得被测产品上各个丈量点的坐标位置，根据这些点的空间坐标值，经过计算机数据处理，拟合形成丈量元素，如圆、球、圆柱、圆锥、曲面等，经过数学计算的方法得出其外形、位置公差及其他几何量数据。高效、高精度地获取产品的数字化信息是实现逆向工程的基础和关键。

现有的数据采集方法主要分为以下两大类：

1）接触式数据采集方法。

接触式数据采集方法包括使用基于力的击发原理的触发式数据采集和连续式扫描数据采集、磁场法、超声波法。接触式数据采集通常使用三坐标丈量机，丈量时可根据实物的特征和丈量的要求选择测头及其方向，确定丈量点数及其分布，然后确定丈量的路径，有时还要进行碰撞的检查。触发式数据采集方法采用触发探头。触发探头又称为开关测头，当测头的探针接触到产品表面时，由于探针受力变形触发采样开关，通过数据采集系统记下探针的当前坐标值，逐点移动探针就可以获得产品表面轮廓的坐标数据。常用的接触式触发探头主要包括机械式触发探头、应变片式触发探头、压电陶瓷触发探头。

采用触发式测头的优点在于：①该方法适用于空间箱体类工件及已知产品表面的丈量；②触发式探头的通用性较强，适用于尺寸丈量和在线应用；③触发式测头体积小，易于在狭小的空间内应用；④由于丈量数据点时丈量机处于匀速直线低速状态，因此丈量机的动态性能对丈量精度的影响较小。但由于测头的限制，该方法不能丈量到被测零件的细节，也不能丈量一些易碎、易变形的零件。另外接触式丈量的测头与零件表面接触，丈量速度慢，丈量后还要进行测头补偿，数据量小，不能真实反映实体的外形。

2）非接触式数据采集方法。

非接触式数据采集方法主要运用光学原理进行数据的采集，主要包括激光三角形法、激光测距法、结构光法以及图像分析法等。非接触式数据采集速度快、精度高，排除了由丈量摩擦力和接触压力造成的丈量误差，避免了接触式测头与被测表面由于曲率干涉产生的伪劣点问题，获得的密集点云信息量大、精度高，测头产生的光斑也可以做得很小，可以探测到一般机械测头难以丈量的部位，最大限度地反映被测表面的真实外形。

非接触式数据采集方法的优势在于：①该方法采用非接触式探头，由于没有力的作用，适用于丈量柔软物体；②非接触式探头取样率较高，在 50～23000 次/s，适用于表面外形复杂，精度要求不太高的未知曲面的丈量，如汽车、家电的木模、泥模等。但是非接触式探头由于受到物体表面特征（颜色、光度、粗糙度、外形等）的影响较大，目前在多数情况下其丈量误差比接触式探头要大，保持在 10μm 级以上。该方法主要用于对易变形零件、精度要求不高零件、要求海量数据的零件、不考虑丈量成本及其相关软硬件的配套情况下的丈量。

总之：在可以应用接触式丈量方法的情况下，就不要采用非接触式丈量；在只丈量尺寸、位置要素的情况下尽量采用接触式丈量；考虑丈量成本且能满足要求的情况下，尽量采用接触式丈量；对产品的轮廓及尺寸精度要求较高的情况下采用非接触式丈量；对离算点的丈量采用扫描式；对易变形、精度要求不高的产品和要求获得大量丈量数据的零件进行丈量时采用非接触式丈量方法。

（3）逆向工程数据处理技术

数据处理是逆向工程一个重要的技术环节，它决定了后续 CAD 模型重建过程能否方便、正确地进行。根据丈量点的数量，丈量数据可以分为一般数据点和海量数据点；根据丈量数据的规整性，丈量数据又可以分为散乱数据点和规矩数据点。不同的丈量系统所得到的丈量数据的格式是不一致的，且几乎所有的丈量方式和丈量系统都不可避免地存在误差。因此，在利用丈量数据进行 CAD 重建前必须对丈量数据进行处理。数据处理工作主要包括数据格式的转化、多视点云的拼合、点云过滤、数据精简和点云分块等。

每个 CAD/CAM 系统都有自己的数据格式。目前流行的 CAD/CAM 软件的产品数据结构和格式各不相同，不仅影响了设计和制造之间的数据传输和程序衔接，而且直接影响了 CMM 与 CAD/CAM 系统的数据通信。目前通行的办法是利用几种主要的数据交换标准（IGES、STEP、AutoCAD 的 DXF 等）来实现数据通信。

在逆向工程实际中，由于坐标丈量都有自己的丈量范围，因此无论我们采用哪种丈量方法，都很难在同一坐标系下将产品的几何数据一次性完全测出。产品的数字化不能在同一坐标系下完成，而在模型重建的时候又必须将这些不同坐标下的数据统一到一个坐标系里，这个数据处理过程就是多视数据定位对齐（多视点云的拼合）。多视数据的对齐主要分为两种：通过专用的丈量软件装置实现丈量数据的直接对齐和事后数据处理对齐。采用事后数据处理对齐又可以分为对数据的直接对齐和基于图形的对齐。对数据的直接对齐研究中出现了多种算法，如 ICP 算法、四元数法、SVD 法以及基于三个基准点的对齐方法等。

数据平滑的目的是消除丈量数据的噪声，以得到精确的数据和好的特征提取效果。目前通常是采用标准高斯、均匀或中值滤波算法。其中，高斯滤波能较好地保持原数据的形貌，中值滤波消除数据毛刺的效果较好，因此在工程实际中应该根据数据质量和建模方法灵活选择滤波算法。

在运用点云数据进行造型处理的过程中，由于海量数据点的存在，使存储和处理这些点云数据成了不可突破的瓶颈。实际上并不是所有的数据点都对模型的重建起作用，因此，可以在保证一定精度的条件下对点云数据进行精简。目前采用的方法有：利用均匀网格减少数据；利用减少多变形三角形减少数据点；利用误差带减少多面体数据点。

数据分割是根据组成实物外形曲面的子曲面的类型，将属于同一曲面类型的数据成组，划分为不同的数据域，为后续的模型重建提供方便。数据分割方法可以分为基于丈量的分割和自动分割两种方法。目前常用的分割方法有：基于参数二次曲面逼近的数据分割法；散乱数据点的自动分割法；基于CT技术的数据分割法。

（4）逆向模型重建技术

在整个逆向工程中，产品的三位几何模型CAD重建是最关键也是最复杂的环节。由于只有获得了产品的CAD模型才能够在此基础上进行后续产品的加工制造、快速成型制造、虚拟仿真制造和进行产品的再设计等，因此在进行模型重建之前，设计者不仅需要了解产品的几何特征和数据的特点等前期信息，而且需要了解结构分析、加工制作模具、快速成型等后续应用问题。目前使用的造型方法主要有：

1）曲线拟合造型。用一个多项式的函数通过插值逼近原始的数据，最终得到足够光滑的曲面。曲线是构成曲面的基础，在逆向工程中常用的模型重建方法为，首先将数据点通过插值或逼近拟合成样条曲线，然后采用造型软件完成曲面片的重构造型。其优点是原理比较简单，只要多项式的次数足够高就可以得到满足要求的曲面，但也容易造成计算的不稳定，同时边界的处理能力也比较差，所以一般用于拟合比较简单的曲面。

2）曲面片直接拟合造型。该方法直接对丈量数据点进行曲面片拟合，获得曲面片经过过渡、混合、连接形成最终的曲面模型。曲面拟合造型既可以处理有序点，也可以处理散乱数据点。其算法有：基于有序点的样条曲面插值；样条曲面插值；对任意丈量点的样条曲面逼近。

3）点数据网格化。网格化实体模型通常是将数据点连接成三角面片，形成多面体实体模型。目前已经形成两种简化方法：基于给定数据点在保证初始几何外形的基础上，反复排除节点和面片，构建新的三角形，最终达到指定的节点数；寻找具有最小的节点和面片的最小多面体。

2. Geomagic Design X 软件介绍

Geomagic Design X是目前业内最优秀的逆向工程软件，是专门将3D扫描数据转化为高质量的基于特征的CAD模型的设计软件，业界通常将重构模型导入到Geomagic Design X软件中来进行逆向建模，其工作流程是依据区域分块通过点云数据构线，然后构面。构线时要控制好公差与样条的阶次，公差要尽可能小，阶次最好不要超出3阶，以便于控制曲率变化。构面时要依据实际情况选用构面方法，可适时添补或减除线元素。重构的曲面模型需按几何表面形状特征进行不同的区域分块，不同区域有不同的构面方法。

Geomagic Design X是参数化正、逆向一体的逆向工程软件，拥有基于历史树的CAD建模和三维扫描数据处理，基于特征的CAD建模功能可独立完成三维扫描数据处理和建模工作，也常与Geomagic Studio配合，在后端使用。

3. Geomagic Design X 图形界面与基本操作

（1）Geomagic Design X图形界面

Geomagic Design X图形界面如图2-1所示。

图形界面由标题栏、菜单栏、图标栏、工具条、提示栏、导航区、图形区等组成。

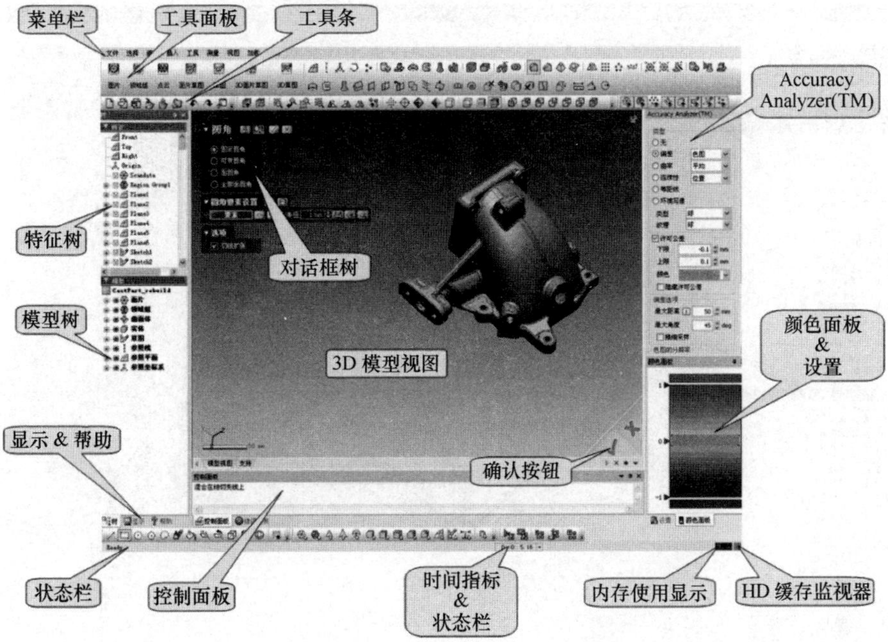

图 2-1 Geomagic Design X 图形界面

标题栏：显示当前窗口的设计文件名称；

菜单栏：操作命令（也可用工具面板工具条上的图标工具）；

工具面板：常用的操作命令图标项；

工具条：进行操作的快速通道；

状态栏：显示操作状态（具有一定的操作导航功能）；

特征树与模型树区：记录操作步骤，并可用于查看、编辑与修改；

图形区：显示设计模型。

（2）Geomagic Design X 对接窗口

应用程序提供了 Accuracy Analyzer（TM）、属性、特征树、模型树等对接窗口。通过鼠标拖动、移动，可以自由地配置对接窗口，如图 2-2 所示。

4. Geomagic Design X 系统工具与基本操作

（1）回转、缩放、平移

1）回转。点击鼠标右键或鼠标的光标呈现 ↻（回转模式）时，以拖动的方式可以回转模型。用鼠标的中键可以切换 ↻（回转模式）和 ○（选择模式）。

2）放大/缩小。滚动鼠标滚轮可以放大/缩小模型。如果向身体侧滚动滚轮，则模型将被缩小。如果向身体外侧滚动滚轮，则模型将被放大。点击“Shift＋鼠标左键”，在这种状态下上下移动鼠标可以缩小/放大模型。

3）平移。点击“Ctrl＋鼠标左键”，在这种状态下移动鼠标，可以平移画面。

4）放大。按住“Shift＋Z”可以放大模型的指定范围。因为这是切换键，再次点击“Shift＋Z”，可以终止放大命令。该功能也可以通过“视图→缩放→范围”命令来实现。

5）前一缩放区。

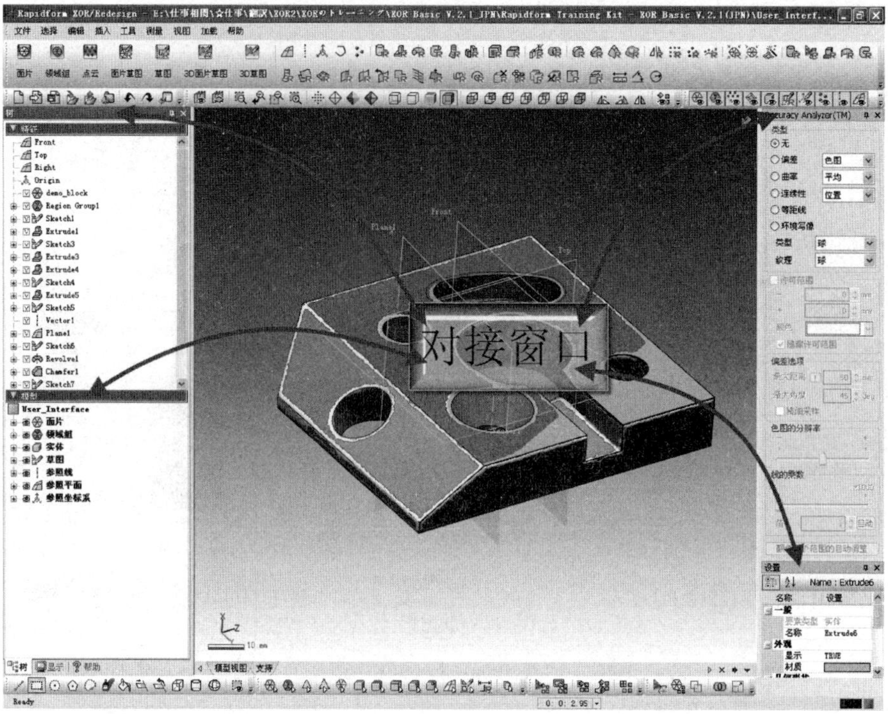

图 2-2 对接窗口

模型在指定范围被放大的情况下，点击“Shift＋X”可以返回到模型的前一缩放状态。该功能也可以通过菜单的“视图→缩放→前一区域”命令来实现。

6）实时缩放。

点击“Ctrl＋F”，可以将模型拟合到画面的中央。该功能也可以通过菜单的“视图→缩放→拟合”命令实现。

7）PIP（画中画）。

“视图→缩放→PIP”命令可以以光标的位置为中心扩大画面。“PIP”命令可以通过选择“视图→缩放→PIP”或点击工具条上的（PIP）图标来实现。

部分操作对应的快捷键及图标对应的含义如表 2-1 所示。

表 2-1　分操作对应的快捷键及图标对应表

操作	快捷键/动作	图标	对应含义
窗口切换	Ctrl＋W		固定窗口中心
关闭窗口	Esc		移动中心（点击＋拖动将窗口中心移动到想要设置的位置）
移动	Ctrl＋鼠标左键		关闭窗口
窗口大小	Ctrl＋鼠标滚轮		变更窗口大小
放大	鼠标滚轮		

(2) 选择过滤器

利用选择过滤器可以控制要素的选择。可以过滤选择面片、领域、单元面、单元点云、面片境界、体、面、环、边线、顶点、参照几何形状、草图等，具体选项如表 2-2 所示。

表 2-2　　选择过滤器选项表

图标	过滤器名称	含义	图标	过滤器名称	含义
	清除所有过滤器	解除所有过滤器的选择		面片过滤器	只允许选择面片
	领域过滤器	只允许选择领域		单元面过滤器	只允许选择单元面
	面片境界过滤器	只允许选择面片境界		单元点云过滤器	只许选择单元点云
	体过滤器	只允许选择体		面过滤器	只允许选择面
	环过滤器	只允许选择环		边线过滤器	只允许选边线和曲线
	顶点过滤器	只允许选择顶点		参照几何形状过滤器	只允许选择参照几何形状
	草图过滤器	只允许选择草图			

(3) 树的管理

点击模型树的项目，可以显示/隐藏模型上的要素，如图 2-3 所示。如果图标变为“ ”状态时，要素在模型视图上被隐藏。当父要素被设置为隐藏状态时，所有的子要素不管状态如何都处于隐藏状态。

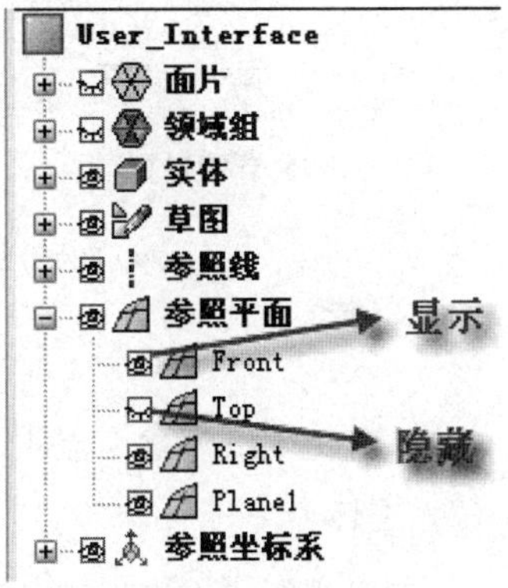

图 2-3　模型树

(4) 视图控制

可以从模型的前、后、左、右、上、下等多个视点查看模型。可以点击工具条上的“ ”按钮，或选择菜单栏里的“视图→视点”命令来变更视点。

可以使用快捷键“Alt＋1”“Alt＋2”“Alt＋3”“Alt＋4”“Alt＋5”“Alt＋6”“Alt＋7”来查看对应模型的前、后、左、右、上、下和等轴侧视点。

还可以点击工具条上 的图标或选择菜单栏里的“视图→视点→对齐视图”命令，选择要素来定义模型的视图方向。

【项目实施】

任务　底座基本建模

1. 任务导入

某底座三维扫描后获得的 stl 格式文件如图 2-4 所示，运用 Geomagic Design X 对其进行基本建模设计。

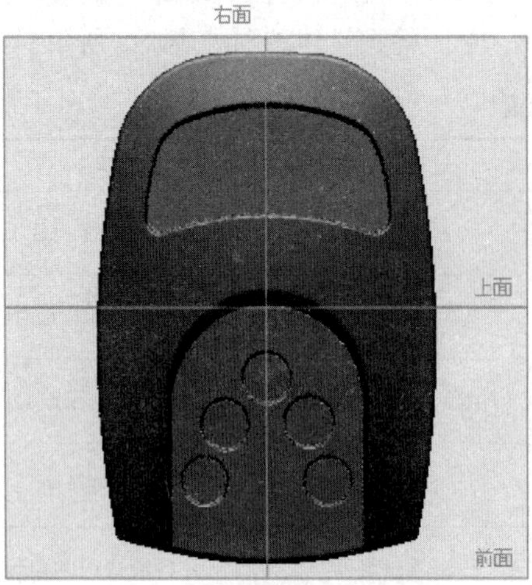

图 2-4 底座 stl 格式文件

2. 任务分析

本任务主要是通过 Geomagic Design X 软件系统中的“领域组、主体、剪切体、圆角、偏差分析”等步骤实现底座的逆向建模，完成后保存文件，然后退出。

3. 工作步骤

（1）领域组

1）导入文件。点击“插入→导入”，导入 Basic_Concept. stl 文件。

2）点击工具栏的（领域组），进入领域组模式，自动显示“自动分割对话框”，如图 2-5（a）所示。如图 2-5（b）所示设置选项，点击 OK 按钮，自动用不同颜色区分领域。

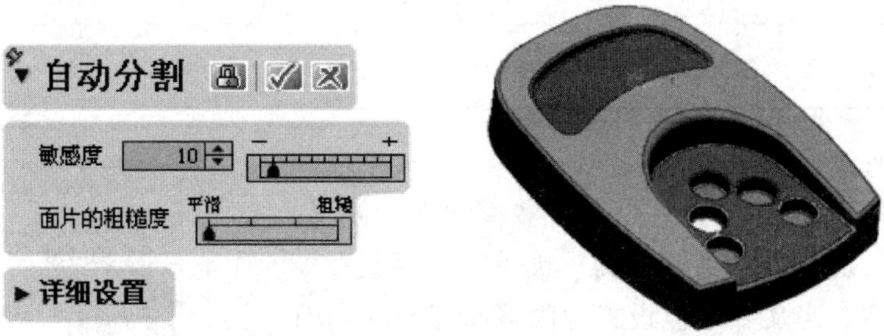

(a) 自动分割对话框　　(b) 区分领域

图 2-5 领域组

3）退出领域组模式。点击右下角的按钮，退出领域组模式。

（2）主体

1）面片草图。为根据面片创建基准草图，点击（面片草图）。选择“前面”，拖拽蓝色箭头到 5mm。如图 2-6（a）所示，点击 OK 按钮，将得到断面多段线（粉色线），如

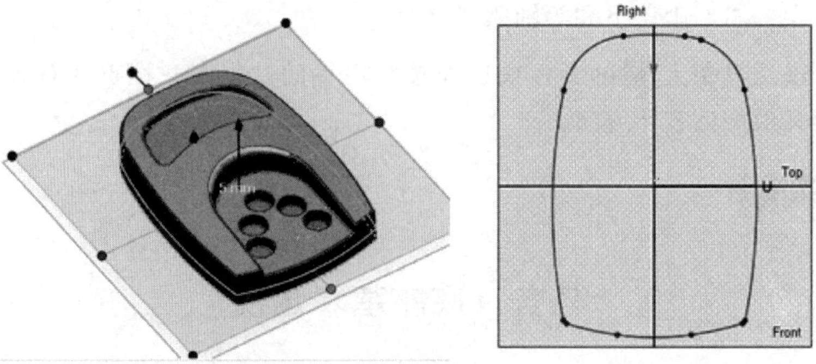

(a) 自动分割对话框　　(b) 区分领域

图 2-6 面片草图

图 2-6（b）所示。

2）基准草图。隐藏面片，基于多段线创建直线和 3 段圆弧，如图 2-7 所示。

3）创建圆角。点击（圆角），创建直线和圆弧间的圆角，如图 2-8 所示。

4）剪切。点击（剪切），选择“相互剪切”命令；选择剪切的 2 个要素，草图要素将自动延长，如图 2-9 所示进行剪切；点击“OK”按钮，结束命令，退出面片草图模式。

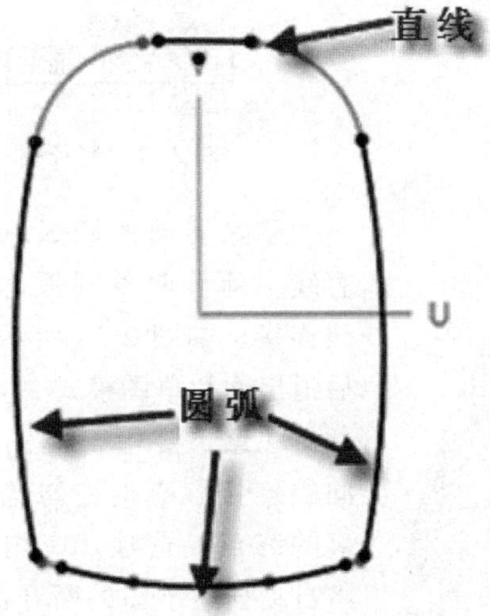

图 2-7　创建直线与圆弧

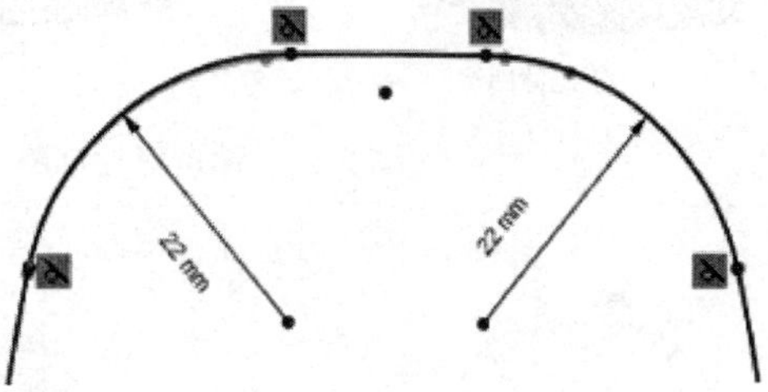

图 2-8　创建圆角

图 2-9　剪切要素

5）拉伸，显示面片。点击（拉伸），选择特征树的草图 1 作为基准草图。方法选择“到领域”，详细方法设置为“用领域拟合的曲面剪切”，如图 2-10（a）所示。选择面片的上面，拉伸后点击 OK 按钮，如图 2-10（b）所示。

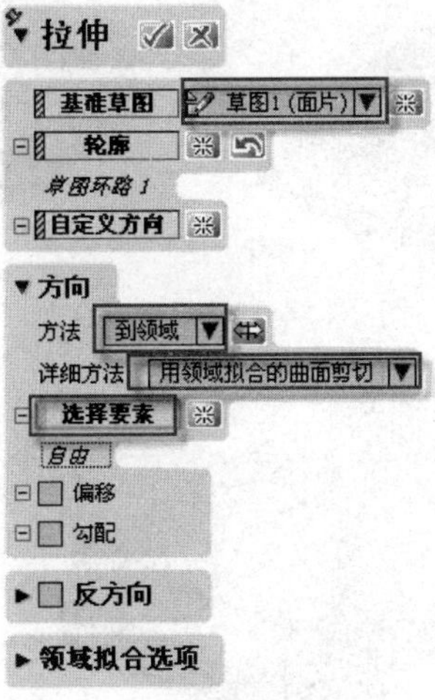

(a) 拉伸对话框

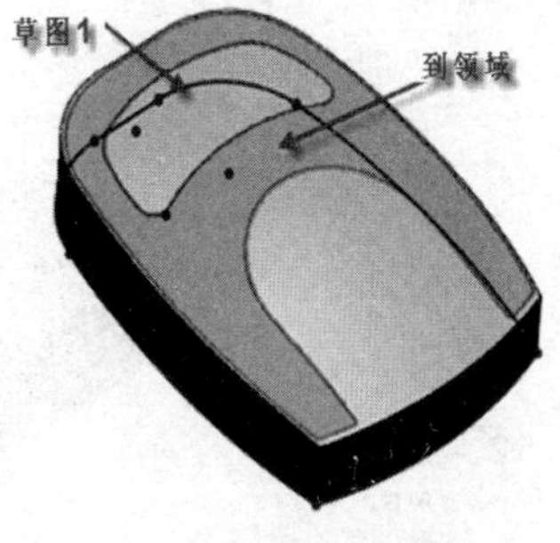

(b) 拉伸到领域

图 2-10　拉伸

6）拉伸，编辑面片草图。拉伸图形如图 2-11（a）所示，但实际上正如图 2-11（b）所示，面片下方部分不是单纯的拉伸形状。此时需修改、查看并编辑这部分图形。

在特征树里双击草图 1（面片）如图 2-12 所示。

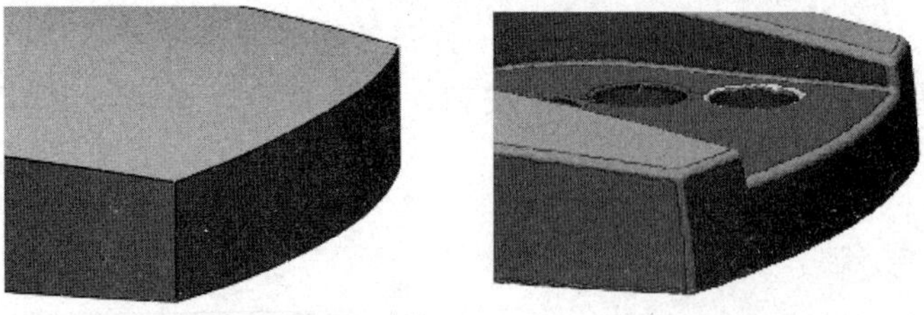

(a) 拉伸图形　　(b) 实际图形

图 2-11　编辑面片草图

图 2-12　特征树

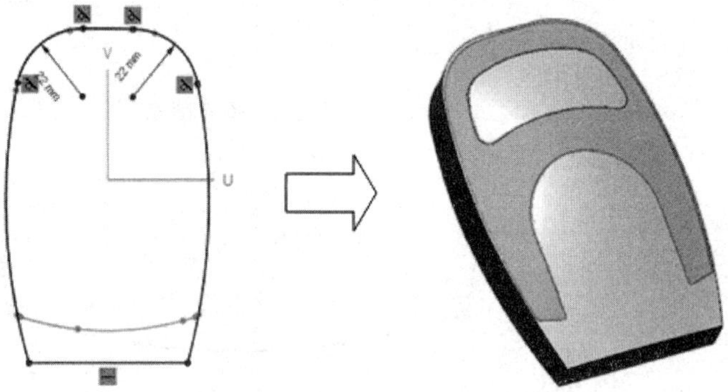

图 2-13　编辑草图

删除下面的圆弧，创建直线。延长两条圆弧，与直线连接，如图 2-13 所示。然后退出面片草图模式。

注意：要检查草图要素间的连接状态时，勾选“分离的终点”选项，应用程序将自动搜索草图的断开部分，用逐个的绿色点显示。

7）面片拟合曲面。隐藏实体。点击（面片拟合）或“插入→曲面→面片拟合”，根据“领域”创建拟合曲面。选择下方“领域”，用默认选项，点击“OK”按钮，创建面片拟合曲面，如图 2-14 所示。

8）剪切。显示面片。用创建的曲面剪切实体，点击（剪切）或“插入→实体→剪切”。选择“面片拟合 1”作为工具要素，选择“拉伸 1”作为“对象体”，如图 2-15 所示。

图 2-14　创建面片拟合曲面

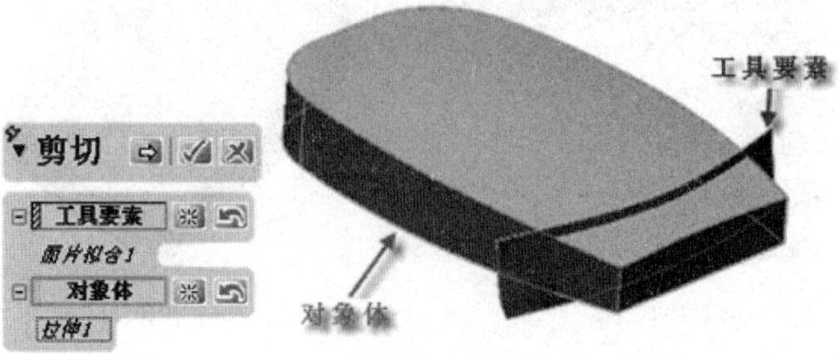

图 2-15　剪切

点击（下一阶段），选择残留体，如图 2-16 左图大的部分，点击“OK”按钮。

备注：点击树里曲面体下的“面片拟合 1”，隐藏曲面体。

（3）剪切体 I

1）追加参照平面。按住 Ctrl 键拖拽“上面”，追加新偏移平面，如图 2-17 所示。

图 2-16　保留体

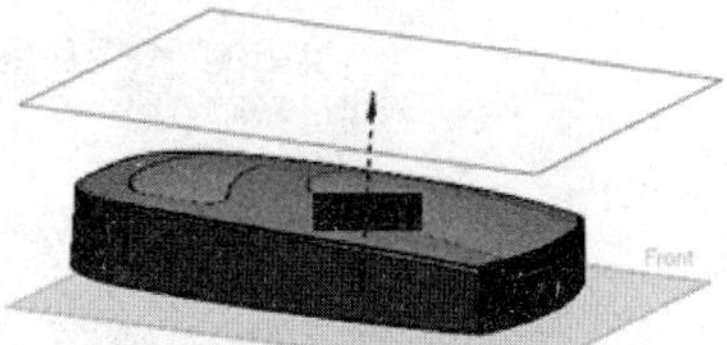

图 2-17　追加参照平面

备注：上述的创建操作与“插入→参照几何形状→偏移平面”命令相同。

2）面片草图。点击，将平面 1 作为基准平面；移动蓝色箭头到能看到特征断面为止；点击“OK”按钮，如图 2-18 所示。

3）调整分割解像度。将“断面多段线的分段”的分辨率滑块向左移动，消减分割解像度，如图 2-19 所示。

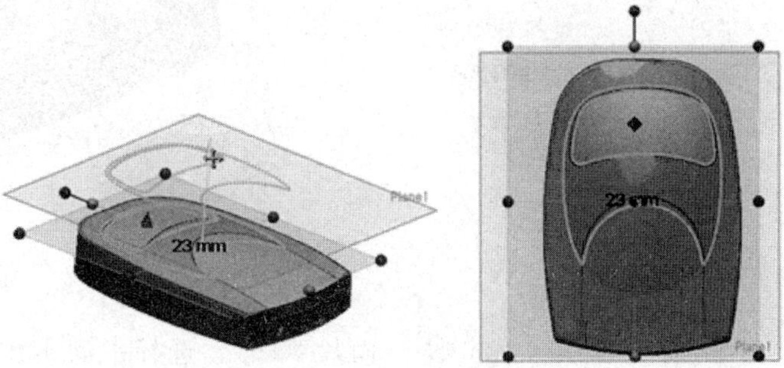

图 2-18　面片草图

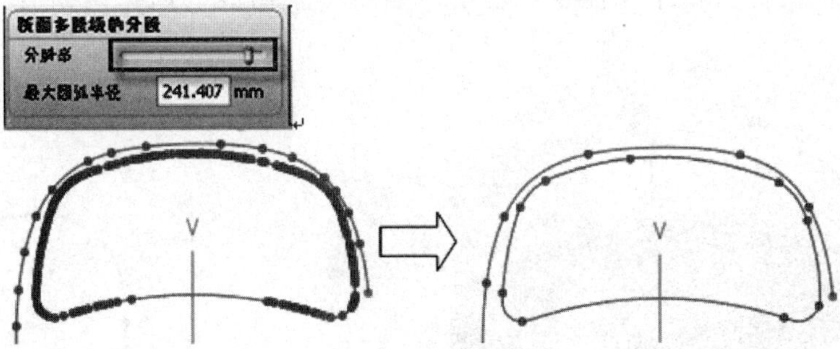

图 2-19　消减分割解像度

4）自动草图。点击（自动分割），如图 2-20 左图所示，选择必要的多段线；点击“OK”按钮，基于多段线自动创建断面；退出面片草图模式。

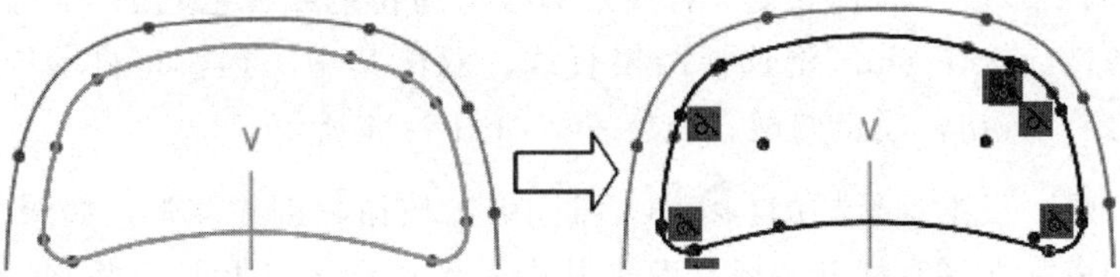

图 2-20　自动草图

5）拉伸剪切。点击（拉伸），选择特征树的草图 2 作为基准草图；方法选择“到领域”，详细方法设置为“用领域拟合的曲面剪切”，选择面片内侧的窗口领域；勾选“剪切”选项，删除体间的交叉区域，如图 2-21 所示；点击“OK”按钮结束命令。

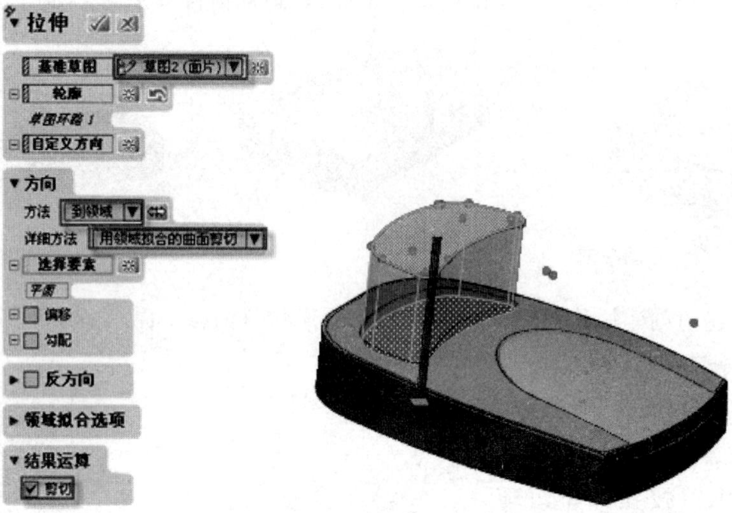

图 2-21　拉伸剪切

（4）剪切体Ⅱ

1）面片草图：点击（面片草图），选择平面 1 作为基准平面；移动蓝色箭头到出现断面多段线，点击“OK”按钮，如图 2-22 所示。

2）追加直线：点击（直线）按钮，参照样条曲线，创建两条直线，如图 2-23 所示。

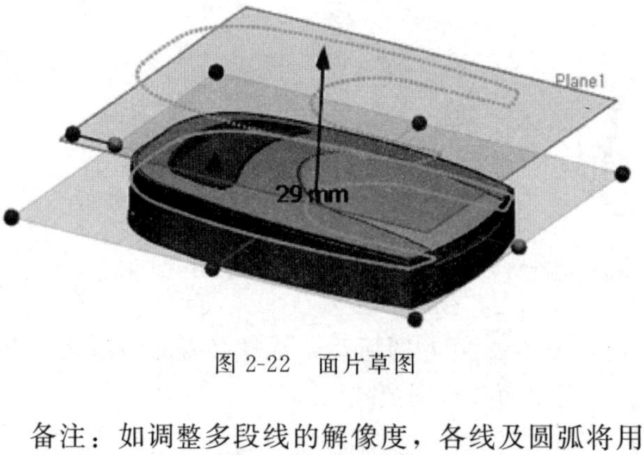

图 2-22　面片草图

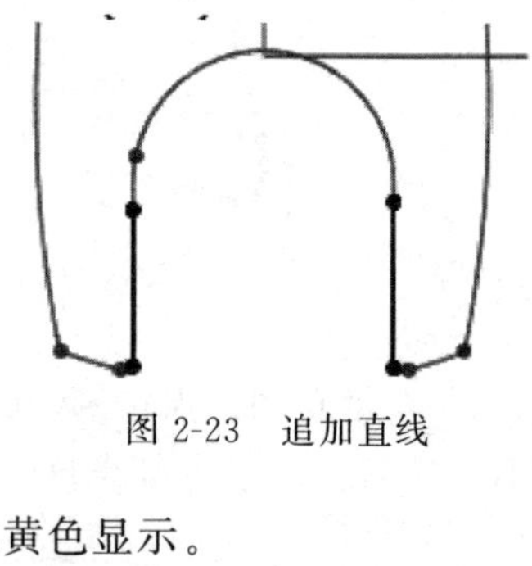

图 2-23　追加直线

备注：如调整多段线的解像度，各线及圆弧将用粉色或黄色显示。

3）约束条件：按住 Shift 键选择两根直线，双击其中一根，将显示约束条件对话框树。点击“固定”按钮，固定两根直线位置，如图 2-24 所示。

4）追加圆弧：点击工具栏的（3 点圆弧）按钮，创建圆弧，如图 2-25 所示。

5）相切约束：选择直线和圆弧，双击其中一侧；点击“相切”按钮，设置直线和圆弧间的相切约束条件，如图 2-26 所示；用相同的方法设置反对侧的相切约束条件；拟合

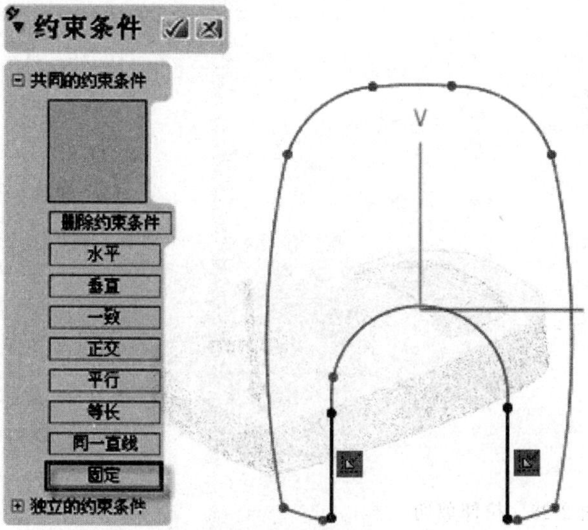

图 2-24 固定约束

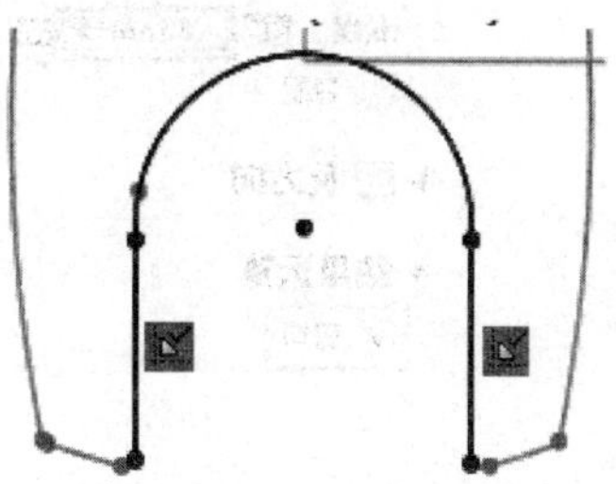

图 2-25 创建圆弧

圆弧多段线，拖拽圆弧调整位置。

6）追加直线：为创建封闭的环，追加或剪切直线，如图 2-27 所示；点击“OK”按钮，退出面片草图模式。

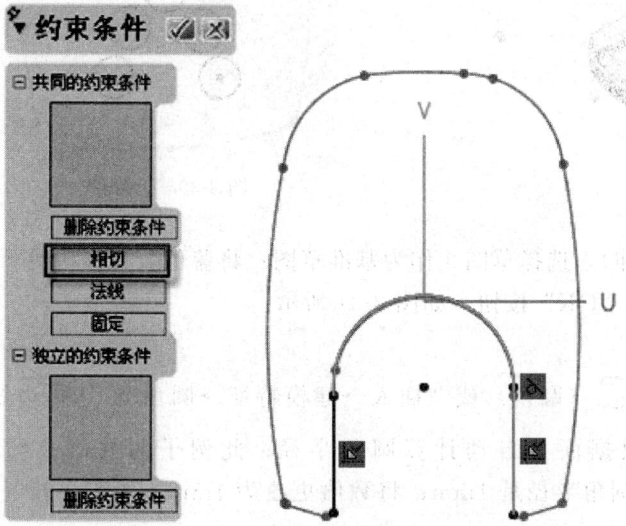

图 2-26 相切约束

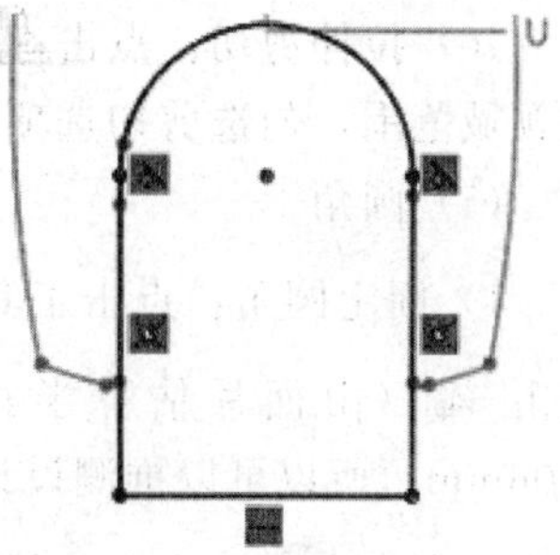

图 2-27 追加直线

7）拉伸剪切：点击（拉伸），选择草图 3 作为基准平面；移动蓝色箭头到下面的特征领域；移动箭头时，可以捕捉领域，勾选剪切选项，点击“OK”按钮退出命令，如图 2-28 所示。

8）面片草图：点击（面片草图）。选择平面 1 作为基准平面；移动蓝色箭头到能看到圆形的断面；点击“OK”按钮，如图 2-29 所示。

9）追加圆：点击（圆）。根据圆弧多段线创建圆，如图 2-30 所示。

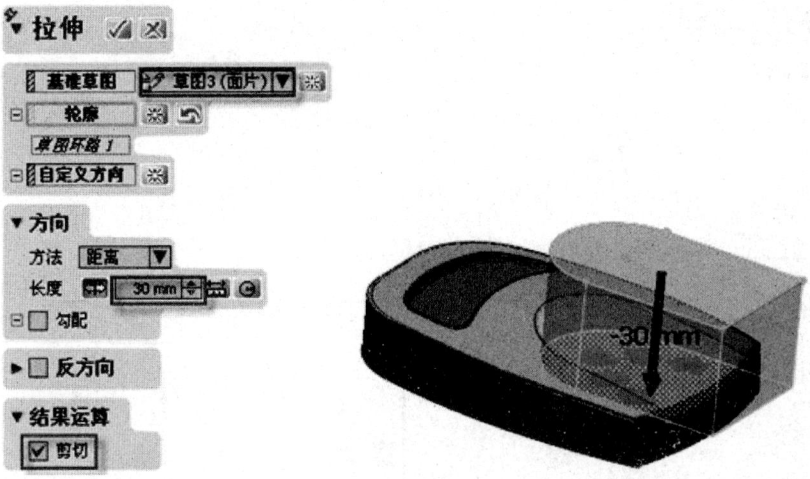

图 2-28 拉伸剪切

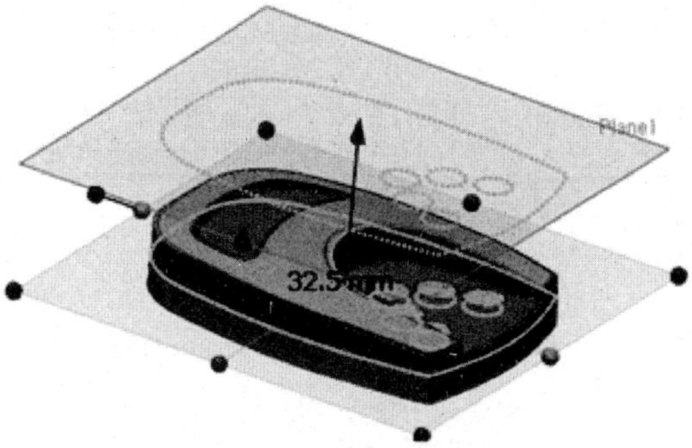

图 2-29 面片草图

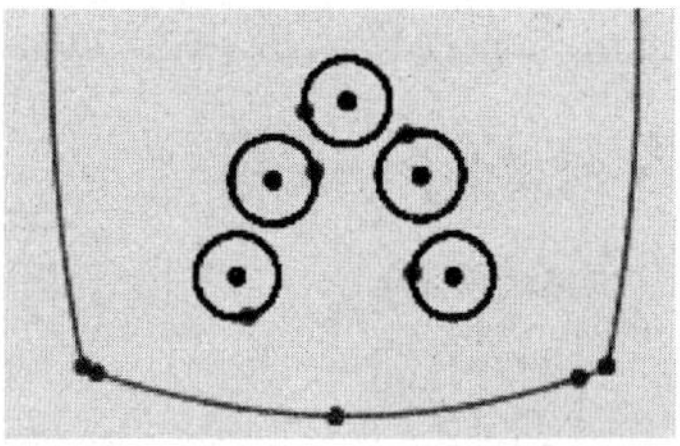

图 2-30 追加圆

10）拉伸剪切：点击（拉伸），选择草图 4 作为基准草图；将蓝色箭头移动到下面的领域范围，勾选剪切选项；点击“OK”按钮，如图 2-31 所示。

（5）圆角

1）固定圆角：点击工具栏的（圆角）或“插入→建模特征→圆角”；选择边线，点击（由面片估算半径），根据面片自动计算圆角半径；此例子的数值大约是 1.06mm，所以可以推测设计者的圆角半径是 1mm；将数值更改为 1mm，如图 2-32（a）所示；点击（追加）按钮，追加圆角；选择下一个边线，用 0.5mm 的圆角，如图 2-32（b）所示。

2）可变圆角：点击工具栏的（圆角）或“插入→建模特征→圆角”；将选项由“固定圆角”变更为“可变圆角”；选择如图 2-33 所示边线。

在圆角列表框里选择“边线 2”，图像视图的边线 2 被显示为紫色，如图 2-34 所示。

点击轮廓视图的黄色直线，向上面拖拽；设置 P 为 50%，R 为 3mm（这个数值点击轮廓视图或图形窗口的部件可以更改）。P 是位置（position），R 是圆角特征的半径（radius），如图 2-35 所示。

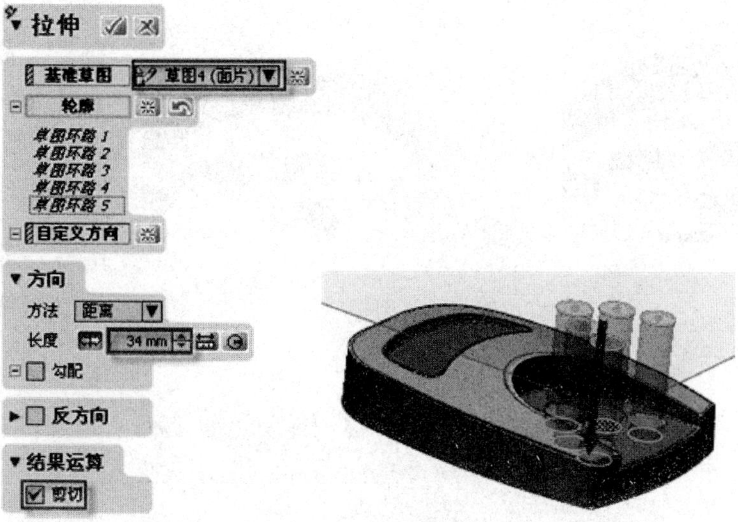

图 2-31 拉伸剪切

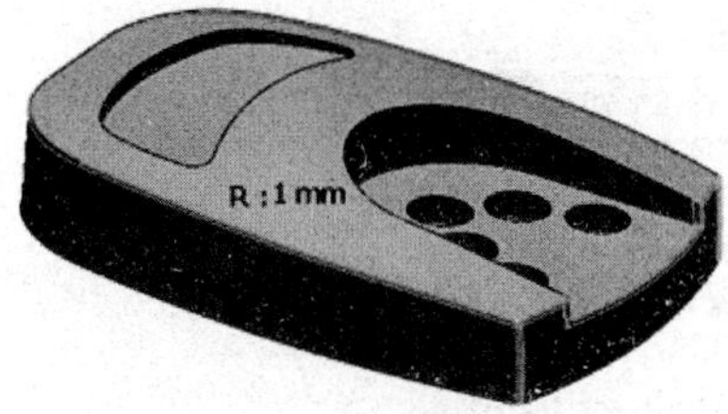

(a) 面片草图 1

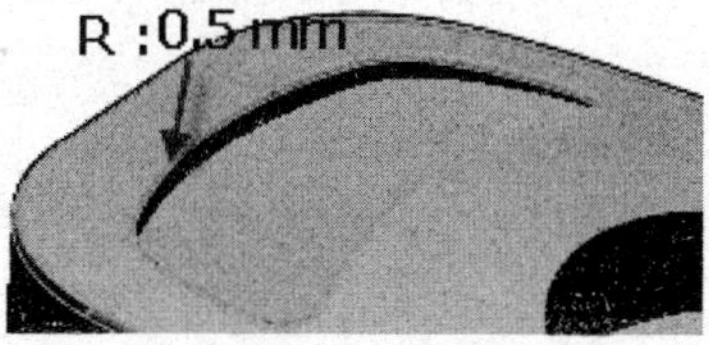

(b) 面片草图 2

图 2-32 面片草图

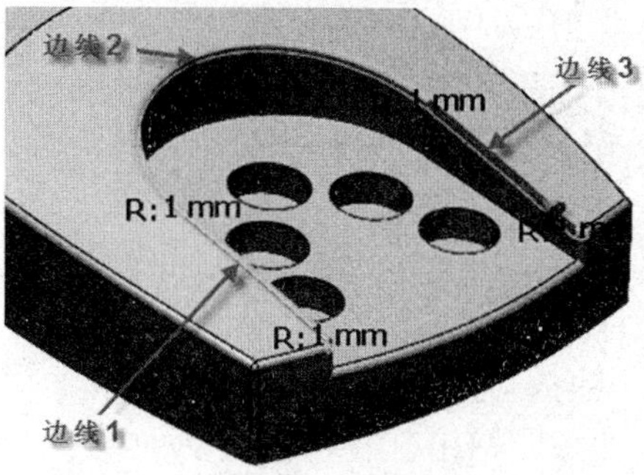

图 2-33 选择边线

图 2-34 圆角对话框及选择边线 2

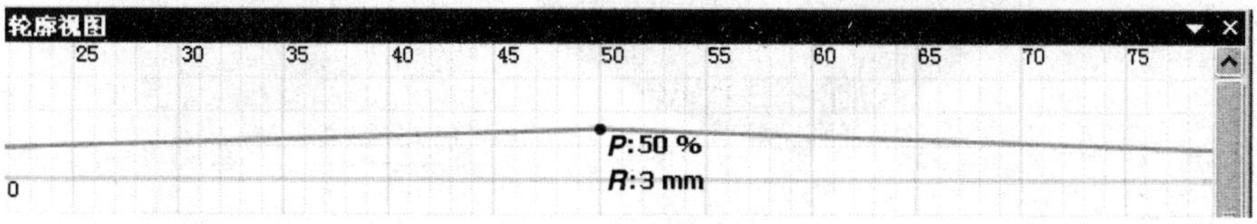

图 2-35 轮廓视图

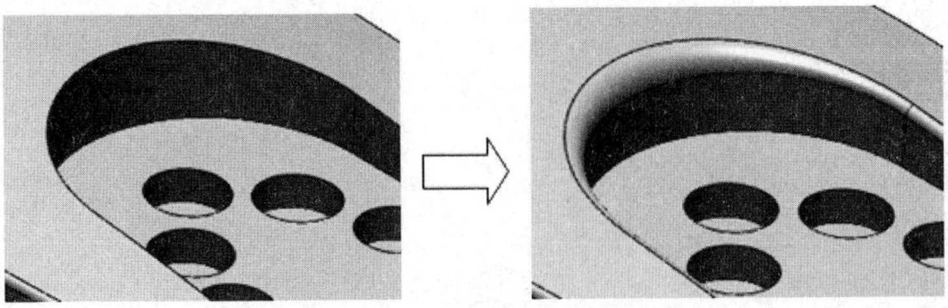

图 2-36 完成可变圆角

点击“OK”按钮，完成可变圆角，如图 2-36 所示。

（6）Accuracy Analyzer

1）Accuracy Analyzer 选项卡：在工具栏的领域里右击，选择 Accuracy Analyzer（TM），如图 2-37 所示。

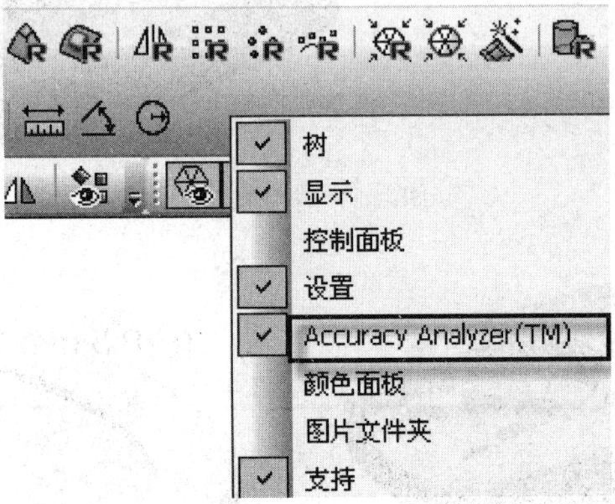

图 2-37 Accuracy Analyzer 选项卡

2）偏差：在选项卡中勾选“偏差”，取消勾选“隐藏许可公差”，许可偏差内的数据将被显示为绿色，如图 2-38 所示。

图 2-38 面片草图

【项目总结】

本项目主要学习了逆向技术的特点与应用，具体应用 Geomagic Design X 来进行逆向建模设计。关键技能点如下。

1. 灵活运用系统工具进行操作。

2. 要熟练掌握领域编辑、参照面与参照线、拉伸与放样等技能手段。

3. 具体零件的逆向建模要具体分析，区域划分为必要步骤。

【项目作业与技能考评】

给定了刹车手柄数据文件，如图 2-39 所示。试分别以领域组、上部体、下部体、主体、内部特征、装配部分等几个步骤完成其逆向建模设计，作业考评技能要求如表 2-3 所示。

图 2-39　刹车手柄数据文件

表 2-3　　刹车手柄逆向建模设计技能考评表

实训作业任务序次	实训作业任务主要内容	关键能力与技术检测点	检测结果	评分
1	领域组	将面片根据曲率用颜色分割。接受新事物能力；图形界面与操作、领域的编辑等技能		
2	上部体	创建上部体。学习能力；参照面、面片草图、3D 草图、放样等技能		
3	下部体	创建下部体。创新能力；DX 基本操作方法		
4	主体完成	合并上部体和下部体，创建孔形状		
5	特征剪切	绘制内部特征，从主体切除		
6	装配部分	创建剩余的详细部分、圆角，完成模型		

项目3 CHAPTER 3 CAD技术基础与应用

【项目导读】

(1) 项目内容

本项目主要应用 NX（UG）进行零件 CAD 设计，先完成 NX 草图设计，然后运用建模工具生成实体，完成机械零件产品的建模设计。

(2) 学习目标

通过本项目的学习，学生应了解零件的特点和类型，学会 NX 草图的创建方法，掌握通过草绘来成型三维实体的技能，学会机械零件的 CAD 建模设计方法。

(3) 知识目标

NX 草绘理念与草图的基本知识；草图的基本操作；NX 草图曲线的种类；NX 草绘命令；NX 实体建模基础知识；NX 零件的三维造型基本操作。

(4) 能力目标

NX 直线、圆弧、圆、样条、矩形、椭圆及二次曲线的画法；草绘平面选取及辅助面的绘制；构造参考线；利用快速延伸、快速剪切、倒圆等基本工具对草图进行编辑；利用尺寸约束、几何约束等工具对草图定位；NX 实体建模；NX 二维工程图的建立。

(5) 素质目标

通过“学中做、做中学”培养较强的责任心，做事一丝不苟；养成课外学习或工作之余学习的习惯；培养较好的信息敏感度，能熟练地运用计算机，迅速准确地查阅信息；培养较好的创新意识与能力。

【知识链接】

1. NX 软件介绍

UG NX 是一种交互式的计算机辅助设计（CAD）和计算机辅助制造（CAM）系统。CAD 使当今制造行业设计和制图得以自动化；CAM 为现代机床提供了 NC 编程，并使用 NX 设计模型来描述所完成的部件。

NX 功能可分成多个“应用”。这些“应用”由一个必须具备的名为“基本环境”的应用所支持。每个 NX 用户必须有 NX“基本环境”应用；其他的应用是可选的，可以按用户的需要来自由配置。NX 是一个完全三维的双精度系统，该系统允许用户精确地描述任何几何体形状。通过组合几何体形状，用户可以设计、分析并生成产品图纸。一旦设计完成，“加工”应用允许用户选择描述该部件的几何体，键入如“裁剪刀直径”的加工信息，并自动生成裁剪位置源文件（CLSF）。该文件可以用于驱动大多数的 NC 机床进行加工。

（1）设计输入

使用 NX，用户可以创建、存储、调用以及设计和加工信息。

一般来说，工作始于创建几何体来描述一个部件。NX 系统允许用户生成部件的完全三维模型，且该模型可以永久地存储。所存储的部件文件可以用于：

1）生成完全尺寸的加工图纸。

2）生成 NC 加工的指导。

3）为诸如“有限元分析”的分析过程生成输入。

（2）应用

以下是一些主要的 NX 软件应用。

1）基本环境。“基本环境”允许用户编辑部件文件、创建新的部件文件、保存部件文件、打印图纸屏幕布局、输入和输出各种文件类型以及其他的通用功能。该应用还提供强化的视图显示操作、屏幕布局和层功能、工作坐标系操作、对象信息和分析以及访问在线帮助等。

“基本环境”是用户打开 NX 进入的第一个应用，是其他交互应用的先决条件。用户通过从“应用”下拉菜单中选择“基本环境”，便可以在任何时候从其他“应用”回到“基本环境”。

2）制图。“制图”应用让用户从建模应用中创建的三维模型，或使用内置的“曲线/草图”工具创建的二维设计布局来生成工程图纸。“制图”应用支持自动生成图纸布局，包括正交视图投影、截面的辅助和详细的视图以及等轴侧制图。该应用也支持依赖视图和自动掩藏线。

3）建模。

① 实体建模。

建模应用支持二维和三维线框模型的创建、体扫掠和回转、布尔操作以及基本的编辑。实体建模是“特征建模”和“自由形式建模”的先决条件。

② 特征建模。

这一基于特征的建模应用支持诸如孔、槽和腔体标准设计特征的创建和相关的编辑。该应用允许用户抽空实体模型并创建薄壁对象。一个特征可以相对于任何其他特征或对象来设置，并可以被引用来建立相关的特征集。

③ 自由形式建模。

本复杂形状的建模应用支持复杂曲面和实体模型的创建。一些可以使用的技术是：沿曲线的一般扫掠；使用 1、2 和 3 轨方式按比例地形成形状；使用标准二次曲线方式的放样形状；点和曲线的网格。

④ 钣金特征建模。

钣金特征建模应用支持钣金具体特征，如弯头、肋和裁剪的创建，这些特征的形状与其下的曲面形状一致。这些特征可以在钣金设计应用中被操作来模拟形成和恢复部件。该用法允许用户在设计阶段将设计和加工概念整合在用户的部件中。“实体建模”和“钣金设计”是该应用的先决条件。

⑤ 用户自定义特征。

该应用提供一种互作的手段来捕捉和存储部件家族以便通过使用用户自定义特征（UDF）调用和编辑。该特征允许用户利用现存的相关使用标准 NX 建模工具所创建的实体模型，并建立参数间的关系、定义特征变量、设置缺省值以及决定调用时将要采用的通用成型特征。现有的 UDF 存在可以通过使用特征建模应用被任何用户访问。

⑥ 装配建模。

该应用支持“从上到下”和“从下到上”的装配建模。装配建模应用提供了装配结构的快速移动，并允许直接访问任何组件或子装配的设计模型。该应用支持“上下文设计”途径，即在装配的环境中工作时，可以对任何组件的设计模型做改动。

4）分析。

5）结构应用。

“结构应用”是一种简单却功能强大的有限元建模和分析工具。该应用旨在服务于需要紧密联系几何体模型的分析环境的设计工程师和分析员。“结构应用”为设计工程师或分析员提供快速完成有限元的概念性和细节性分析能力。

“结构应用”被设计成允许创建、分析以及评估各种设计选择。应用场景可以被定义为主模型的变形。UG 主模型、体提升以及部件间表达式形成 NX 建模应用场景的支持概念。

6）注塑流动分析。

注塑流动分析用于在注塑模中分析熔化塑料流。用户在部件上建立有限元网格并描述注塑模和塑料的条件。这样可以重复决定最优条件分析软件包产生图标和图形结果。该应用节约了设计、注模制造以及材料成本。

7）运动。

运动应用提供了精密、灵活和综合的建模能力。该应用提出了机构链接设计的所有小平面，从概念（大纲）到模拟原型（掩藏曲面动画）。该应用完全的设计和编辑能力允许用户开发任何 NX-连杆机构、执行运动学分析等空间链接机制，并以多种形式提供可理解的分析结果。该应用还为第三方运动学分析程序提供界面。

8）智能建模（ICAD）。

该应用在 ICAD 和 NX 之间启用线框和实体几何体的双向转换。ICAD 是一种基于知识的工程系统，该系统允许产品模型信息符号的描述（物理属性如几何体、材料类型以及函数约束）并处理信息（如分析、加工以及调试）。

9）加工。

① 基础加工和编辑。

该应用支持 NC 加工的 CLSF 创建和编辑。该应用还包含了完成点到点和类似 APT 驱动曲线加工操作的软件。

② 铣削。

该应用提供了交互地指定铣削轮廓和铣削腔体等操作（2 轴和 2.5 轴加工）的能力。

③ 多轴铣削。

该应用提供了交互地指定复杂铣削操作（3 轴到 5 轴加工）的能力。

④ 车削。

该应用提供了交互地指定车刀操作（粗加工、精加工、钻、割槽以及螺纹加工）的能力。

10）GPM/MDFG。

图形后处理应用程序（GPM）支持刀轨的格式化，以符合机床/控制器组合的输入要求。机床数据文件生成器（MDFG）是一种按照格式要求生成机床数据文件 MDF 的菜单驱动程序。

11）钣金。

① 钣金设计。

“钣金设计”应用是基于实体的针对钣金部件加工设计的应用。该应用中的定义成型表面、折弯顺序表以及重新形成实体模型考虑材料的变形属性，为后续应用从实体、形状以及线框几何体生成精确的平面展开图数据提供支持。

② 冲压。

冲压命令通过使用编程技术和后处理命令（该命令在与等离子体弧或激光辅助头结合的 NC 编程中是唯一的）完成组合编程 NC，是冲床唯一的后置处理命令。冲压命令包括一些在 NX 加工应用中找不到的技术，如使用圆形、正方形、矩形以及椭圆形冲压的区域间距。

③“多部件车削网格”。

该应用提供了一种简捷的方法来交互地在矩形网格中拟合部件，并创建冲压、激光、火焰或铣削刀具。

12）电子表格。

电子表格程序提供 Excel 电子表格应用与 NX 之间的智能界面。用户可以使用该电子表格来：

① 从标准表格布局中构建部件主题或家族。

② 使用电子表格计算优化几何体。

③ 使用分析场景来扩大模型设计。

④ 将商业议题如成本分析整合到部件设计中。

⑤ 编辑 NX 杂交建模的表达式——提供 NX 和 Excel 电子表格之间无缝的概念性模型转换。

2. NX 草图

UG NX 是一个集成化的 CAD/CAM/CAE/PDM 软件系统，Sketch 便是该系统的一个地基，是实现 NX 软件参数化特征建模的基础。

草图是三维建模前在特定的二维平面上快速绘制的曲线，具有便于修改、能够灵活控制的特点（即参数化修改和添加尺寸及几何约束）。这些曲线可以用于拉伸，绕一根轴旋转形成实体，定义自由曲面形状特征或作为扫掠曲面的截面线。

（1）草图特征

1）草图在特征树上显示为一个特征，具有参数化和便于编辑修改的特点。

2）可以快速手绘出大概的形状，再添加尺寸和约束后完成轮廓的设计，这样能够较好地表达设计意图。

3）草图和其生成的实体是相关联的，当设计项目需要优化修改时，修改草图上的尺寸和替换线条可以很方便地更新设计。

4）草图还可以方便地管理曲线。

（2）草图主要的应用场合

1）需要参数化地控制曲线时。

2）当 NX 成型特征无法构造形状时。

3）当使用一组特征去建立希望的形状而使该形状较难编辑时。

4）不同部件的尺寸不同但有共同的形状时，草图应考虑作为用户定义特征的一部分。

5）模型形状较容易由拉伸、旋转或扫掠建立时。

（3）如何创建草图

1）首先要确定需要几个草图和建立怎样的草图才能把特征建立起来，即先在脑海中有一个思路。

2）确定在什么地方建立草图平面，并创建草图平面。

3）为便于管理，草图命名和放置的图层要符合规定。

4）检查和修改草图的参数设置。

5）快速手绘出大概的草图形状或将外部几何对象添加到草图中。

6）按要求先对草图进行几何约束，然后加上尽可能少的尺寸（应当以几何约束为主，尺寸约束尽可能少）。

7）利用草图建立所需特征。

8）根据建模情况编辑草图，得到所需模型。

（4）草图操作流程与草绘工具条

1）定草绘面。

在工具栏单击，选择合适的类型和平面方法，如图 3-1 所示。

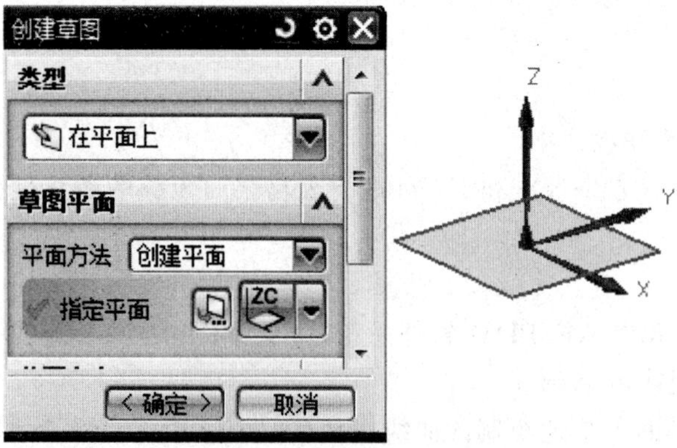

图 3-1 创建草图平面

2）做绘图参考线。

单击草图图标工具，在草图上作两条直线，如图 3-2（a）所示，运用下的使其与系统自带的 X、Y 轴共线，并运用使之成为参考线，如图 3-2（b）所示。

3）用草绘工具条，如图 3-3 所示，绘制草图截面基本轮廓。

4）用草图约束工具条，如图 3-4 所示，给草图约束与定位。

5）用草图编辑工具条，如图 3-5 所示，给草图封闭和完善。

6）用尺寸定位工具条，如图 3-6 所示，进行尺寸定位。

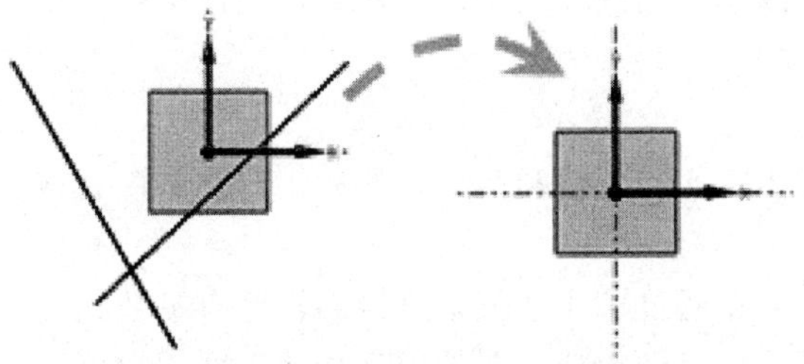

(a) 绘两条直线　　(b) 转为参考线

图 3-2　做绘图参考线

图 3-3　草绘工具条

图 3-4　草图约束工具条

图 3-5　草图编辑工具条

3. NX 实体建模

实体建模可帮助设计工程师快速进行概念设计和详细设计。它是一个基于实体建模的特征和约束，让用户能以交互模式生成和编辑复杂的实体模型。设计时可以生成和编辑更逼真的模型，花费的力气却比使用传统的基于线框和实体的系统少得多。

图 3-6　尺寸定位工具条

（1）实体建模的优点

建模提高了用户的表达式层次，可以用工程特征来定义设计，而不是用低层次的 CAD 几何体。特征是以参数形式定义的，以便基于大小和位置进行尺寸驱动的编辑。

（2）特征

1）强大的面向工程的内置成型特征——槽、孔、凸台、圆台、腔体——可捕捉设计意图并提高效率。

2）特征引用的图案——矩形和圆周阵列——有单个特征位移，图案中的所有特征都与主特征关联。

（3）圆角和倒角

1）固定的和可变的倒圆，可以与周围的面重叠并延伸。

2）可以对任何边倒角。

3）峭壁边圆角——针对那些不能容纳完整的圆角半径但仍需要圆角的设计。

（4）高级建模操作

1）可以扫掠、拉伸或旋转轮廓来形成实体。

2）特别强大的抽壳命令可以在几秒钟内将实体转变成薄壁设计；如果需要，内壁拓扑可以与外壁拓扑不同。

3）接近完成的模制型件的拔模。

4）用户定义的常用设计元素的特征（需要用“UG/用户定义的特征”来提前定义它们）。

4. NX 建模标准做法

（1）从草图开始

可以使用草图徒手绘制曲线“轮廓”的草图并标注尺寸。然后扫掠此草图（拉伸或旋转）生成一个实体或片体。之后可以通过编辑尺寸和生成几何对象间的关系完善草图以便精确地表示设计对象。编辑草图的尺寸不仅要修改草图的几何图形，还要修改从草图生成的实体。

（2）生成和编辑特征

特征建模让用户可以在一个模型上生成特征，如孔、槽和沟槽。然后用户就可以直接编辑特征的尺寸并通过尺寸来定位特征。

例如，通过定义直径和长度定义一个孔时可以通过输入新值来直接编辑所有参数；可以生成任何实体，并将这些实体定义为使用“用户定义的特征”的成型特征，即用户可以生成自己的定制成型特征库。

（3）关联性

关联性这一术语用来表示模型各部分之间的关系。这些关系是在设计者用不同的功能生成模型时建立的。约束和关系是在模型创建过程中自动捕捉到的。

例如，一个通孔与其所穿过的模型上的面相关联，如果模型改变了，其上的一个或两个面移动了，那么由于与这些面相关联，此孔也将自动更新。

（4）定位一个特征

在“建模”应用程序中，用户可以使用定位方式，相对于模型上定位尺寸时所在的几何体来定位特征。定位之后，该特征就与此几何体关联起来，并且每当用户编辑该模型时几何体还会维护这些关联。用户也可以通过改变定位尺寸的值来编辑特征的位置。

（5）参考特征

也可以生成参考特征，如基准面、基准轴或基准坐标系。

在需要时，参考特征可以作为参考几何体。

这些基准特征可以用作其他特征的构件。

任何用参考特征生成的特征都与此参考特征关联，并在编辑模型期间维护此关联。

基准面在构建草图、生成特征和定位特征时可作为参考平面。

基准轴可用来生成基准面，以便可以同心放置项目，或生成径向图案。

【项目实施】

任务1 NX冲压件草绘与实体建模设计

1. 任务导入

完成如图3-7所示冲压件的草图、三维建模设计。

2. 任务分析

此零件结构比较简单，其设计思路：先绘出轮廓草图，然后拉伸生成实体，最后进入到钣金界面，将实体转化为钣金件。

3. 工作步骤

1）打开UG NX，点击图标工具（新建），建立以DIianPian1为文件名、单位为mm的模型文件，选择好放置路径，点击【确定】。

2）设置背景：按Ctrl＋M组合键进入建模环境，点击【首选项】→【背景】，勾选【纯色】，将“普通颜色”设置为白色，点击【确定】。

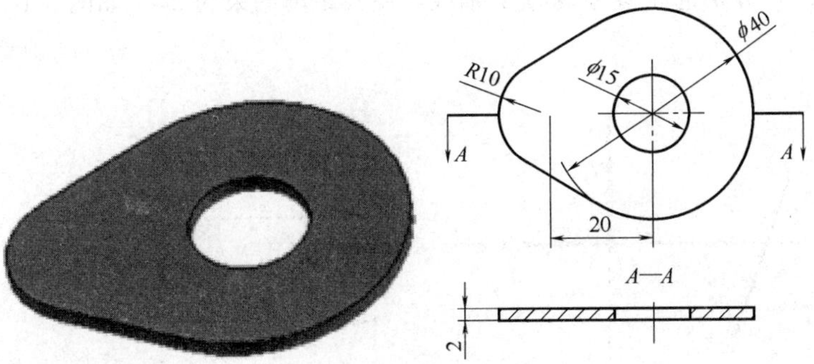

图 3-7　某冲压件

3）在工具栏点击，以“创建平面”方法创建 X-Y 基准平面作为草绘面，如图 3-8 所示。

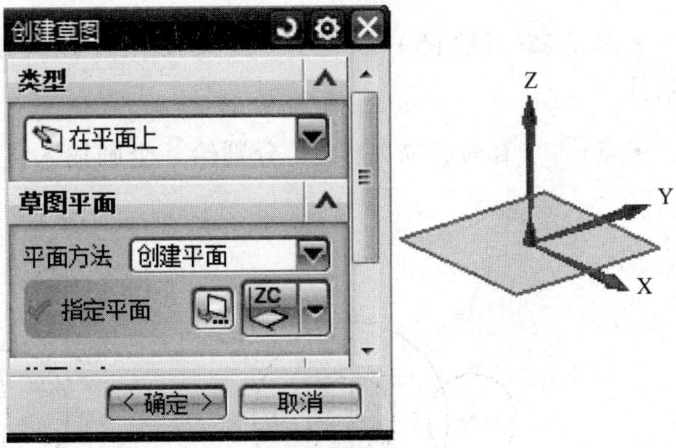

图 3-8　创建草图

• 在图标工具栏点击，以【俯视图】作为正对平面。

• 在绘图区选中固定基准面边框，右击，在出现的菜单命令中选（隐藏）。

• 单击草图图标工具（直线），在草图上向任意方向作两直线，如图 3-9（a）所示。

• 点击，分别选直线与 X、Y 轴，并通过使此两直线分别与 X、Y 轴共线。点击，选中此两直线，使其转化为参考线，如图 3-9（b）所示。

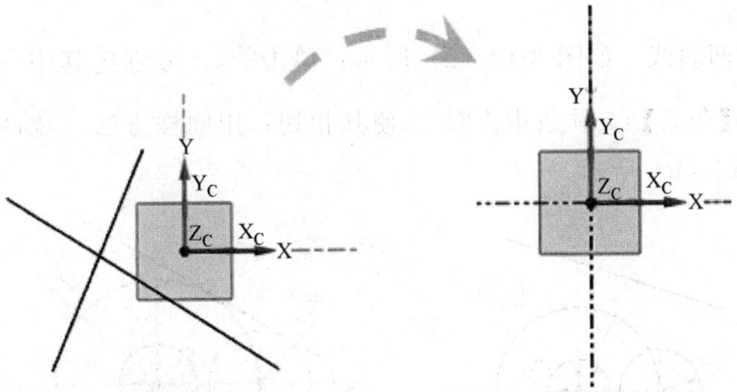

(a) 绘两直线　(b) 转为参考线

图 3-9　绘制参考线

• 单击，在 Y 轴左侧适当处作一直线，如图 3-10（a）所示，点击，分别选此直线与 Y 轴，并通过使平行约束；点击，选中此直线，使其转化为参考线；点击

（自动判断尺寸），分别选此参考线与 Y 轴线，使其距离约束为 20，如图 3-10（b）所示。

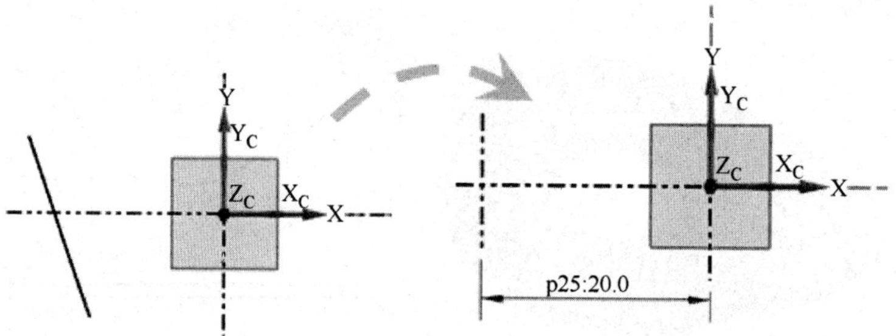

(a) 绘直线 (b) 转化为参考线

图 3-10 绘制参考线

• 单击 ◯（绘圆）以 ⊥（捕捉交点）方式定圆心绘制 3 个圆，如图 3-11（a）所示。

• 点（自动判断尺寸），分别给 3 个圆输入直径参数，如图 3-11（b）所示。

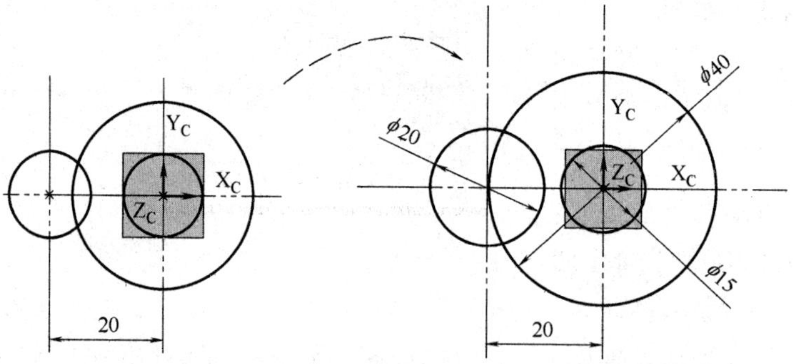

(a) 草绘图 (b) 给圆标注尺寸

图 3-11 绘制圆

• 单击做两斜线，如图 3-12（a）所示；单击，分别选其中一条斜线与其中一个圆，在出现的【约束】工具条中点，使其相切；用同样方法完成两圆的两外公切线的约束，如图 3-12（b）所示。

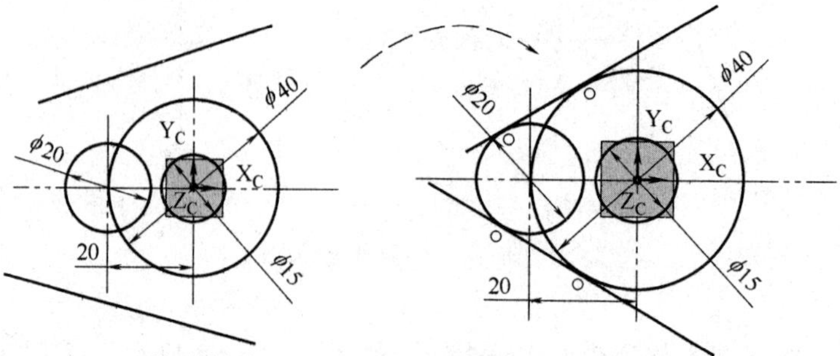

(a) 绘两斜直线 (b) 完成相切约束

图 3-12 绘制公切线

• 单击（快速修剪），完成草图截面曲线，如图 3-13 所示。

• 单击 完成草图。

4）单击，出现拉伸对话框，进行相应设置，如图 3-14 所示。

5）在图形区选内外两相连轮廓线，点击【确定】，生成实体，如图 3-15 所示。

6）选中草图，右击，在出现的菜单中选“隐藏”命令，将草图隐藏。

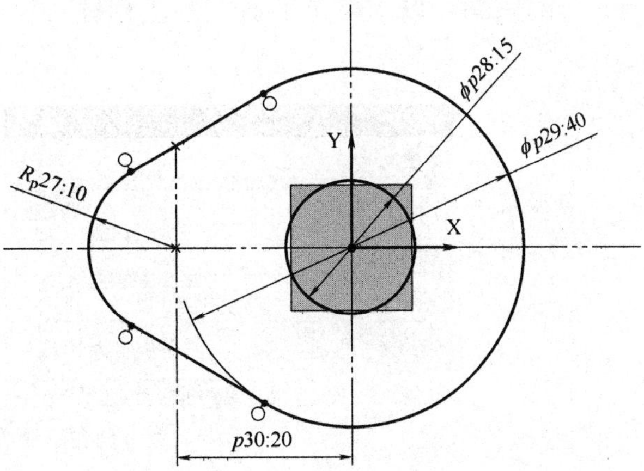

图 3-13 通过修剪，完成草绘

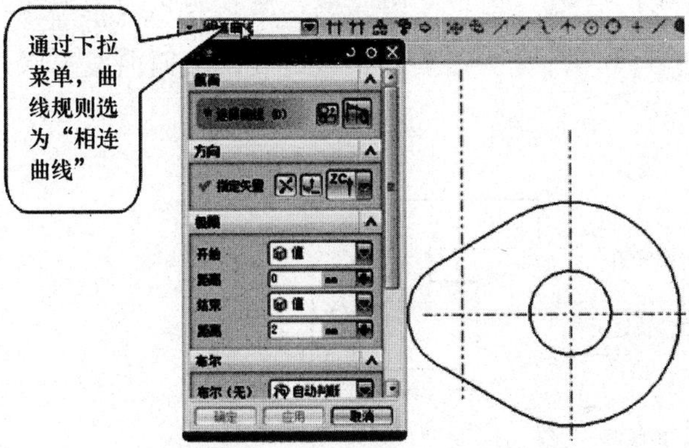

图 3-14 拉伸对话框

图 3-15 生成实体

任务 2 注塑模导套建模及工程图

1. 任务导入

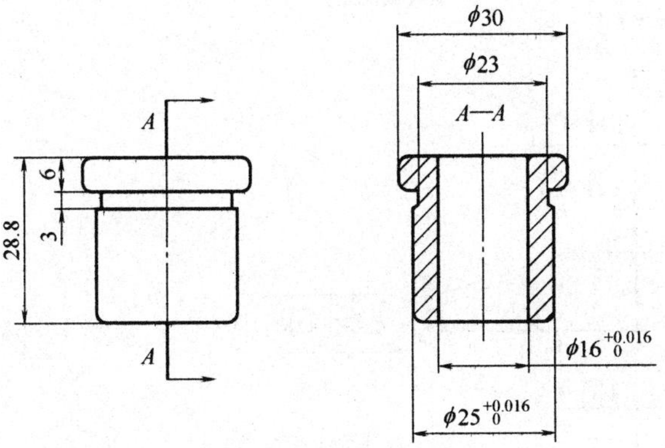

图 3-16 注塑模导套

完成如图 3-16 所示的注塑模导套建模设计并出具工程图。

2. 工作步骤

1）进入 UG，建立以“DaoTao”为文件名、单位为 mm 的模型文件。

2）设置背景：按 Ctrl＋M 组合键进入建模环境，选择【首选项】→【背景】，勾选【纯色】，将“普通颜色”设置为白色，点击【确定】。

3）单击，以“创建平面”方法创建 Y-Z 基准平面作为草绘平面，如图 3-17 所示。

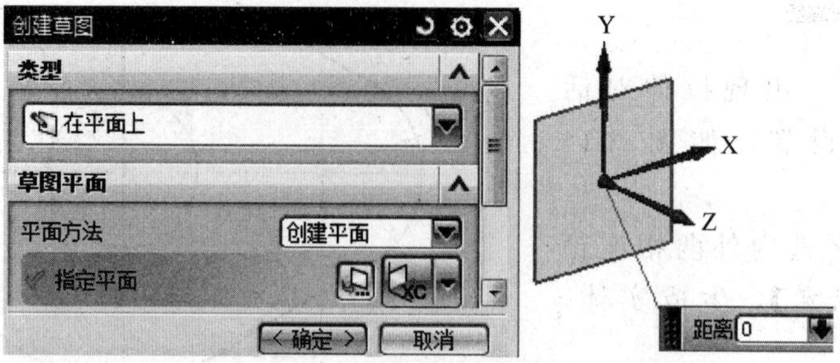

图 3-17　创建草绘平面

4）点击【确定】，在草图上点作两直线，单击，分别选直线与 X、Y 轴平行，并通过使此两直线分别与 X、Y 轴共线；点，选中此两直线，使其转化为参考线；点击做出轮廓线并通过（快速修剪）和（快速延伸）做出旋转截面曲线形状，如图 3-18 所示。

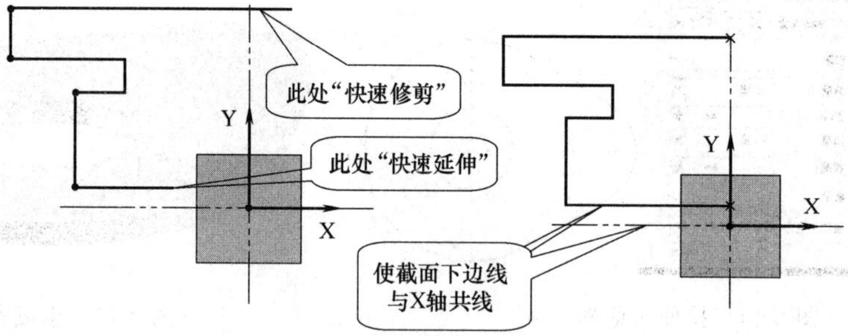

图 3-18　绘制草图轮廓

5）单击，分别选旋转截面曲线最下面的直线段与 X 轴（图 3-19），并通过设置共线，利用尺寸标注图标工具按钮标好尺寸（图 3-19），点击“完成草图”。

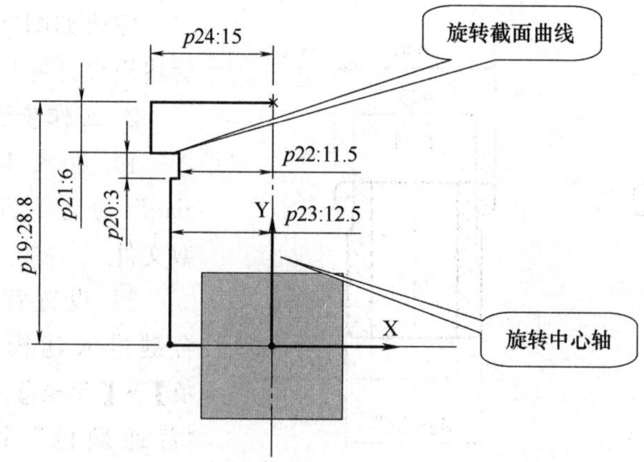

图 3-19　完成草图尺寸与定位

6）单击，出现“回转”对话框，如图 3-20 所示。

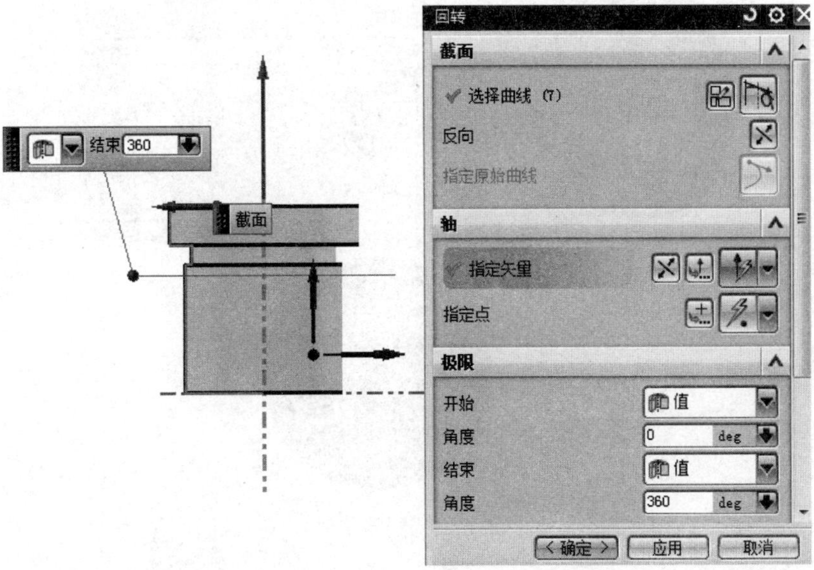

图 3-20 回转对话框

通过下拉菜单，将【曲线规则】栏的内容更改为【相连曲线】，如图 3-21 所示。

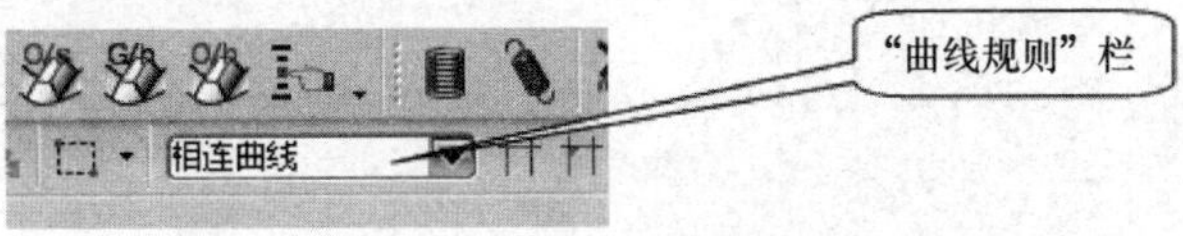

图 3-21 选择曲线规则

在绘图区选旋转截面曲线，通过下拉菜单在对话框的【指定矢量】栏后选择，在绘图区选取 Y 轴为回转中心轴，点击【确定】，完成旋转体的成型。

7）选择【插入】→【细节特征】→【边倒圆】，分别对边进行半径为“1”的倒圆，如图 3-22 所示。

8）以圆柱体的下表面为草绘平面，以表面圆弧中心为圆心（使用捕捉工具），做一直径为 $\phi16$ 的圆，如图 3-23 所示。

9）单击，选择此 $\phi16$ 的圆为拉伸截面曲线，设置参数，如图 3-24 所示，做“求差拉伸”成型（注意运用来调整方向）。

点击【确定】，完成内孔的成型，如图 3-25 所示。

10）选择【开始】→【制图】，进入制图模块，单击，新建 A4 图纸页，选择【首选

图 3-22 对边倒圆

图 3-23 绘制草图

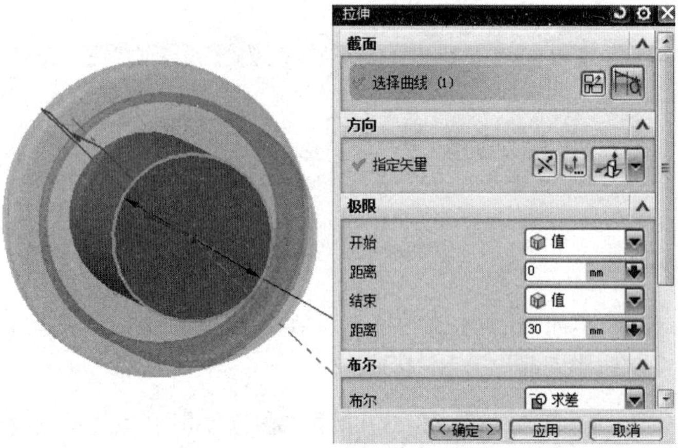

图 3-24 求差拉伸设置

图 3-25 内孔成型

项】→【可视化】→【颜色/线型】的“单色显示”栏，将“背景”改为白色。

11）选择【插入】→【视图】→【基本】，以“前视图”作为基本视图，在绘图区单击，生成基本视图，如图 3-26 所示。

图 3-26 基本视图

12）单击，出现“剖视图”对话框；在绘图区选择基本视图边界，如图 3-27 所示，“剖视图”对话框中的内容发生了变化，同时在绘图区出现随鼠标移动的剖切铰链线符号。

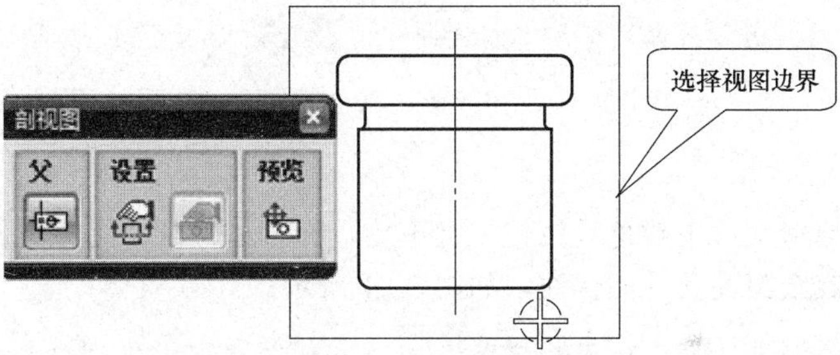

图 3-27 创建剖视图

选择图 3-28 左图所示圆弧中心（选其他的圆弧中心亦可），在基本视图左边空白处右击，生成全剖视图，如图 3-28 所示。

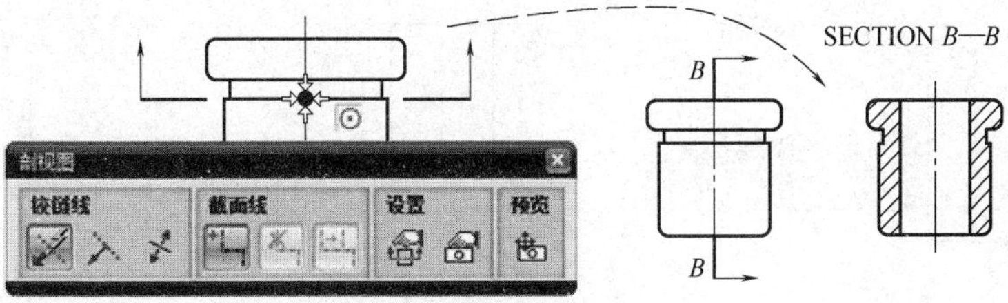

图 3-28 生成全剖视图

13）修改剖视图标签：选中剖视图上方的视图标签，右击，在出现的菜单命令中点击“编辑视图标签”，出现“视图标签样式”对话框，将“前缀”栏下的内容清空，点击【确定】，修改好视图标签如图 3-29 所示。

14）尺寸标注：在图标工具栏单击出现“编辑尺寸”对话框，通过下拉箭头在对话框的“值”一栏下设置为双向公差，并保留小数点后 3 位有效数字，如图 3-30 所示。

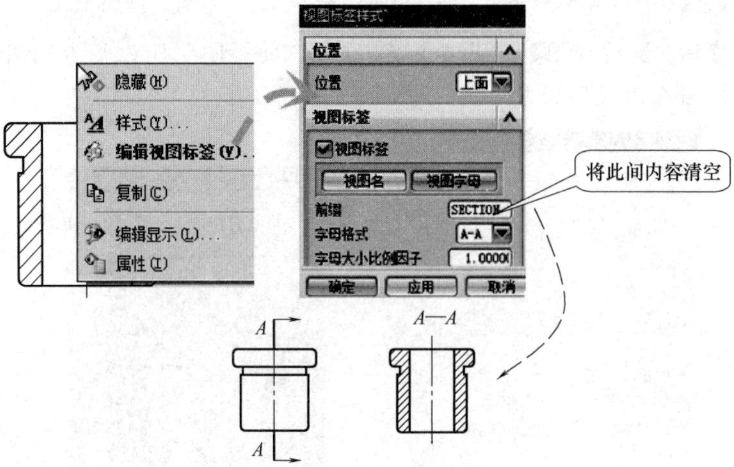

图 3-29　修改视图标签

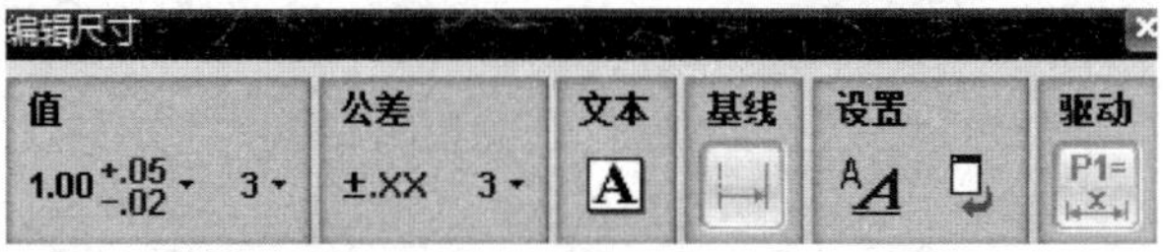

图 3-30　设置尺寸公差

在绘图区选择需标“圆柱尺寸”的两条边线，将尺寸线拉出来，在适当位置单击，生成圆柱尺寸，双击此尺寸的偏差处，进行上、下限的数值修改，回车，关闭“编辑尺寸”对话框，用鼠标将尺寸拖动（选中对象后按住左键不放）到合适位置，完成此圆柱尺寸的标注。用同样方法完成其余圆柱尺寸的标注，如图 3-31 所示。

同理，在图标工具栏单击，完成竖直方向的尺寸标注，如图 3-32 所示。

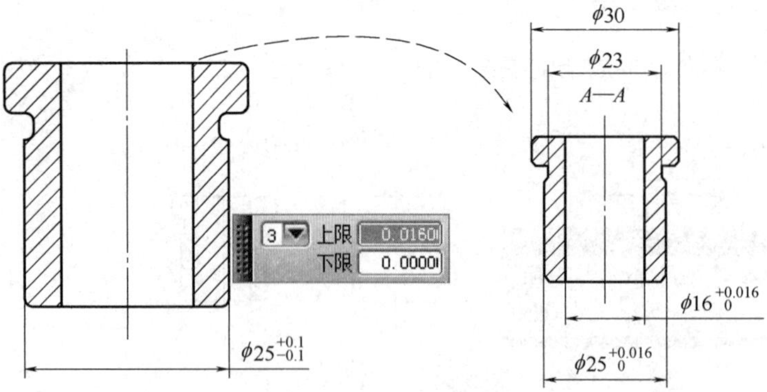

图 3-31　尺寸偏差的标注

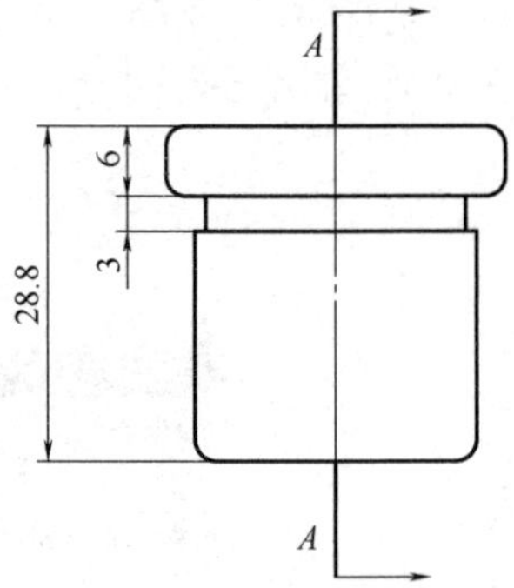

图 3-32　完成尺寸标注

任务 3　螺 母 建 模

1. 任务导入

完成如图 3-33 所示的螺母建模设计。

2. 工作步骤

1）进入 UG，建立以“LuoMu”为文件名、单位为 mm 的模型文件。

2）设置背景：按 Ctrl+M 组合键进入建模环境，选择【首选项】→【背景】，勾选【纯色】，将“普通颜色”设置为白色，点击【确定】。

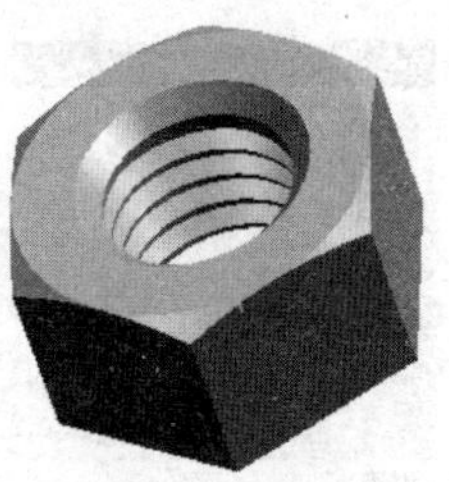

图 3-33 螺母

3）选择【插入】→【曲线】→【多边形】，边数 6，选“内切圆半径”构建六边形，设半径“8”方位角“0”，点击【确定】，基点为原点。

4）单击拉伸，选刚刚做的六边形，拉伸方向为 Z 轴正向，起始“0”结束值为“8.4”。

5）选择【插入】→【曲线】→【基本曲线】，点基本曲线→命令，“点方法”选“点构造器”，输出坐标为（0，0，0），点击【确定】，点【后视图】，选六边形底边，生成其内切圆，如图 3-34 所示。

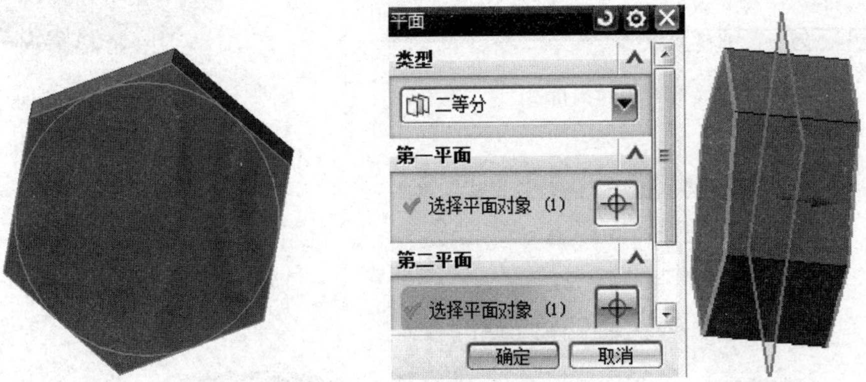

图 3-34 生成内切圆

6）选择【编辑】→【变换】，选刚做的圆弧后点【确定】，在“变换”对话框中选“通过一平面镜相”，类型选“二等分”，分别选上、下底面后点【确定】，在随后出现的“变换”对话框中点【复制】，则上、下底面均有了相应的圆。

7）点拉伸，选刚做的圆弧，输入图 3-35 所示参数进行求交，生成倒角。

8）同理生成另一面倒角（注意灵活运用反向工具），隐藏所有草图与曲线，完成上表面所有倒角的创建，如图 3-36 所示。

9）选择【插入】→【设计特征】→【孔】”，类型选择“常规孔”，设置直径为“8.5”，深度为“8.4”，顶锥角为“0”，选上表面为放置面，点击【确定】，以“点到点”方式选上表面圆棱边曲线，点“圆弧中心”，点击【确定】完成孔的创建，如图 3-37 所示。

【指定点】选上表面圆中心来确定孔的放置位置，点击【确定】，生成内孔，如图 3-38 所示。

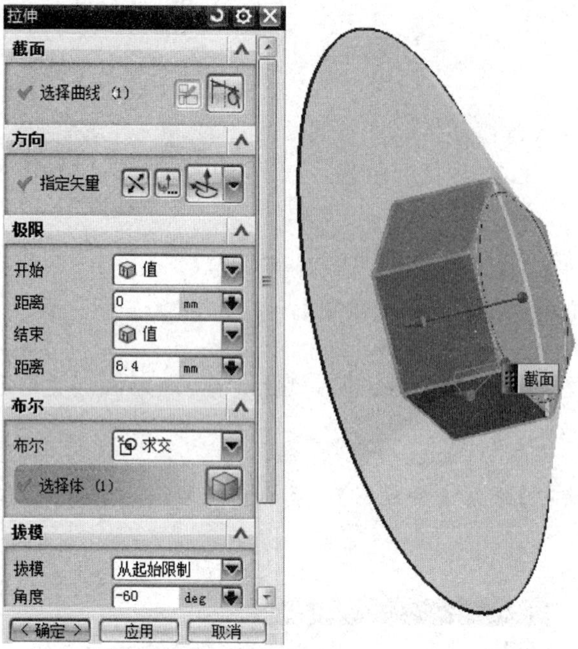

图 3-35 创建倒角

图 3-36 完成倒角创建

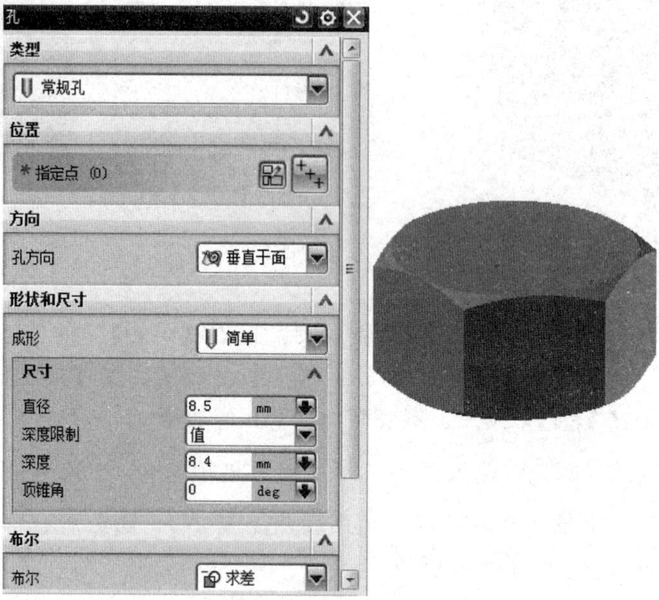

图 3-37 创建孔

10）单击

，以对称偏值“1”对孔的上、下两个边沿进行倒角。

11）选择【插入】→【设计特征】→【螺纹】，选用详细螺纹，选孔内表面为放置面，使用默认参数，点击【确定】，完成螺母的创建，如图 3-39 所示。

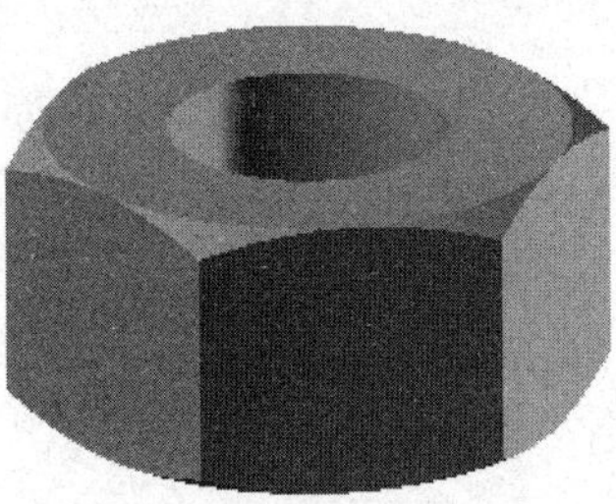

图 3-38 生成内孔

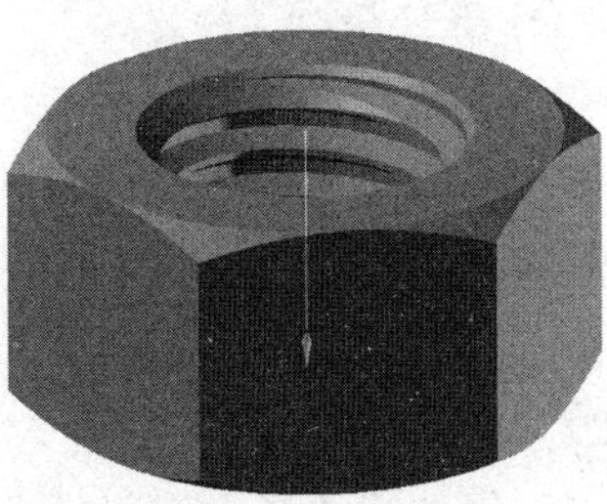

图 3-39 生成内螺纹

任务4 自主训练：螺栓建模

1. 任务导入

通过实体建模与特征操作绘制与任务 3 中的螺母相连接的螺栓，如图 3-40 所示。

2. 工作步骤

注：前六个步骤与螺母做法相同，仅内接半径改为“9”，拉伸结束值改为“6.9”，在此省略。

图 3-40 螺栓

1）点圆台，输入图 3-41 所示参数，以“点到点”选圆弧中心定位生成圆台。

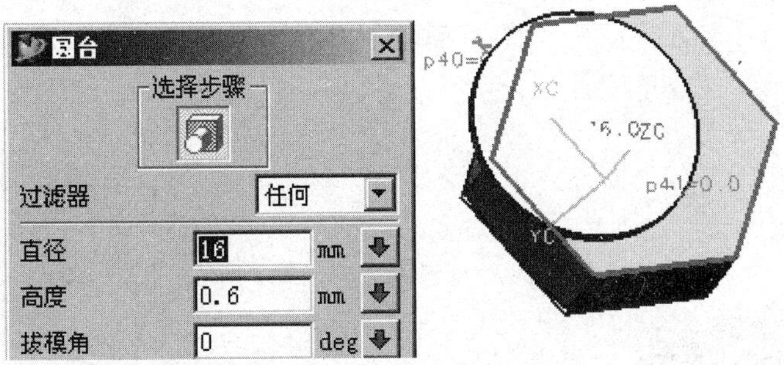

图 3-41 生成圆台

2）单击“成形工具栏”中的圆柱，选直径，高度，单击，后点击【确定】，输入直径“12”、高度“45”，【确定】，出现“点构造器”，单击，选圆台边，点击“创建”。

3）以偏置“1”给螺杆圆曲线倒斜角，并给圆柱表面作“详细螺纹”，起始面为圆柱上表面。

任务5 水嘴建模

1. 任务导入

完成注塑模具水嘴的三维建模设计及其工程图。

2. 任务分析

零件中间为六棱柱，两头为管体结构。管体结构为旋转体，可以通过先创建截面草图然后旋转一周来完成建模。六棱柱可通过对六边形进行拉伸得到实体。

3. 工作步骤

1）进入 UG NX，建立以“ShuiZui”为文件名、单位为 mm 的模型文件。

2）设置背景：按 Ctrl＋M 组合键进入建模环境，选择【首选项】→【背景】，勾选【纯色】，将“普通颜色”设置为白色，点击【确定】。

3）选择【插入】→【曲线】→【多边形】，边数设为“6”，点击【确定】，在出现的“多边形”对话框中选择“外接圆半径”，输入半径“6.5”、方位角为 0，点击【确定】，在出现的“点”对话框中接受默认设置后点击【确定】，生成六边形。

4）点，以“相连曲线”的曲线规则方式选六边形进行拉伸，拉伸距离为“8”，生成六棱柱。

5）选择【插入】→【曲线】→【基本曲线】”，在出现的“基本曲线”对话框中点击，在【点方法】的下拉菜单中选取 ...，在出现的“点”对话框默认设置后点【确定】，单击“后视图”按钮，回到【基本曲线】对话框，同时在绘图区出现绘圆曲线的预提示，在【跟踪栏】输入半径“4”（如 4.000），回车，取消【基本曲线】对话框，生成圆曲线。

6）以此圆为拉伸曲线，与六棱柱进行求和拉伸，拉伸距离为“7”，如图 3-42 所示。

7）单击，以 Y-Z 平面为草图平面绘制草图，并通过与尺寸等给草图完全约束，如图 3-43 所示，完成草图。

图 3-42 求和拉伸的实体

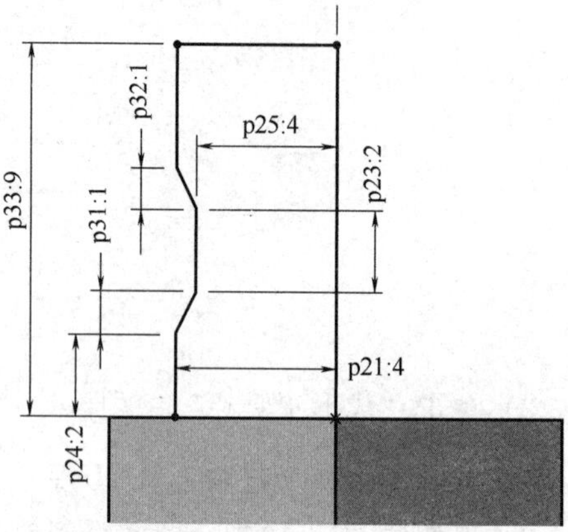

图 3-43 创建旋转截面草图

8）单击，以“相连曲线”的曲线规则方式选此草图曲线进行旋转，生成旋转体（图 3-44）。

9）打内孔：选择“【插入】→【设计特征】→【孔】”，在出现的“孔”对话框中选“常规孔”类型，选“简单”成型方式，直径设为“6”，深度设为“60”（大于通孔的

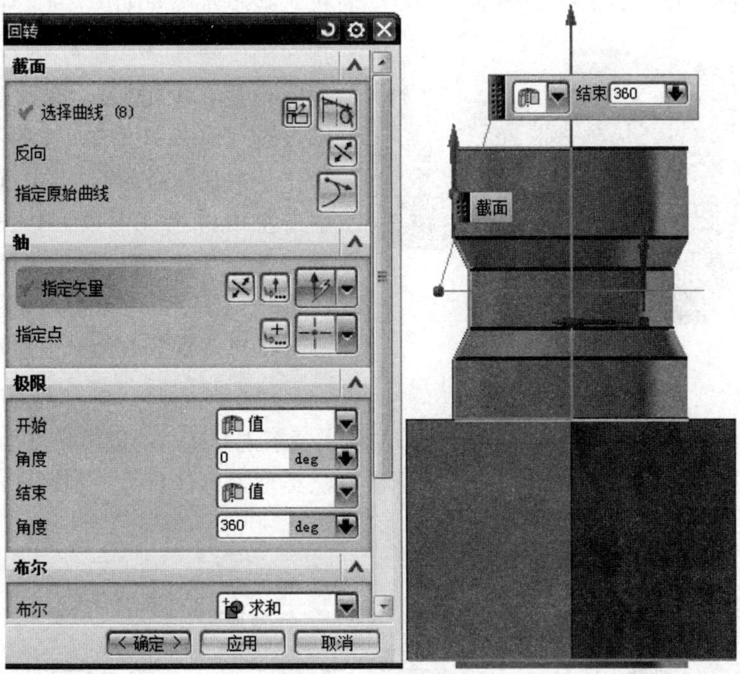

图 3-44 生成旋转体

最低尺寸)，采用【布尔求差】，在对话框中点击“位置”栏后的图标命令，选择圆柱端面为草图平面，点击【确定】，出现“草图点”对话框，在草图平面上单击左键设置一个点，然后通过将此点的定位尺寸（即到 X、Y 轴的距离）均确定为 0，回车确认，点击“完成草图”，回到“孔”对话框，点击【确定】，完成内孔的创设。

10）倒角：单击，按图 3-45 进行设置，点击【确定】，生成倒角，如图 3-45 所示。

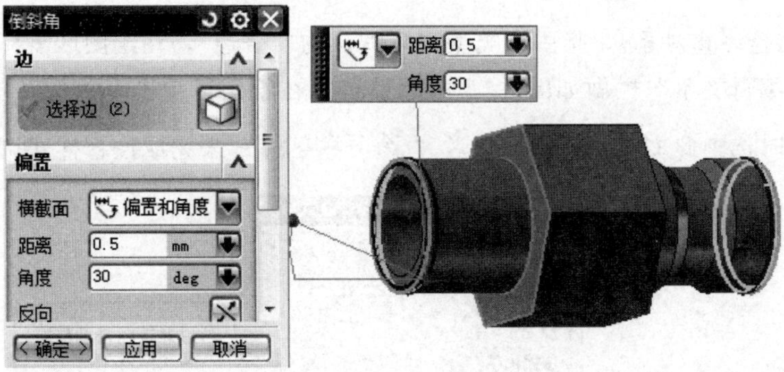

图 3-45 倒角

11）生成螺纹：选择【插入】→【设计特征】→【螺纹】”，在出现的“螺纹”对话框中选【详细】【右旋】，在绘图区选择需设置螺纹的外圆柱表面，在对话框中出现【名称】填充栏，在绘图区选择需设置螺纹的外圆柱端面，观察螺纹轴方向，点击【确定】，以默认参数【确定】，生成外螺纹。

12）隐藏所有草图、曲线、辅助面后以“着色”显示水嘴，如图 3-46 所示。

图 3-46　水嘴

13）选择【开始】→【制图】，进入工程图模块，单击 ，在“图纸页”对话框点选【标准尺寸】，选用 A4 图纸，点选“基本视图命令”，点击【确定】，通过单击左键将主视图放到绘图区的合适位置，点击【关闭】；通过“【首选项】→【可视化】→【颜色/线型】”的“单色显示”栏下将“背景”改为“白色”。

14）制图预设置：选择【首选项】→【注释】 ，出现“注释首选项”对话框，在各子项下进行适当的设置，点击【确定】。

15）尺寸标注：与前述章节中的尺寸标注方法类似，标注尺寸，如图 3-47 所示。

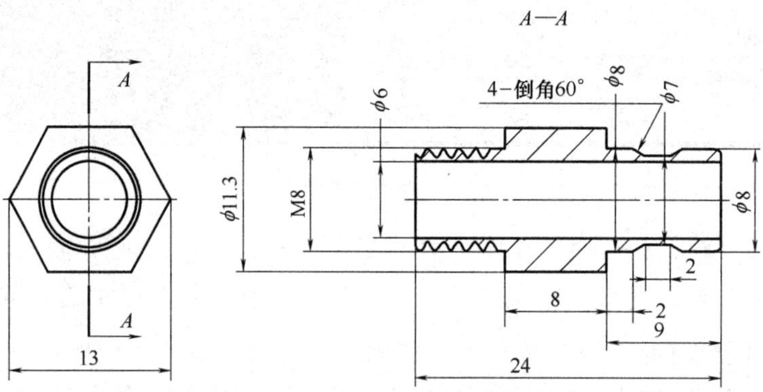

图 3-47　水嘴工程图尺寸标注

16）倒角标注：单击 （创建注释），出现“注释”对话框，在对话框中“指引线”栏选择 （选择终止对象），指引线类型选用默认的“普通”，在绘图区需标倒角处单击，在对话框的“编辑文本”栏做如图 3-48 所示设置，在绘图区单击，放置文本，并拖动到合适位置，同时选中此文本，右击，通过“ 样式(Y)...”来完成注释样式调整。

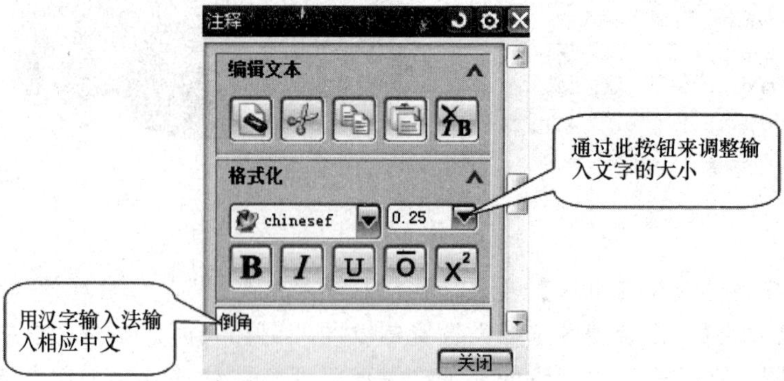

图 3-48　创建“倒角”文本注释

任务6 NX塑件造型设计

1. 任务导入

完成如图 3-49（a）所示的塑件风扇盒盖外壳建模与造型设计，工程图如图 3-49（b）所示。

(a) 风扇盒盖外壳塑件三维实体

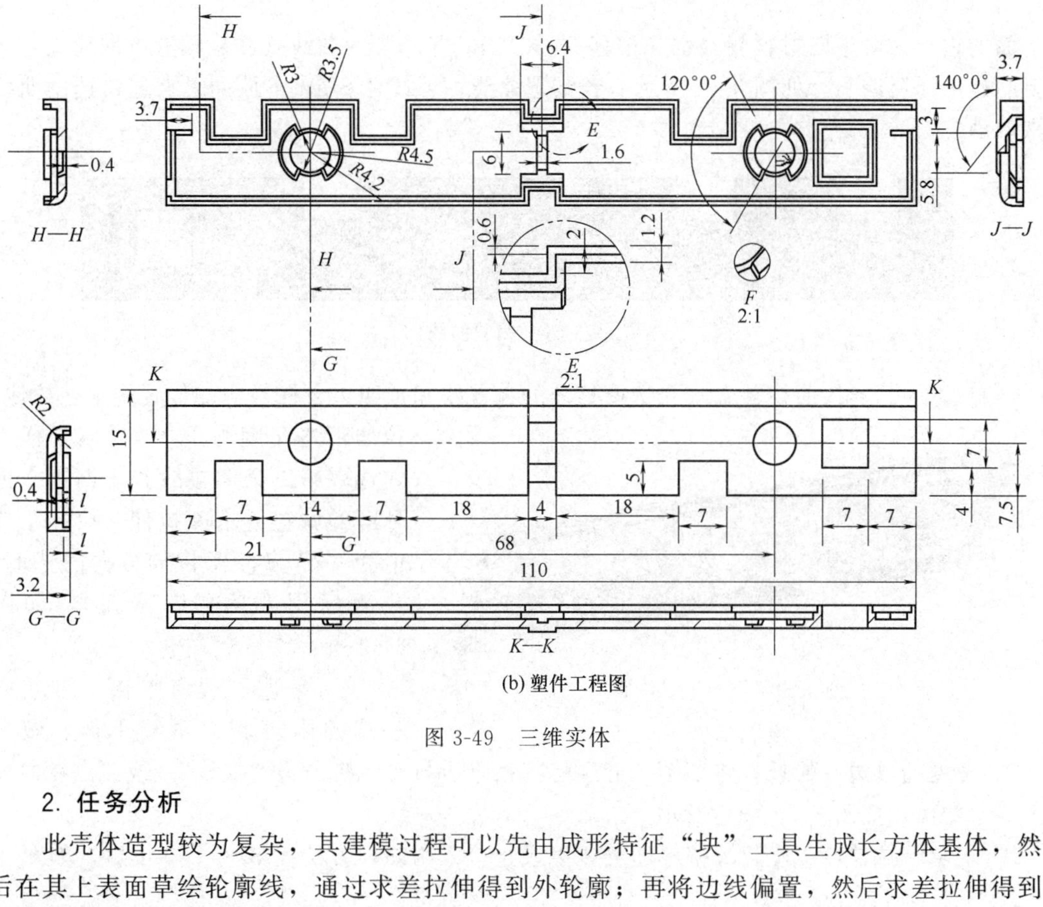

(b) 塑件工程图

图 3-49 三维实体

2. 任务分析

此壳体造型较为复杂，其建模过程可以先由成形特征“块”工具生成长方体基体，然后在其上表面草绘轮廓线，通过求差拉伸得到外轮廓；再将边线偏置，然后求差拉伸得到内腔。其他特征均通过类似方法来得到。

3. 工作步骤

1）进入 UG 建模，建立名为“GaiKe. prt”的模型文件。

2）选择【建模】→【草图】，以 X-Y 平面为草绘平面，作长“110”、宽“15”且开了 4 个方形孔的草图，如图 3-50 所示。

3）点击“完成草图”后，“拉伸”生成高“3.2”的长方体，并为其中一长棱倒 $R2$ 的圆角；选择【插入】→【来自曲线集的曲线】→【偏置】“，以零件边缘（未倒圆角的底

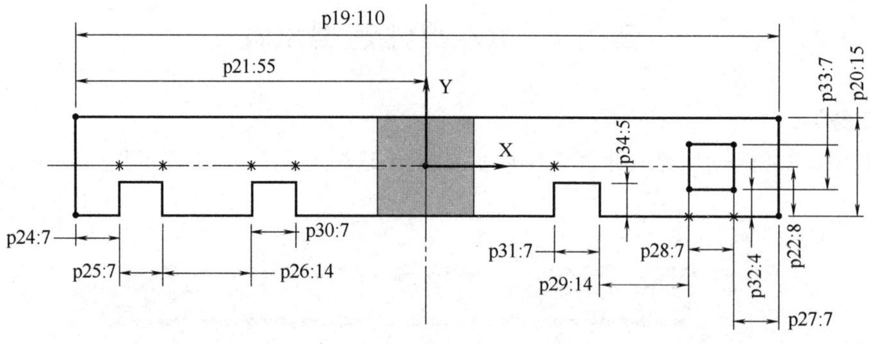

图 3-50 绘制草图

平面的边）为对象向材料侧分别作偏移“1.2”和“0.6”的曲线（注意偏置方向箭头，必要时运用“反向”），如图 3-51 所示（若错选曲线，可按住 Shift 不放同时点选错选的曲线来取消）。

图 3-51 偏置曲线

4）以“已连接曲线”方式先选取最外的偏置线和正四边方框最内的偏置线求差拉伸，拉伸距离深度为 1；然后以同样方式选取第二个偏置线和正四边方框外面的偏置线求差拉伸，拉伸距离值为“2”（注意拉伸方向的选取，灵活运用“反向”按钮），如图 3-52 所示。

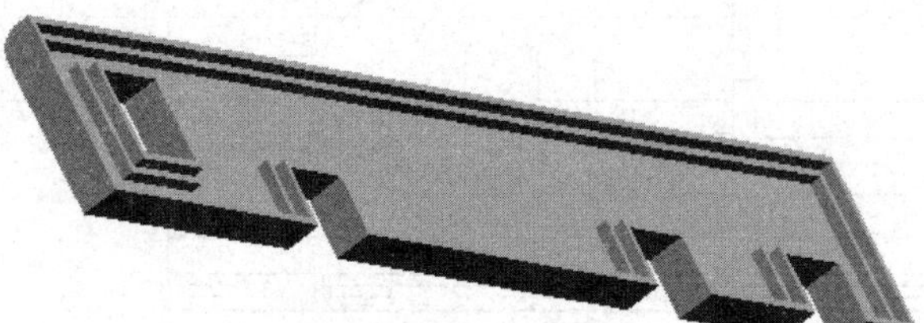

图 3-52 拉伸生成内腔

5）采取“现有平面”方式以一端的内表面为草绘平面，做长“3”、宽度超过边沿的长方体草图，分别将其相应边与实体棱角边“共线”（或“点在曲线上”）约束，如图 3-53（a）所示。

6）求差拉伸，深度超过壁厚即可，生成止口；用同样方法生成另一端止口，如图 3-

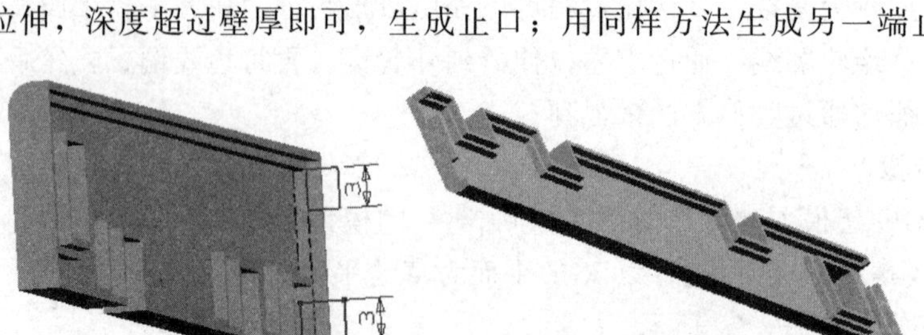

(a) 绘制草图　　(b) 生成止口

图 3-53 用“拉伸”方法生成止口

53（b）所示。

7）以“端点捕捉”方式做一线段，然后通过“共线”约束使之与底棱共线；做其他三边并通过// ⊥来约束，使之成为一个长“2.5”、宽“0.6”的矩形（或直接捕捉此端点作矩形，再通过“共线”使之一边与底棱共线，通过尺寸约束完成草绘），如图3-54所示。

8）在另一端绘制同样的矩形，然后将两矩形“求和”拉伸1mm，如图3-55所示。

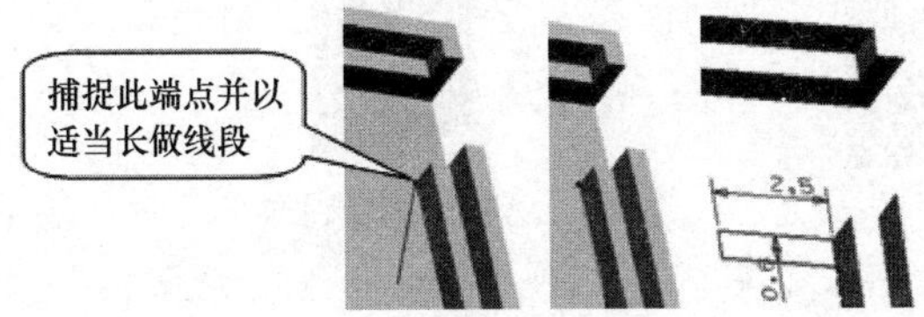

图3-54 绘矩形草图

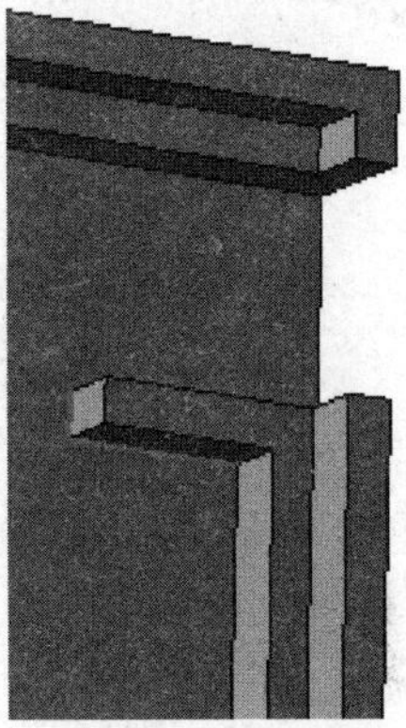

图3-55 求和拉伸

9）以另一面为草绘面作矩形：以“中点”捕捉方式做中心线，作宽“4”、长“15”的矩形，并使矩形下边与塑件下边“共线”约束，如图3-56所示。

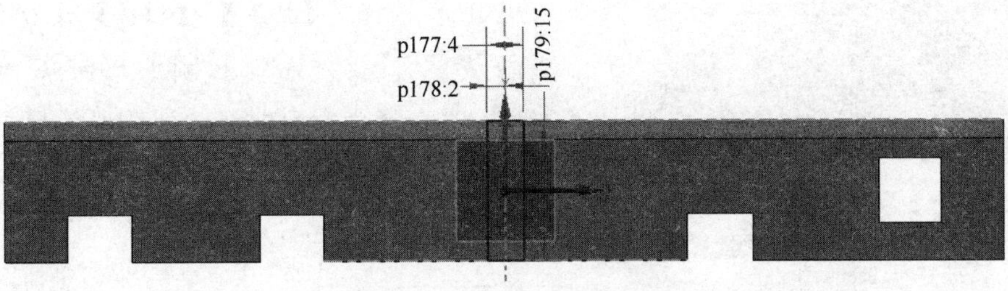

图3-56 绘制前面凸缘草图

10）对此矩形“求和”拉伸：（观察看是否要“反向”）开始距离“−0.5”，结束距离“3.2”，生成背面凸缘，如图3-57所示。

11）以拉伸凸缘侧面为草绘面作草图，点击（投影）命令将塑件外形轮廓边（缺口除外）投影到此草图，如图3-58所示。

用“端点捕捉”方式通过做直线将缺口处补全，使其连成封闭曲线；对此封闭曲线求和拉伸，如图3-59（a）所示，起始距离“−1.2”，结束距离“5.2”（注意拉伸方向），结果如图3-59（b）所示。

12）以零件背面的拉伸凸缘表面为草绘平面，作两边与拉伸体棱边“共线”约束、与塑件中心距离为“2.9”的矩形，如图3-60所示，点击“完成草图”。

13）选择【插入】→【基准/点】→【基准平面】，在“类型”中选 成一角度，按图3-61所示进行设置做一辅助基准面。

图 3-57 生成背面凸缘

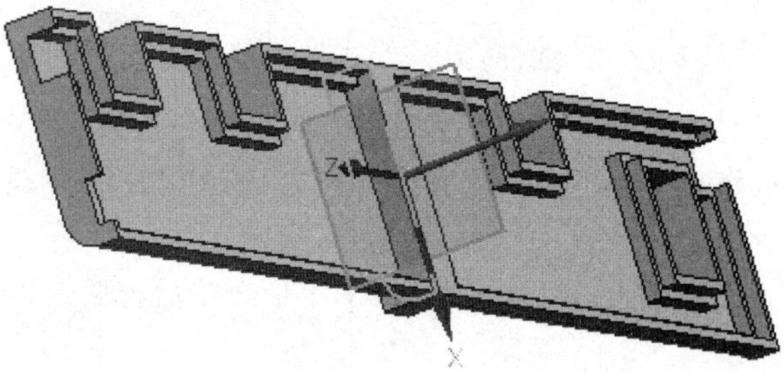

图 3-58 投影草图

(a) 封闭曲线

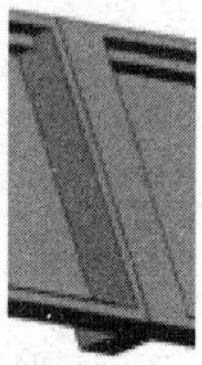

(b) 拉伸生成实体

图 3-59 拉伸实体

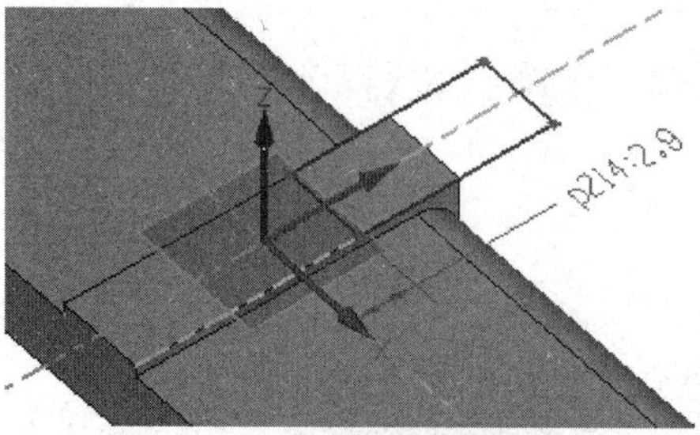

图 3-60 绘制草图

14）在此辅助基准面上草绘一段以矩形下边端点为起始点的线段，并通过⫽⊥使此线段与矩形下边垂直，点击【完成草图】。

15）选择“【插入】→【扫掠】→【沿导引线扫掠】”，将“曲线规则”栏改为“相连曲线”，选矩形为截面曲线，斜线段为导引线，进行布尔求差扫掠，如图 3-62 所示。

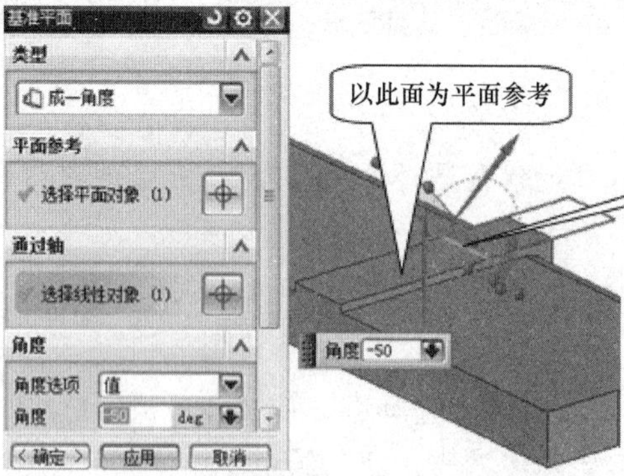

图 3-61 插入基准面

用同样方法完成另一侧斜面成形。也可以通过【插入】→【关联复制】→【镜相特征】”来完成，此时要以（二等分）方法来构建镜像平面，结果如图 3-63 所示。

16）作草图（矩形两侧边分别与缺口两侧边共线）。如图 3-64（a）所示，反向求差拉伸生成竖直侧面，如图 3-64（b）所示。

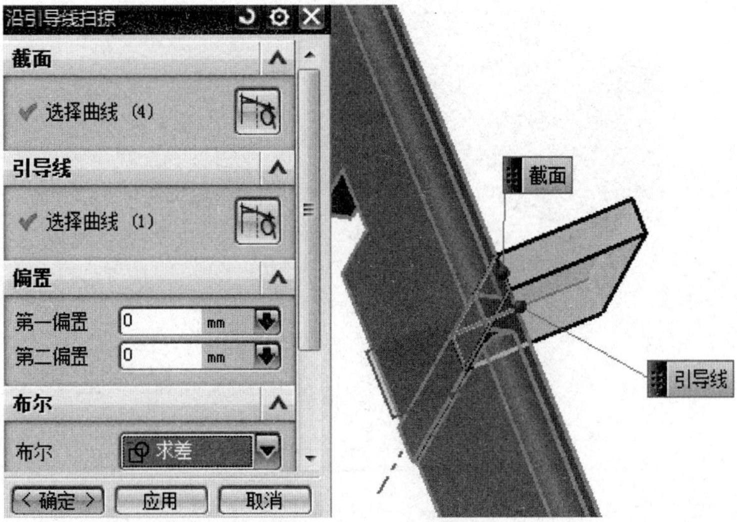

图 3-62　扫掠生成斜面

17）以中间内部横条侧面为草绘平面，如图 3-65 所示，以（静态线框显示）作草图，如图 3-66 所示，使中间线与底边【共线】约束（注：斜线是在交点处分两次画出来的，且与侧面平行）。

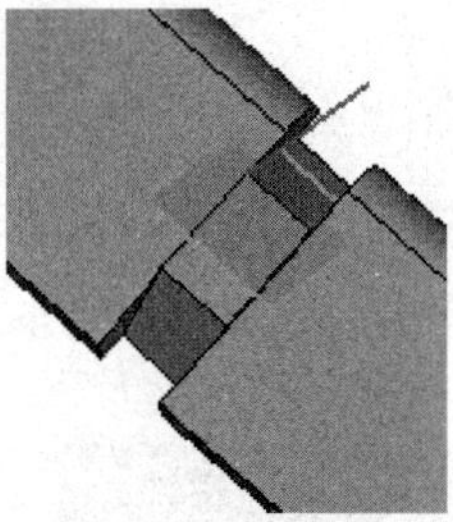
图 3-63　镜相生成另一斜面

两次求差拉伸（以“单个曲线”方式），第一次选交点以下区域的梯形曲线，开始为“0”，结束距离为“6.4”以上（注意拉伸方向），生成塑件内部底面如图 3-67（a）所示；第二次求差拉伸是选整个最外层的梯形曲线，开始距离为“2.4”，结束距离为“4”，生成内部底槽如图 3-67（b）所示。

18）以塑件外表面（上表面）为草绘平面作草图，如图 3-68 所示，对两圆拔模求差拉伸，拔模角为“－50°”，拉伸距离为“0.4”。

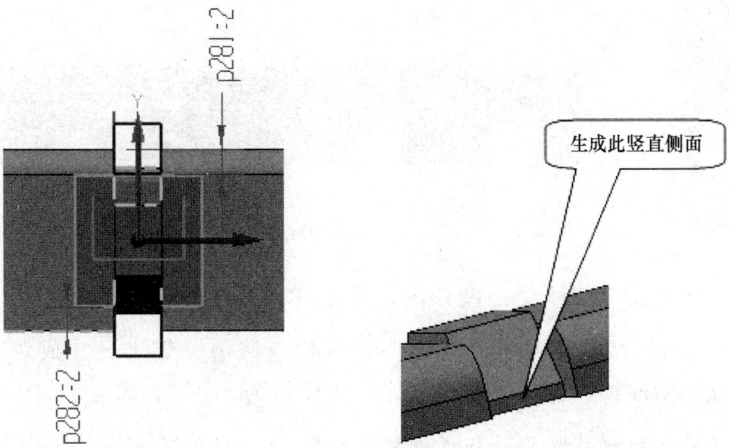

(a) 草绘封闭曲线　　(b) 求差拉伸生成竖直侧面

图 3-64　绘制草图

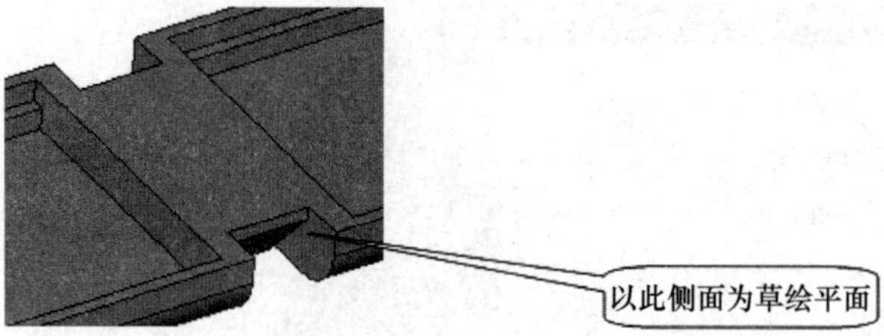

图 3-65 选草绘面

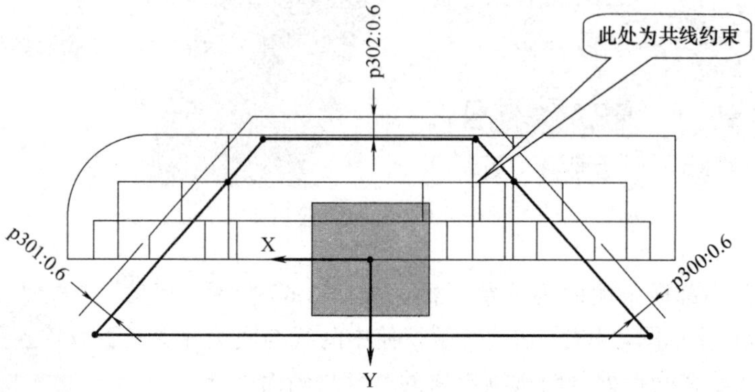

图 3-66 绘制草图

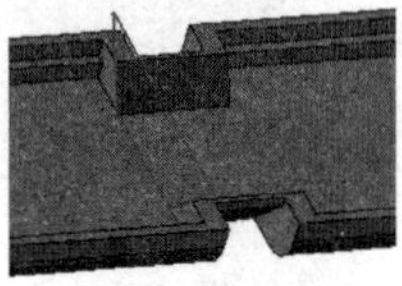

(a) 生成内底

(b) 生成内部底槽

图 3-67 做内部底槽

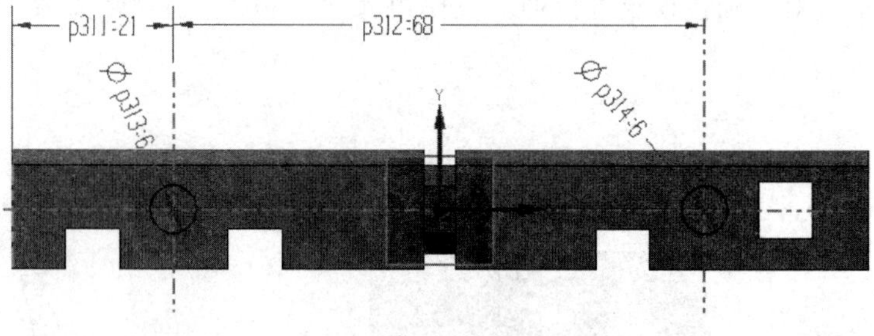

图 3-68 绘制草图

19）以塑件内底面为草绘平面做草图，将上述拔模相交的边曲线投影到草图，如图 3-69（a）所示，并通过（镜相曲线）、（快速修剪）等工具完成草绘，如图 3-69（b）所示；对此草图曲线进行拔模求差拉伸，拔模角为“20°”，深度为“0.8”。

20）选择【插入】→【关联复制】→【镜相特征】，选方才成形的风扇位置孔，以（二等分）方法构建镜像平面进行镜相，完成塑件的成形，如图 3-70 所示，然后隐藏所有草图、曲线、辅助面（线）。

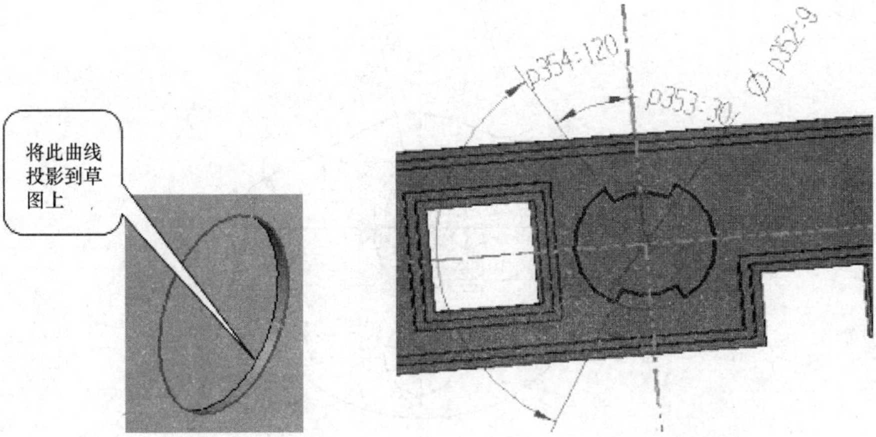

(a) 投影到草图　　(b) 绘制草图

图 3-69　孔草图绘制

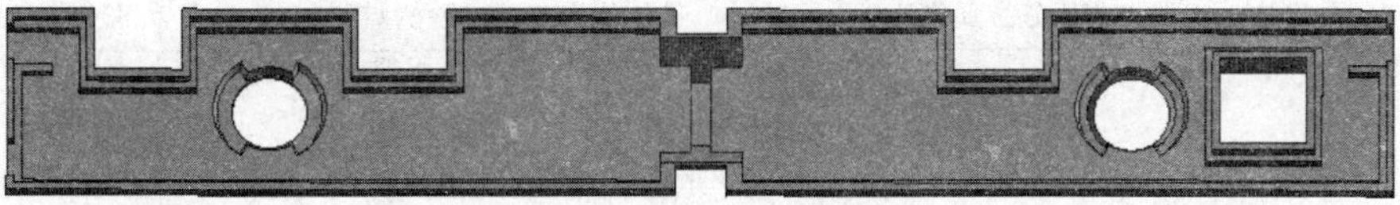

图 3-70　建模完成

【项目总结】

NX 建模设计中，草图是基础，其关键技能点如下。

1. 灵活运用各种“捕捉”工具。

2. 作草图时可通过按住左键不放拖动图形元素。

3. 作草图时可通过左键捕捉曲线端点后按住不放进行缩放和移位。

4. 绘草图时，一定要灵活运用“快速修剪”和“快速延伸”工具，使整个图元刚好完全封闭而没有交叉出头，也就是形成自相交情况（要用滚轮来放大观察两曲线相接处）。

5. 作草图时有时要注意避免“自带约束”的生成。

6. 要通过各约束命令（先几何约束再尺寸约束）使各图元完全定位（例如作圆时可先作两中心线，然后用捕捉交点方式确定其圆心，再通过尺寸约束确定其大小）。

7. 要熟练掌握成形特征与特征操作的各指令功能。

8. 灵活运用布尔运算进行建模设计。

9. 工程图的尺寸公差与形位公差及表面粗糙度的标注为重难点，要重点掌握。

10. 建模的最后阶段要注意倒角等细节。

【项目作业与技能考评】

1. 完成较复杂草图的绘制，如图 3-71 所示，并通过运用不同的布尔运算方法拉伸，生成不同形状的实体，其技能考评要求如表 3-1 所示。

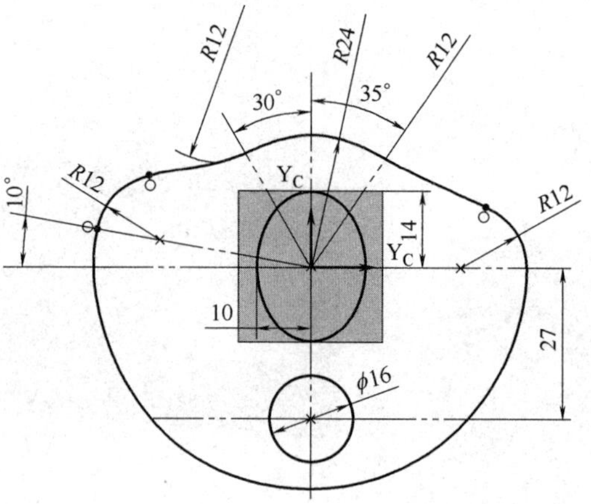

图 3-71　草图训练考评图

表 3-1　　**草图训练考评技能考评表**

实训作业任务序次	实训作业任务主要内容	关键能力与技术检测点	检测结果	评分
1	完成图 3-71 所示的草图设计	思维能力 接受新事物能力 UG NX 直线、圆弧、圆、椭圆的画法 构造参考线 利用快速延伸、快速剪切、倒圆等基本工具对草图进行编辑 利用尺寸约束、几何约束等方法对草图定位 阵列 偏置		
2	运用不同布尔运算方法，拉伸成不同形状与结构的实体	创新能力 思维能力 布尔求差 布尔求和 成形实体的修改		

2. 通过绘制草图，对图 3-72（a）所示内六角螺栓实体操作成型，并生成如图 3-72（b）所示工程图，其技能考评要求如表 3-2 所示。

(a) 内六角螺栓三维实体

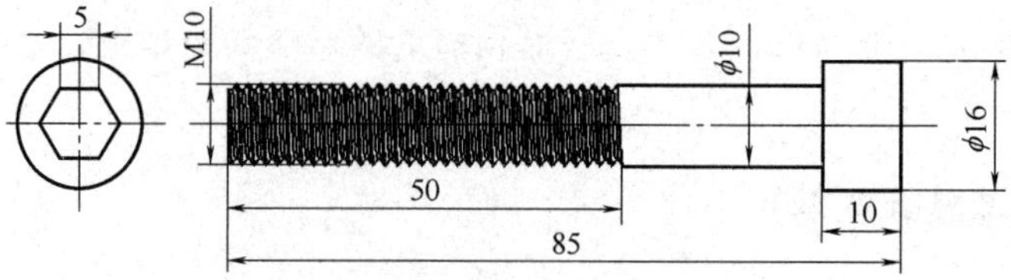

(b) 内六角螺栓工程图

图 3-72　内六角螺栓考评图

表 3-2　　　　　　　　　　　　**内六角螺栓设计技能考评表**

实训作业任务序次	实训作业任务主要内容	关键能力与技术检测点	检测结果	评分
1	生成如图 3-72 所示内六角螺栓的草图	接受新事物能力 设计能力 UG 直线、圆弧画法 草绘平面选取 构造参考线 利用快速延伸、快速剪切、倒圆等基本工具对草图进行编辑 利用尺寸约束、几何约束等方法对草图定位		
2	通过拉伸完成内六角螺栓的实体建模，以不同方式进行显示	学习能力 观赏能力 生成基体 螺纹的生成 NX 的特征建模 物体的不同显示方法与颜色更改		
3	完成上述零件的工程图	创新能力 分析能力 NX 制图模块的进入与基本操作方法 主视图与投影视图的建立 尺寸标注 形位公差的标注		

3. 完成塑料制件的草图（或基本曲线）、三维建模设计。三维实体如图 3-73（a）所示，工程图如图 3-73（b）所示，其技能考评要求如表 3-3 所示。

(a) 制件三维模型

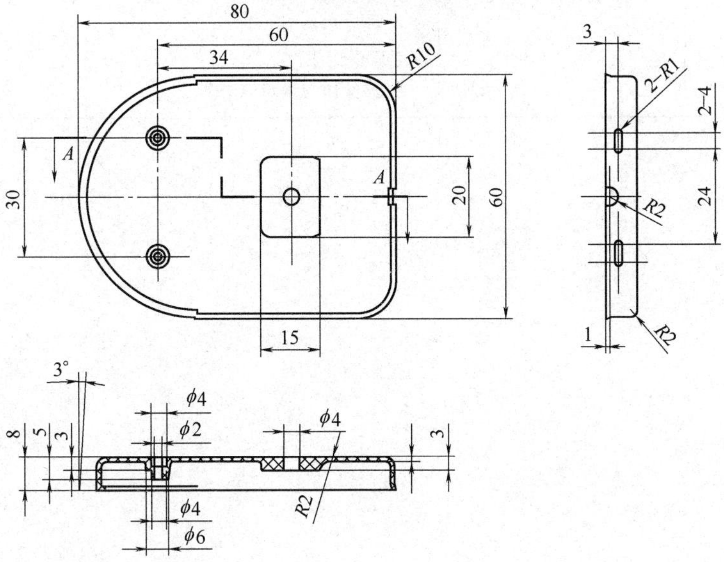

(b) 制件工程图

图 3-73　塑料制件考评图

表 3-3 制件建模设计技能考评表

作业任务主要内容	关键能力与技术检测点	检测结果	评分
生成上述产品的实体造型和工程图	设计能力 工程实战能力 草图编辑能力 基本曲线的绘法和编辑 NX 工程图基本操作 视图的建立与编辑 尺寸及其公差标注 形位公差标注		

4. 完成如图 3-74 所示产品（话筒）的三维造型设计，其考评要求如表 3-4 所示。

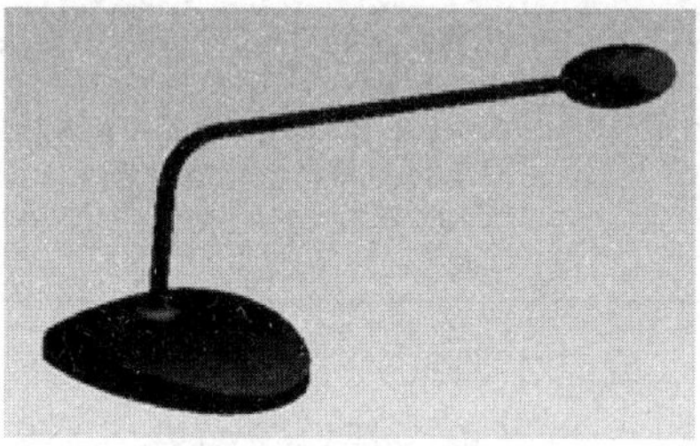

图 3-74 话筒

表 3-4 话筒建模设计技能考评表

实训作业任务序次	实训作业任务主要内容	关键能力与技术检测点	检测结果	评分
1	完成上述实体产品的造型	接受新事物的能力 设计能力 审美能力 工程应用能力 NX 草绘能力 特征操作与编辑能力等		

项目4 CHAPTER 4 CAM技术基础与应用

【项目导读】

（1）项目内容

通过典型的凸凹模零件和型腔零件 NX 三维实体铣的生产性案例分析与数控编程操作实战技能解析，阐明了 NX CAM 的通用过程以及 NX 三维实体轮廓铣和型腔铣的特点、应用场合与编程步骤，实现了凸凹模零件和型腔零件的外轮廓凸台与内腔的粗、精加工刀轨的生成与验证，并通过后处理完成程序的编制。

（2）学习目标

通过本项目的实施，学生应学会加工工艺的分析，并学会运用 NX 三维实体轮廓铣和型腔铣的有关技能技术完成凸凹模零件和型腔零件的数控编程加工。

（3）知识目标

熟悉数控加工工艺分析的方法；了解 NX 三维实体轮廓铣中几何体类型及选择方式；理解面方式选择几何体和 NX 曲线/边方式选择几何体；熟悉 NX 零件切削边界的定义方式；掌握 NX 三维实体轮廓铣和型腔铣的基本操作。

（4）能力目标

能拟定合适的加工方案；掌握 NX 几何体的选择方式；能运用 NX 面方式、曲线/边方式来进行几何体的参数选择；掌握菱形凸凹模的菱形凸台表面、内腔、两端平面及内腔的粗（精）加工操作的创建；掌握型腔铣的编程方法，能运用 NX 三维实体轮廓铣进行凸凹模和型腔等典型零件的数控加工编程。

（5）素质目标

发现问题、分析问题、解决问题的思维方式与工作方法；吃苦耐劳的职业精神；严谨操作的素养；良好的创新意识。

【知识链接】

1. NX CAM 的特点

- 提供可靠、精确的刀具路径。
- 能直接在曲面及实体上加工（实现 3D 加工）。
- 良好的使用者界面，允许使用者根据工作需要定制界面，并制定快捷键，提高使用软件效率。

• 提供多样性加工方式，方便 NC 程序编程师编写各种高效率的刀具路径。

• 提供完整的刀具库及加工参数库管理功能，使新进人员能够充分利用资深人员的经验，设计优良的刀具路径。

• 提供泛用型后处理功能，产生各 NC 加工机床适用的 NC 程式（并能根据要求定制相关功能，如刀具信息、加工时间等）。

• 制定高效的加工模板，提高加工效率。

• 二次开发的研发，辅助编程加工。

• NX CAM 包含二轴到五轴铣削、线切割、大型刀具库管理、实体模拟切削及泛用型后处理器等功能。

2. NX 数控编程基本步骤

1）设置加工环境：创建模型→【应用】→【加工】→设置加工环境（选加工配置）→【初始化】。

2）数控编程：创建毛坯→创建父节点组→创建操作→设置加工参数→生成刀轨并校验→后置处理。

• 根据零件形状创建毛坯。

① 由毛坯形状确定走刀轨迹，生成加工程序。

② 毛坯可用来定义加工范围，便于控制加工区域。

③ 可利用毛坯来进行实体模拟，验证刀轨是否合理。

• 创建父节点组：管理加工顺序、加工坐标系、加工对象、刀具、加工方法。

① 系统自带父节点组（4 种）：程序、几何体、刀具、加工方法。

② 父节点组中的信息会被其下属的各项操作继承。

③ 在“操作导航器”中进行父节点组的管理查询。

• 创建操作。

【插入】→【操作】（或单击【加工生成】工具条上  图标）→【类型】（选加工方法）（若开发了其他加工方法，可通过【浏览】选项添加）→【子类型】（确定走刀方式）。

• 设置加工参数。

加工参数包括切削速度、进给量、背吃刀量、安全距离、顺/逆铣方式、进刀/退刀方式。

• 执行“生成刀轨”。

① 刀轨验证方式有回放、3D 动态模拟、2D 动态模拟。

② 单击每一步操作对话框后的图标，进行刀轨的验证。

③ 验证：干涉、过切、尺寸要求、零件质量。

• 读取刀具路径文件，提取加工信息，按指定的数控机床特点及 NC 程序的格式要求进行分析处理，生成 NC 程序。

3. NX 平面铣基础

平面铣是一种 2.5 轴的加工方式，它在加工过程中产生在水平方向的 X、Y 两轴联动，而 Z 轴方向只在完成一层加工后进入下一层时才单独做动作。

（1）平面铣操作的创建步骤

1）创建平面铣操作。

2）设置平面铣的父节点组。

3）设置平面铣操作对话框。

4）生成平面铣操作并检验。

（2）“平面铣”对话框的理解

1）指定部件边界：用于描述完成的零件，控制刀具运动范围。

2）指定毛坯边界：用于描述将要被加工的材料范围。

3）指定检查边界：用于描述刀具不能碰撞的区域，如夹具和压板位置。

4）指定修剪边界：用于进一步控制刀具的运动范围，对刀轨做进一步的修剪。

5）指定底面：定义最低（最后的）切削层。所有切削层都与“底面”平行生成。每个操作只能定义一个“底面”。

（3）平面铣子类型（表4-1）

表 4-1 平面铣子类型（15种）

英文	中文	说明
MILL-PLANAR	平面铣	用平面边界定义切削区域，切削到底平面
FACE-MILLING-AREA	表面区域铣	以面定义切削区域的表面铣
FACE-MILLING	表面铣	基本的面切削操作，用于切削实体上的平面
FACE-MILLING-MANUAL	表面手动铣	切削方法默认设置为手动的表面铣
PLANAR-PROFILE	平面轮廓铣	默认切削方法为轮廓铣削的平面铣
ROUGH-FOLLOW	跟随零件粗铣	默认切削方法为跟随零件切削的平面铣
ROUGH-ZIGZAG	往复式粗铣	默认切削方法为往复式切削的平面铣
ROUGH-ZIG	单向粗铣	默认切削方法为单向切削的平面铣
CLEARUP-CORNERS	清理拐角	使用来自于前一操作的二维IPW，以跟随部件切削类型进行平面铣
FINISH-WALLS	精铣侧壁	默认切削方法为轮廓铣削，默认深度为只有底面的平面铣
FINISH-FLOOR	精铣底面	默认切削方法为跟随零件铣削，默认深度为只有底面的平面铣
THEARD-MILLING	螺纹铣	建立加工螺纹的操作
PLANAR-TEXT	文本铣削	对文字曲线进行雕刻加工
MILL-CONTROL	机床控制	建立机床控制操作，添加相关后置处理命令
MILL-USER	自定义方式	自定义参数建立操作

4. 进给及其参数

数控加工时的进给过程如图4-1所示。

（1）进刀

“进刀”是从进刀位置到初始切削位置的刀具运动进给率。当刀具抬起后返回工件时，此进给率也适用于返回进给率。“进刀”进给率为0将使刀具以“切削”进给率进刀。

（2）切削

“切削”是刀具与部件几何体接触时的刀具运动进给率。

（3）退刀

“退刀”是从退刀位置到最终刀轨切削位置的刀具运动进给率。“退刀”进给率为0将

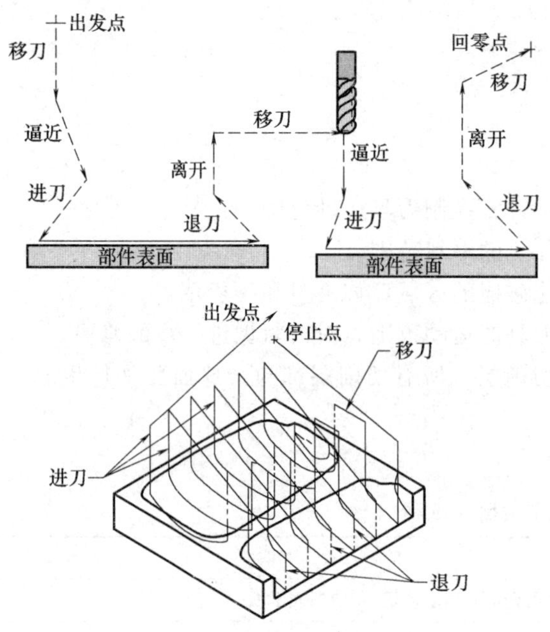

图 4-1 进给过程示意图

使刀具以“快进”进给率退刀（线性运动），或以“切削”进给率退刀（圆周运动）。

（4）第一刀切削

“第一刀切削”是初始切削刀路的进给率（后续的刀路按“切削”进给率值进给）。

注意：对于“自动车槽”来说，“第一刀切削”也是对整个材料每次冲削的进给率。

（5）逼近

“逼近”是刀具运动从起点到进刀位置的进给率。在使用多层“平面铣”和“型腔铣”操作中，使用“逼近”进给率来控制从一层到另一层的进给。

在“曲面轮廓铣”中，“逼近”是进刀移动之前的移动进给率。这一移动可能来自于“开始”移动或“移刀”移动。

在“钻”和“车槽”模块中，如果指定的最小安全距离是 0，那么“逼近”进给率为 0 将使刀具按“切削”进给率移动；否则使用“快进”进给率。

在其他模块中，如果指定了进刀方法，那么“逼近”进给率为 0 将使刀具按“快进”进给率移动；否则使用“进刀”进给率。

（6）离开

“离开”代表出孔（开槽）运动的进给率，这些运动用于清除“离开”和“车钻”中的断屑。

在“曲面轮廓铣”中，“离开”是退刀移动之后的移动进给率。这一移动可能转为“移刀”移动或成为返回移动。

（7）螺纹

“螺纹”目前对所有处理器都不可用，并且永久性呈灰色显示。

（8）步进

“步进”是刀具移向下一平行刀轨时的进给率。如果刀具从工作表面抬起，则“步进”不适用。因此，“步进”进给率只适用于允许往复刀轨的模块。

（9）返回

“返回”是刀具移至“返回点”的进给率。“返回”进给率为 0 将使刀具以“快进”进给率移动。

（10）侧面切削

“侧面切削”只适用于车槽模块。它控制“按层往复”“从左到右”和“从右到左”三种切削方法的侧面切削运动。它不能控制“插削”和“轮廓铣”运动。“侧面切削”进给率不适用于插削方法。

(11) 移刀

"移刀"(平面铣和型腔铣)是当"进刀/退刀"对话框上的"传送方法"选项为"先前的平面"(而不是安全平面)状态时,用于快速水平非切削刀具运动的进给率。

只有当刀具在未切削曲面上的"竖直安全距离",并且是距离任何腔体岛或壁的"水平安全距离"时,才会使用"移刀"进给率。这可以在移刀时保护部件曲面,并且刀具在移动时也不用抬至"安全平面"。

(12) 进给率

在刀轨前进的过程中,刀具运动类型不同,其"进给率"值会有所不同。进给率可以在边界级别和边界成员级别上定义。可通过以下方式输入进给率:

- 英寸/每分钟(IPM)
- 英寸/转(IPR)
- 毫米/分钟(MMPM)
- 毫米/转(MMPR)

注意:默认的进给率是10IPM(英制)和10MMPM(公制)。

5. 表面速度

表面速度是指刀具最外点的线速度,单位为mm/s。该速度跟主轴转速 S(刀具的角速度)之间是可以换算的。

$$线速度=转速\times周长$$

一般 S 固定的情况下,刀具半径越大,表面速度越大。如果表面速度固定,则刀具半径越大,S 越小。在NX中,如果编程时是根据个人经验来给定 S 的话,可以不用考虑表面速度。如果是根据刀具供应商提供的资料或根据加工效果来确定表面速度的话,输入表面速度后回车,S 会自动计算出来。后处理出来的刀路还是输出自动计算出来的 S 来控制机床转速。

6. NX型腔铣的应用特点及其对话框关键点解析

型腔铣利用实体、曲面或曲线来定义加工区域,主要用来加工带有斜度表面、曲面轮廓外壁及内腔壁,常用于粗加工。型腔铣常为两轴联动,铣削分层,加工后表面呈台阶状。由于同一个加工表面的斜度不同,为使粗加工后余量均匀,分层时每一层的厚度不能一致。应根据加工表面的倾斜程度划分为若干个区域,每一区域定义不同的分层厚度。分层原则是壁越陡,每一层的深度越大。

(1) 几何体的指定

在【型腔铣】加工操作的【几何体】选项卡里有:指定部件、指定毛坯、指定检查、指定切削区域和指定修剪边界五个选项。与平面加工几何体有所不同,"平面铣"的几何体是使用边界来定义的,而"型腔铣"却是使用边界、面、曲线和体来定义的。通常我们在几何视图中已经定义好部件和几何体,在创建操作的时候直接选择已定义的部件几何体。

1) 指定部件。

在【型腔铣】加工操作中,所指定部件是我们最终要加工出来的形状,而这里定义的部件本身就是一个保护体。加工中刀具路径是不会到达部件几何体的,否则就是过切。在创建【型腔铣】操作中,已继承了几何WORKPIECE的父级组关系,因此在型腔铣里不需要再指定部件。

2) 指定毛坯。

在【型腔铣】加工操作中，指定毛坯是作为要切削的材料，而这里指定毛坯几何本身就是被切削的材料，实际上就是部件几何与毛坯几何的布尔运算，公共部件被保留，求差多出来的部分是切削范围。

3）指定检查体。

指定检查体是用来定义用户不想触碰的几何体，就是避开不想加工到的位置。例如夹住部件的夹具，就是我们不能加工的部分，就需要用检查几何体来定义，移除夹具的重叠区域将不被切削。指定检查余量值（切削参数对话框→余量）以控制刀具与检查几何体的距离（通过检查体我们还可以做一些辅助的线与面，把刀路做得更加合理）。

4）指定切削区域（一般情况下不需要指定切削区域）。

指定切削区域是用来创建局部加工的范围，可以通过选择曲面区域、片体或面来定义切削区域。例如在一些复杂的模具加工中，往往有很多区域的位置需要分开加工，此时定义切削区域就可以完成指定区域位置的加工操作。在定义切削区域的时候一定要注意：切削区域的每个成员都必须是“部件几何体”的子集。例如，如果将面选为“切削区域”，则必须将此面选为“部件几何体”，或此面属于已选为“部件几何体”的体。如果将片体选为“切削区域”，则还必须将同一片体选为“部件几何体”；如果不指定“切削区域”，则系统会将整个已定义的“部件几何体”（不包括刀具无法接近的区域）用作切削区域。当定义了切削区域时，【切削参数】选项里的“延伸刀轨”选项卡就会起作用；否则此选项不起作用。

5）指定修剪边界。

修剪边界主要是用来修剪掉不想要的刀轨。修剪边界的运用可以使刀路更加优化。在使用修剪边界的同时我们需要确定工件能够完整加工。

（2）切削层的介绍

型腔铣可以将总切削深度划分成多个切削范围，同一个范围内切削层的深度相同，不同范围内切削层的深度可以不同。切削层主要是用来控制所加工模型的深度；在【型腔铣】操作里，只有定义了“部件几何体”的时候，切削层才会启用，否则此选项不起作用，用灰色状态显示。在【型腔铣】操作对话框里选择“刀轨设置”的“切削层”，单击切削层图标并弹出【切削层】对话框，并且在模型里也会显示出切削层。

1）三种范围类型：自动生成、用户定义、单个。

① 自动生成。

将范围设置为“与任何水平平面对齐”。只要没有添加或修改局部范围，切削层就会保持与部件的关联性。软件将检测部件上新的水平表面，并添加临界层与之匹配。

② 用户定义。

通过定义每个新增范围的底平面创建范围。通过选择面定义的范围将保持与部件的关联性，但不会检测新的水平表面，将根据部件和毛坯几何体设置一个切削范围。

③ 单个：将根据部件和毛坯几何体设置一个切削范围。

切削层在数控加工中的灵活运用，对于加工时更合理地编写刀路和更有效地加工有着重大的意义。通过切削层的定义，可以分别定义切削层、控制切削范围（如在使用型腔铣开粗的时候，一般的原则是“能短刀不长刀”，这就涉及使用切削层来控制加工范围，分层开粗毛坯。这样更有利于合理运用刀具，保证加工效率）。

2）切削层深度的设置。

① 不同的切削范围可以设置不同的切削深度，也可设置相同的切削深度。

② 切削层深度确定的原则：加工面越陡峭允许的切削层深度越大（结合切削条件，如刀具、机床等因素）；加工面越接近水平切削层深度应越小（保证加工后残余材料高度均匀一致，以满足精加工的需要）。

3）切削范围的调整。

① 插入切削范围。

通过鼠标单击可以添加多个切削范围；选择“添加新集”范围；选择一个点、一个面，或输入“范围深度”值来定义新范围的底面（如有必要，可输入新的“局部每刀切削深度”值）。

注意：所创建的范围将从该平面向上延伸至上一个范围的底面。如果新创建的范围之上没有其他范围，该范围将延伸至顶层。如果选定了一个面，系统将使用该面上的最高点来定位新范围的底面。该范围将保持与该面的关联性。如果修改或删除了该面，系统将相应地调整或删除该范围。

② 编辑当前范围。

通过鼠标单击可以编辑切削范围的位置。

注意：最顶层与最底层之间如果有台阶面，必须将其指定为一个切削层，否则留余量的时候这个台阶面上的余量将不等于所设定的余量。

③ 更改范围类型。

如果所有切削层都是由系统生成的（例如最初由“自动生成”创建），那么从“用户自定义”进行更改时，系统不会发出警告。只有当用户至少定义或更改了一个切削层后，系统才会发出警告。

7. 技能提点

1）编程时，粗、半精、精在选择刀具时尽量分开。如果用同一把刀的话，在精加工时实际上使用的是已经磨损的刀具，精度将无法保证。

2）步进速度和进刀速度都可以根据机床刀具情况设置。一般步进速度不设置，让其走剪切的速度。进刀速度设置得要比剪切速度慢。

3）在创建的父节点组中储存的加工信息，如刀具数据、几何体等，都可以被操作所继承。父节点组设定不是CAM编程所必需的工作，可以跳过，直接在建立操作时，在操作对话框的组设置中进行设置。对于需要建立多个程序来完成加工的工件来说，使用父节点组方式可以减少重复性工作。

4）控制点就是控制我们下刀的位置。如何选择合适的控制点要靠平时多总结加工经验。

【项目实施】

任务1　菱形凸凹模CAM

1. 任务导入

某菱形凸凹模的三维实体如图4-2所示，工程图如图4-3所示，试对其进行铣削加工。

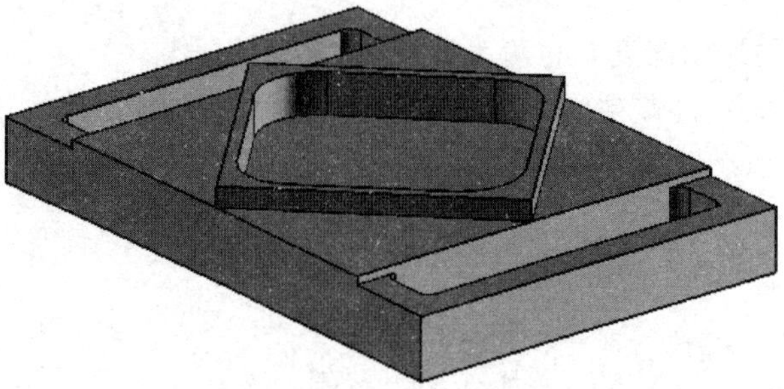

图 4-2 菱形凸凹模三维实体

2. 任务分析

本凸凹模需要加工的部位有：上下表面与四周侧面、菱形凸台外轮廓表面、菱形凸台内腔、两台阶平面及两端矩形内腔。通常加工这些表面对模具零件精度要求较高。本任务的关键是菱形凸台内腔、台阶面及台阶矩形内腔的粗（精）加工操作的创建与动画仿真验证，并生成程序单。

3. 工作步骤

（1）加工前的准备工作

1）工艺分析：其外形尺寸精度要求不高，因此可以在普通机床上加工出 146mm×100mm×22mm 的长方体作为毛坯，4 个侧面及上、下表面都可以不用加工，其工序安排如表 4-2 所示。

2）创建毛坯：为能看到动画仿真，创建一个 146mm×100mm×22mm 的长方体毛坯。注意要与零件重合创建（通过底边反拉伸），而不是布尔求和。可通过【编辑】→【对象显示】选毛坯，拖动【透明度】滑条将其设为半透明（也可分为不同层）。创建好的毛坯图如图 4-4 所示。

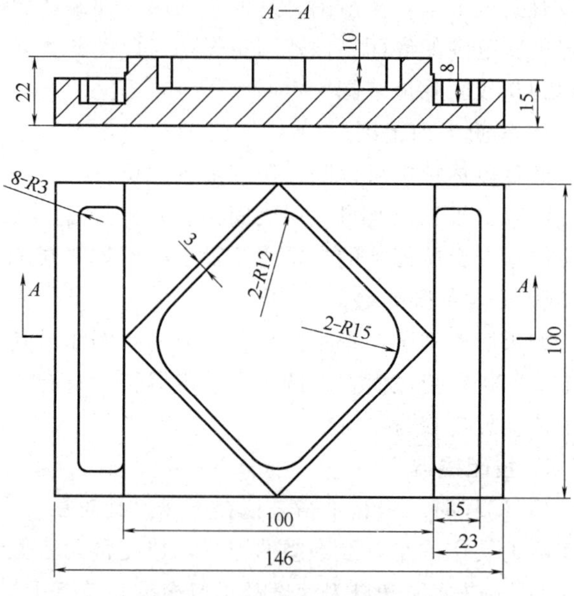

图 4-3 凸凹模工程图

表 4-2 工序安排表

工序号	工序名称	工步内容	所用刀具	主轴转速 /(r/min)	进给速度 /(mm/min)
1	铣削菱形凸台	铣削菱形凸台至尺寸	ϕ10 立铣刀	1000	150
2	粗铣两台阶面	粗铣两台阶面，留余量 0.5	ϕ10 立铣刀	800	200
3	精铣两台阶面	精铣两台阶面至尺寸	ϕ6 立铣刀	1200	100
4	粗铣菱形内腔	粗铣菱形内腔，留余量 0.5	ϕ10 立铣刀	800	200
5	粗铣两端内腔	粗铣两端内腔，留余量 0.5	ϕ6 立铣刀	800	200
6	精铣菱形内腔	精铣菱形内腔至尺寸	ϕ6 立铣刀	1200	100
7	精铣两端内腔	精铣两端内腔至尺寸	ϕ4 立铣刀	1200	100

（2）加工编程

1）加工环境初始化。

点击【开始】→【加工】”，进行加工环境设置，选择mill_planar，点击【确定】，进入加工模块。

2）创建刀具（组）。

点击【插入】→【刀具】（或单击工具条上），弹出【创建刀具】对话框；选【类型】为【mill_planar】（平面铣），选【刀具子类型】为【mill】（立铣刀），选【刀具位置】为【GENERIC MACHINE】，输入【名称】为“LXD10”，点击【确定】后弹出【铣刀参数】对话框，设参数为：直径 10，调整记录器（补偿寄存器）为 1，刀具号为 1，点击【确定】，完成刀具的创建，如图 4-5 所示。同理，创建 ϕ6 立铣刀与 ϕ4 立铣刀（只需更改相应参数即可）。

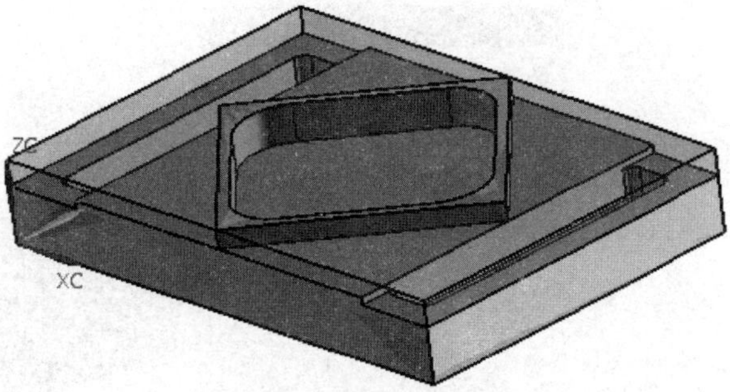

图 4-4　凸凹模毛坯图

3）创建几何体。

点击【插入】→【几何体】（或单击工具条上的）。

① 创建坐标系：在弹出的【创建几何体】对话框中按如图 4-6 所示设置，点击【确定】。

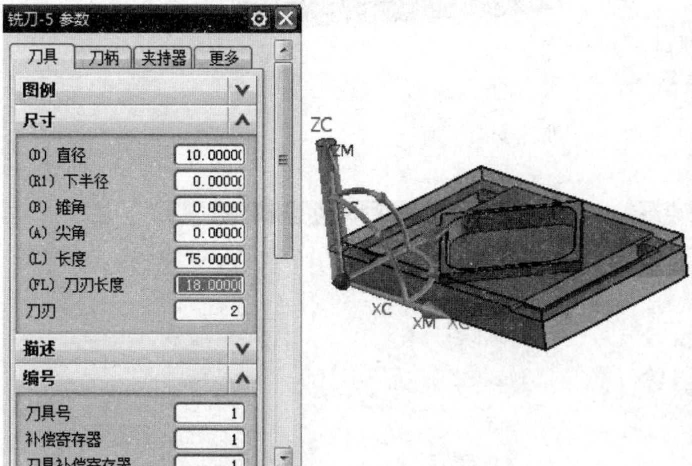

图 4-5　设置刀具参数并创建刀具

图 4-6　创建几何体

在弹出的“MCS”对话框中点击“指定 MCS”栏后的“”按钮，弹出“CSYS”对话框，如图 4-7 所示。在【操控器】栏下的“指定方位”后单击“”按钮，在弹出的【点构造器】中输入（73，50，20）设置加工坐标系原点在零件上表面中心处，点击【确定】。

在返回的“MCS”对话框中进行安全平面设置，如图 4-8 所示。

② 创建工件（毛坯）：单击工具条上的图标，在弹出的“创建几何体”对话框中

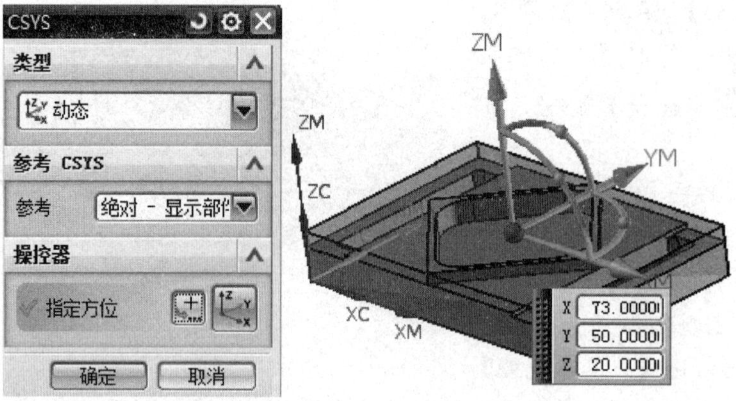

图 4-7 指定加工原点

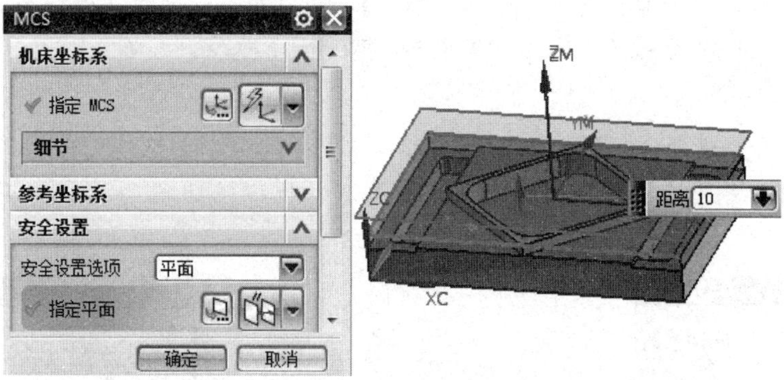

图 4-8 指定安全平面

(a) 选择几何体类型和子类型

(b) “工件”对话框

图 4-9 创建工件

按如图 4-9（a）所示设置，点击确定后弹出“工件”对话框，如图 4-9（b）所示。

指定毛坯：在“工件”对话框中点击 （指定毛坯），弹出【毛坯几何体】对话框，在绘图区选择毛坯体，如图 4-10 所示，点击【确定】，回到【工件】对话框。

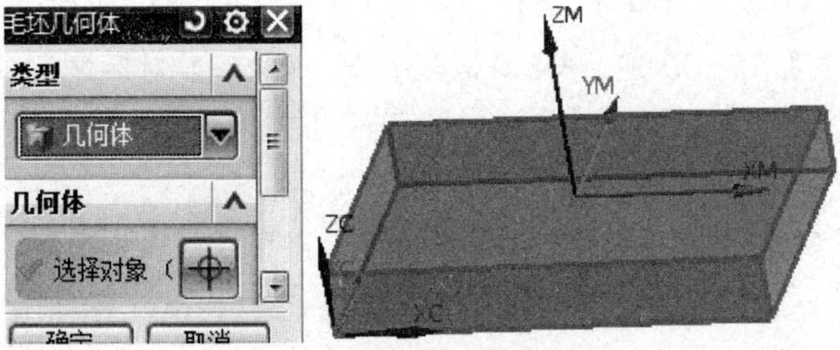

图 4-10　指定毛坯几何体

指定部件：在返回的【工件】对话框中点击（指定部件），弹出“部件几何体”对话框，在【部件导航器】区域通过右键将毛坯体隐藏，在绘图区选凸凹模零件，如图 4-11 所示，点击【确定】回到【工件】对话框，点击【确定】，完成工件（毛坯）的创建。

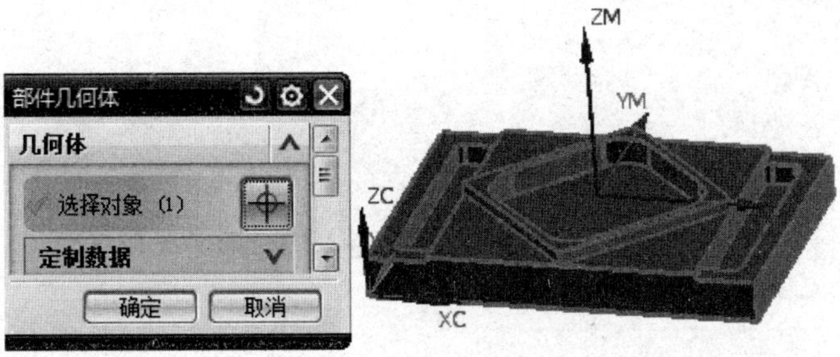

图 4-11　指定部件几何体

4）创建加工方法。

① 第一道工序 XX（铣削）方法设置：

【插入】→【方法】（或单击工具条上的）→出现【创建方法】对话框→选【类型】为【mill_planar】→选【位置】为【METHOD】→【名称】为“XX”（铣削）→【确定】，在弹出的【铣削方法】对话框中设置：【部件余量】为“0”，【内公差】为默认值，【外公差】为默认值→选对话框中图标→【进给】对话框→在“更多”栏下设置【进刀】【第一刀切削】【步进】【剪切】为 150，其余为 0→点击【确定】。

② 粗加工（第 2、4、5 道工序）加工方法设置：

【插入】→【方法】（或单击工具条上的）→出现【创建方法】对话框→在对话框中设置：【类型】为【mill_planar】，【位置】为【METHOD】，【名称】为“CJJ”→点击【确定】→在【铣削方法】对话框中设置：【部件余量】为“0.5”，【内公差】为默认，【切出公差】为默认→选对话框中→【进给】对话框→在“更多”栏下设置【进刀】【第一刀切削】【步进】【剪切】为 200，其余为 0→点击【确定】。

③ 精加工方法（第 3、6、7 道工序）设置：

【插入】→【方法】（或单击工具条上的）→出现【创建方法】对话框→在对话框中设置：【类型】为【mill_planar】，【位置】为【METHOD】，【名称】为“JJG”（精加工）→

点击【确定】→在【铣削方法】对话框中设置：【部件余量】为“0”，【内公差】为“0.03”，【切出公差】为“0.03”→选对话框中→【进给】对话框→在“更多”栏下设置【进刀】【第一刀切削】【步进】【剪切】为100，其余为0→点击【确定】。

5）创建铣削菱形凸台工序。

①【插入】→【工序】（或单击工具条上的）→出现【创建工序】对话框→在对话框中设置：【类型】为【mill_planar】，【子类型】选【PLANAR-MILL】，【程序】为【NC-PROGRAM】→【使用几何体】为【GONGJIAN】→【使用刀具】为【LXD10】→【使用方法】为【XX】，【名称】为【XLXTT】→点击【确定】；在弹出的【平面铣】对话框中点击【指定部件边界】→弹出【边界几何体】对话框，在【模式】下选【面】模式（同时勾选【忽略孔】和【忽略岛】）→选零件（菱形）表面→点击【确定】，如图4-12所示。

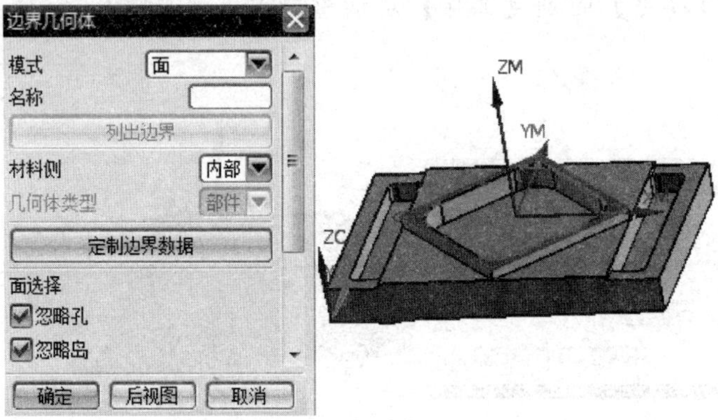

图4-12　指定边界几何体

② 在返回的【平面铣】对话框中点击第二个图标，用来指定毛坯边界→【选择】→弹出【边界几何体】对话框→显示隐藏毛坯，选上表面以定义毛坯边界，如图4-13所示。

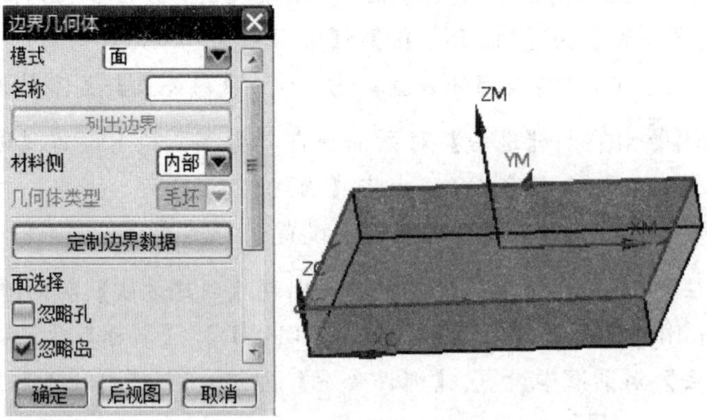

图4-13　指定毛坯边界

③ 在返回的【平面铣】对话框中点击第六个图标来指定铣削底面→弹出【平面】对话框中，选上表面为铣削底面，如图4-14所示。

④ 在返回的【平面铣】对话框单击（切削层），在弹出的“切削层”对话框中设

置“每刀深度”为“2”，点击【确定】，返回“平面铣”对话框。

⑤ 与前述方法类似，分别完成“进给率和速度”（“主轴转速”输“1000”，然后单击其后的“生成进给与速度”计算器）与“机床控制”栏下的相应设置，点击【确定】，返回“平面铣”对话框。

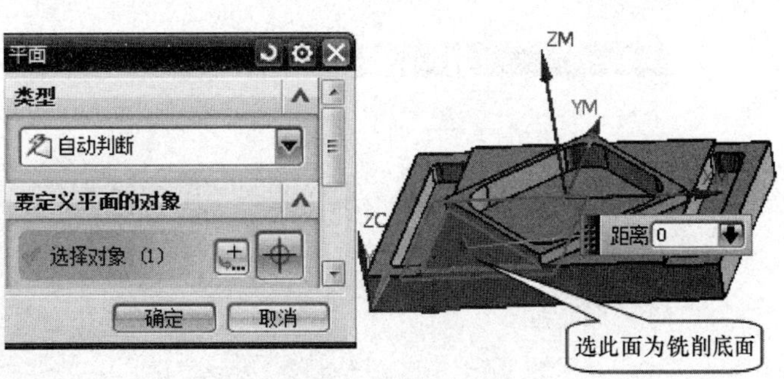

图 4-14 指定铣削底面

⑥ 按如图 4-15 所示设置刀轨，然后单击（生成刀具轨迹），生成刀轨。

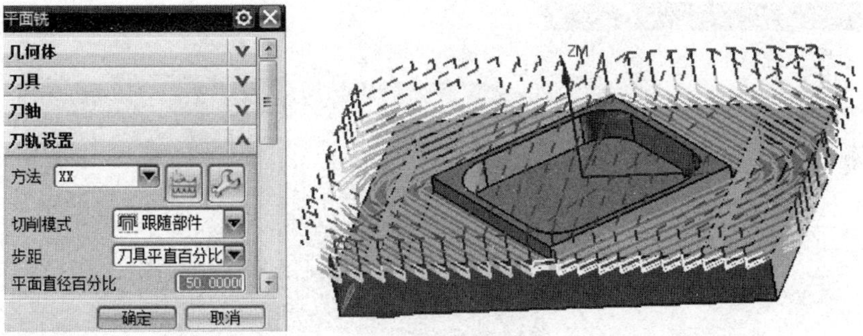

图 4-15 做刀轨设置并生成刀轨

6）创建粗铣菱形内腔工序。

①【插入】→【工序】（或单击工具条上的）→出现【创建工序】对话框→在对话框中设置：选【类型】为【mill_planar】，【子类型】选【PLANAR-MILL】，【程序】为【NC-PROGRAM】→【使用几何体】为【GONGJIAN】→【使用刀具】为【LXD10】→【使用方法】为【CJG】，【名称】为【CXLXNQ】→点击【确定】；在弹出的【平面铣】对话框中点击【指定部件边界】→弹出【边界几何体】对话框→在【模式】下选【曲线/边】模式（注意：材料侧改为外侧）→按图 4-16 选零件内腔棱边曲线→【创建下一个边界】→点击【确定】。

② 在返回的【平面铣】对话框中点击第六个图标来指定铣削底面→在弹出的【平面】对话框中，选“菱形内腔”底平面为铣削底面，【偏置】输“0.5”（为精加工留 0.5 余量）。

③ 在返回的【平面铣】对话框中单击（切削层），在弹出的“切削层”对话框中设置“每刀深度”为“2”，点击【确定】，返回“平面铣”对话框。

④ 与前述方法类似，分别完成“进给率和速度”（“主轴转速”输“800”，然后单击其后的“生成进给与速度”计算器）与“机床控制”栏下的相应设置，点击【确定】，返回“平面铣”对话框。

⑤ 按如图 4-17 所示设置刀轨，然后单击（生成刀具轨迹），生成刀轨。

图 4-16 创建边界

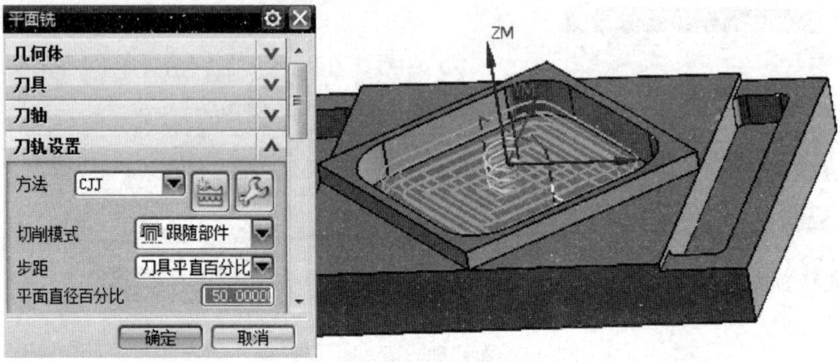

图 4-17 生成刀路轨迹

7）创建精铣菱形内腔工序。

①【插入】→【工序】，弹出【创建工序】对话框→【使用刀具】改为【LXD6】→【使用方法】更改为【JJG】→【名称】更改为【JXLXNQ】，其他设置与粗铣菱形内腔工序相同。

② 指定“菱形内腔”底平面为铣削底面，但【偏置】值改为“0”。

③ 与前述方法类似，分别完成“进给率和速度”（“主轴转速”输“1200”）与“机床控制”栏下的相应设置。

④ 刀轨设置与粗铣菱形内腔工序一致。

8）创建粗铣两端台阶面工序。

因该零件两端的台阶面没有在同一水平面上的边界，因此在加工这个部位时无论是选择面还是选择边界都不好操作（会将所有的菱形边一同往下切削成同一水平面）。为使操作方便，要对此零件做辅助面。回到【建模】界面绘两个与要切削的面域重合的矩形→【插入】→【曲线】→【直线】，将两端的内腔表面轮廓曲线连成封闭截面曲线（图 4-18）→【插入】→【曲面】→【有界平面】（或在工具条选项中调出）→【确定】→【确定】（创建两个有界平面）→回到【加工】模块（备注：也可用“直纹面”来做这两个辅助面）。以 ZBX 为父系组再次创建“几何体”（名称为“GONGJIAN1”），方法与前述类似，但在“指定部件”时要在绘图区将凸凹模零件及所创建的两个辅助面都选中。

①【插入】→【工序】（或单击工具条上的 ），出现【创建工序】对话框，并按如图

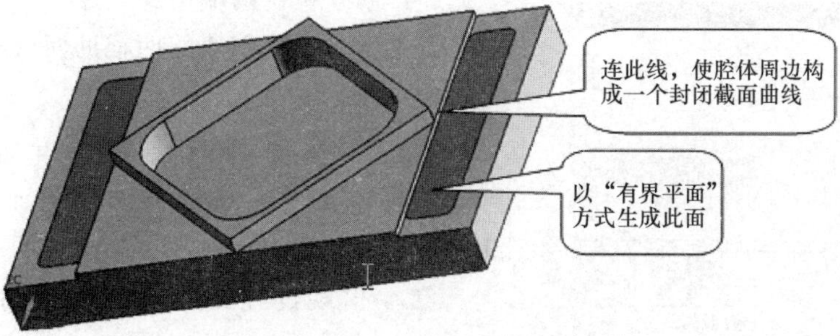

图 4-18 创建辅助平面

4-19 所示设置。

② 在出现的【面铣】对话框中点击“指定面边界”栏后的按钮，弹出【指定面几何体】对话框，【过滤器类型】选，在绘图区分别选两端台阶面和有界平面（图 4-20）。

③ 与前述方法类似，分别完成【进给率和速度】（“主轴转速”输“800”）与“机床控制”栏下的相应设置，点击确定，返回【平面铣】对话框。

④ 将“毛坯距离”设为“3”（即为台阶面到菱形凸台外轮廓底面之距）。

⑤ 按如图 4-21 所示刀轨设置，然后单击（生成刀具轨迹），生成刀轨。

9）创建精铣两端台阶面工序。

①【插入】→【工序】，弹出【创建工序】对话框，选刀具为“LXD6”，方法为“JJG”，其他设置与粗铣两端台阶面工序相同。

图 4-19 创建工具

②【指定面边界】与粗铣两端台阶面工序相同。

③ 与前述方法类似，分别完成【进给率和速度】（“主轴转速”输“1200”）与“机床控制”栏下的相应设置。

④ 将【毛坯距离】设为 0.5（即为加工余量）。

⑤ 刀轨设置与粗铣两端台阶面工序类似，单击（生成刀具轨迹），生成刀轨。

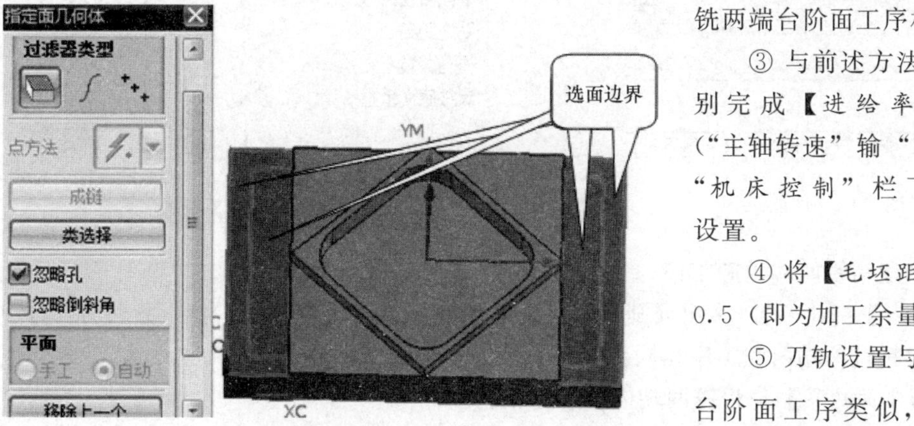

图 4-20 指定边界

图 4-21 生成刀路轨迹

10）创建粗铣两端内腔工序。

为免影响，将创建的两辅助面（有界平面或直纹面）隐藏。

①【插入】→【工序】（或单击工具条上的），出现【创建工序】对话框，并按如图 4-22 所示设置。

② 在出现的【面铣削区域】对话框中点击【指定切削区域】栏后的按钮，弹出【切削区域】对话框，在绘图区分别选两端腔体底面。

③【毛坯距离】设为“8”（即为两端内腔底面到两台阶面之距）。

④ 与前述方法类似，分别完成【进给率和速度】（“主轴转速”输“800”）与【机床控制】栏下的相应设置，点击【确定】，返回“平面铣”对话框。

⑤ 做【刀轨设置】如图 4-23 所示，然后单击（生成刀具轨迹），生成刀轨。

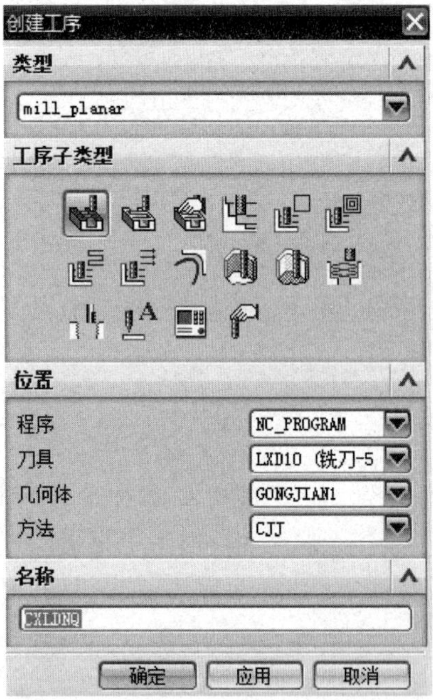

图 4-22 创建工序

图 4-23 设置参数

11）创建精铣两端内腔工序。

①【插入】→【工序】，弹出【创建工序】对话框，选刀具为“LXD4”，方法为“JJG”，其他设置与粗铣两端内腔工序相同。

②【指定面边界】与粗铣两端内腔工序相同。

③ 与前述方法类似，分别完成【进给率和速度】（“主轴转速”输“1200”）与【机床

控制】栏下的相应设置。

④ 将【毛坯距离】设为“0.5”（即为加工余量）。

⑤ 刀轨设置与粗铣两端小平面工序类似，单击（生成刀具轨迹），生成刀轨。

12）观看全部操作的动画模拟。

打开【工序导航器】→在其中选共同的几何体“GONGJIAN”或选其父本组“ZBX”→工具条中的→去掉【刀轨生成】4个复选框前的勾→【确定】→→【可视化刀轨轨迹】中选【动态】→调整仿真速度后单击【播放】按钮。

（备注：在【工序导航器】中选中对象→右键，可进行编辑。在【程序次序视图】下可以通过拖动来改变加工顺序）。

13）后处理生成加工程序。

打开【工序导航器】→在其中选共同的几何体“GONGJIAN”或选其父本组“ZBX”→单击工具条中的→【后处理】对话框中选【可用机床】为【MILL-3-AXIS】→选程序文件的存储路径。

任务2　NX模具型腔加工

1. 任务导入

本任务模具型腔三维实体如图4-24所示，工程图如图4-25所示，试对其进行NX数控加工编程设计。

2. 任务分析

作为模具的工作零件，型腔的加工表面精度要求较高，根据其结构特点，上下表面可以通过NX平面铣实现，但内腔因其壁不为直壁（此处为曲面），需安排型腔铣来进行粗加工和半精加工及区域轮廓铣精加工，对于直角，应安排有电加工，限于篇幅本书没做说明，但安排有清根加工。

图4-24　模具型腔三维实体

3. 工作步骤

（1）加工前的准备工作

1）工艺分析。

已加工出130mm×80mm×10mm的长方体作为毛坯，其四个侧面及上、下表面都已加工，在此不再考虑；要加工的有两型腔及流道孔腔。由于型腔零件为精密件，加工要求较高，在此设有型腔铣粗加工、半精加工与区域轮廓铣精加工，并根零件结构特点，设有清根（角）加工（直角处的电加工不做说明）。其工序安排如表4-3所示。

2）创建毛坯：为能看到动画仿真，创建一个130mm×80mm×10mm长方体，如图4-26所示（方法与前述章节类似）。

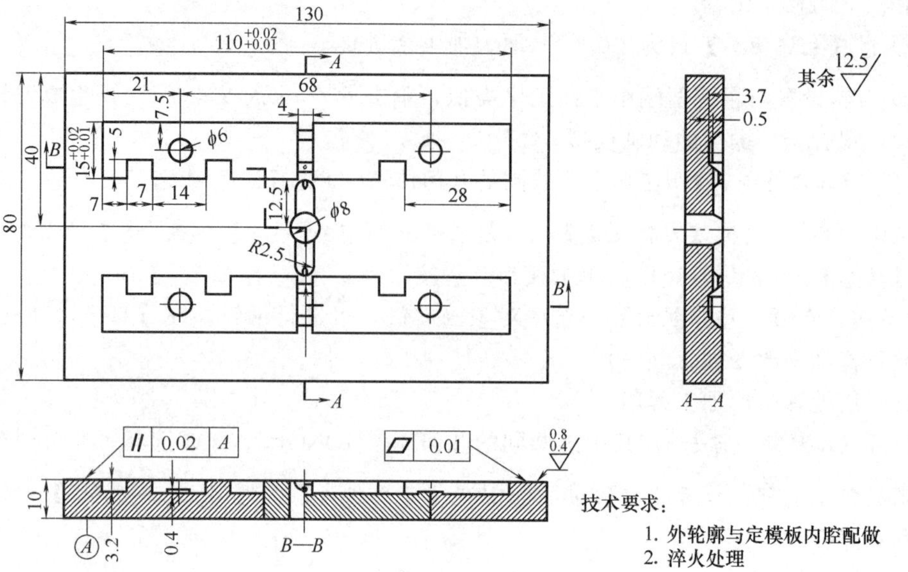

图 4-25 模具型腔工程图

表 4-3 工序安排表

工序号	工序名称	工步内容	所用刀具	主轴转速 /(r/min)	进给速度 /(mm/min)
1	粗铣型腔	铣两型腔，留余量 0.8	ϕ8 立铣刀	800	200
2	半精铣型腔	铣两型腔，留余量 0.2	ϕ4 球头铣刀	1000	150
3	区域轮廓铣	铣两型腔至尺寸	ϕ2.5 球头铣刀	3000	100
4	清根(角)加工	对型腔清根(角)	ϕ2.5 球头铣刀	4000	500
5	铣分流道	铣分流道孔腔至尺寸	ϕ5 球头铣刀	800	200
6	钻主流道孔	钻中间的主流道孔	ϕ8 麻花钻	1000	150

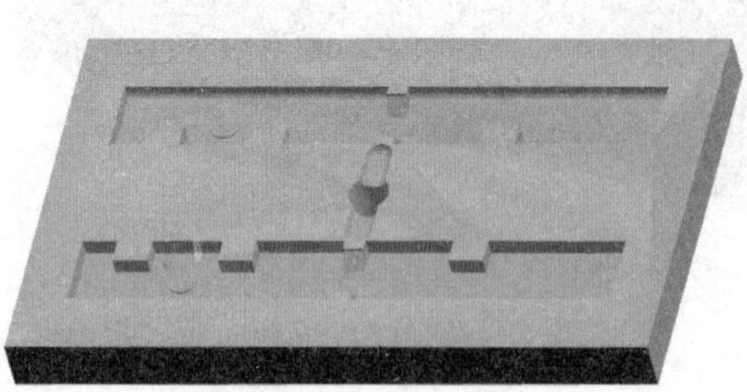

图 4-26 创建毛坯

（2）加工编程

1）加工环境初始化。

【开始】→【加工】，进行加工环境设置，选择 mill_contour，点击【确定】后，进入加工模块。

2）创建刀具（组）。

① 创建 ϕ8 立铣刀：【插入】→【刀具】（或单击工具条上的）→弹出“创建刀具”对话框→选【类型】为【mill_contour】→选【刀具子类型】为【mill】（立铣刀）→“刀具位置”为【GENERIC_MACHINE】→输入“名称”为“LXD8”→【确定】→弹出“铣刀参数”对话框→设参数为：直径“8”，调整记录器（补偿寄存器）为“1”，刀具号为“1”。

② 创建 ϕ4 球头铣刀：【插入】→【刀具】（或单击工具条上的 ）→弹出“创建刀具”对话框→选【类型】为【mill_contour】→选【刀具子类型】为【BALL_mill】（球头铣刀） →“刀具位置”为【GENERIC _MACHINE】→输入“名称”为“B4”→【确定】→弹出“铣刀参数”对话框→设参数为：直径“4”，调整记录器（补偿寄存器）为“2”，刀具号为“2”。

③ 创建 ϕ2.5 球头铣刀：【插入】→【刀具】（或单击工具条上的 ）→弹出“创建刀具”对话框→选【类型】为【mill_contour】→选【刀具子类型】为【BALL_mill】（球头铣刀） →“刀具位置”为【GENERIC _MACHINE】→输入“名称”为“B2.5”，【确定】→弹出“铣刀参数”对话框→设参数为：直径“2.5”，调整记录器（补偿寄存器）为“3”，刀具号为“3”。

④ 创建 ϕ5 球头铣刀：【插入】→【刀具】（或单击 ）→弹出“创建刀具”对话框→选【类型】为【mill_contour】→选【刀具子类型】为【BALL_mill】（球头铣刀） →“刀具位置”为【GENERIC _MACHINE】→输入“名称”为“B5”→【确定】→弹出“铣刀参数”对话框→设参数为：直径“5”，调整记录器（补偿寄存器）为“4”，刀具号为“4”。

⑤ 创建 ϕ8 麻花钻：【插入】→【刀具】（或单击工具条上的 ）→选【类型】为【DRILL】（钻刀）→选【子类型】为 （麻花钻刀）→刀具【名称】为“Z8”→设参数为：直径“8”，刀具号为“5”→【确定】。

3）创建几何体。

【插入】→【几何体】（或单击工具条上的 ）。

① 创建坐标系：在“创建几何体”对话框中按如图 4-27 所示设置。

在弹出的“MCS”对话框中点击“指定 MCS”栏后的“ ”按钮，弹出“CSYS”对话框，通过“操控器输入坐标、双击换向、移动、对齐”等方式将加工坐标系调整到合适位置，并按前文所述方法进行安全平面设置。

图 4-27 创建几何体

② 创建工件（毛坯）。

单击工具条上的 图标，在弹出的“创建几何体”对话框中按如图 4-28（a）所示设置，点击【确定】，弹出“工件”对话框，如图 4-28（b）所示。

指定毛坯：在“工件”对话框中点击 （指定毛坯），弹出【毛坯几何体】对话框，在绘图区选择毛坯体，点击【确定】，回到【工件】对话框。

指定部件：在返回的“工件”对话框中点击 （指定部件），弹出【部件几何体】对话框，在【部件导航器】区域通过右键将毛坯体隐藏，在绘图区选“型腔”，点击【确定】，回到“工件”对话框，点击【确定】，完成工件（毛坯）的创建。

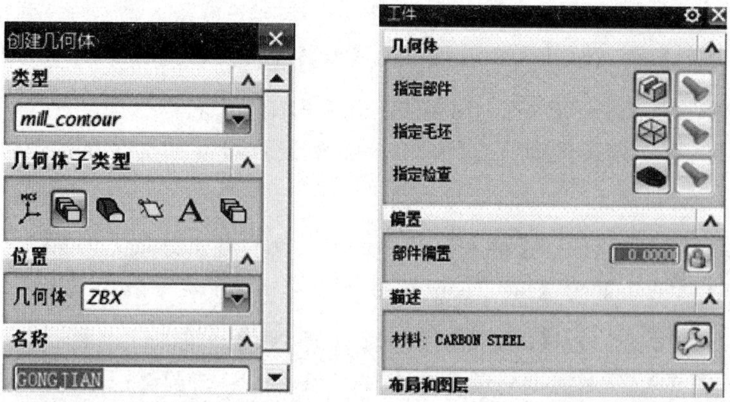

(a) 选择几何体类型和子类型　　(b) “工件”对话框

图 4-28　创建毛坯

4）创建加工方法。

① CX（粗铣）加工方法设置。

【插入】→【方法】（或单击工具条上的 ）→弹出【创建方法】对话框→选【类型】为【mill_contour】→选【位置】为【METHOD】→【名称】为“CX”（铣削）→【确定】→在弹出的【铣削方法】对话框中设置：【部件余量】为“0.8”，【内公差】为“0.03”，【外公差】为“0.12”；→选对话框中 图标→【进给】对话框→在【更多】栏下设置【进刀】【第一刀切削】【步进】【剪切】为 200→【确定】。

② BJX（半精铣）加工方法设置。

【插入】→【方法】（或单击工具条上的 ）→弹出【创建方法】对话框→选【类型】为【mill_contour】→选【位置】为【METHOD】→【名称】为“BJX”→【确定】→在【铣削方法】对话框中设置：【部件余量】为“0.2”；【内公差】为默认；【切出公差】为默认→选对话框中 图标→【进给】对话框→在“更多”栏下设置【进刀】【第一刀切削】【步进】【剪切】为 150→【确定】。

③ JX（精铣）加工方法设置。

【插入】→【方法】（或单击工具条上的 ）→弹出【创建方法】对话框→选【类型】为【mill_contour】→选【位置】为【METHOD】→【名称】为“JX”→【确定】→在【铣削方法】对话框中设置：【部件余量】为“0”；【内公差】为默认；【切出公差】为默认；→选对话框中 图标→【进给】对话框→在“更多”栏下设置【进刀】【第一刀切削】【步进】【剪切】为 100→【确定】。

④ 清根（角）加工方法设置。

【插入】→【方法】（或单击工具条上的 ）→出现【创建方法】对话框→选【类型】为【mill_ contour】→选【位置】为【METHOD】→【名称】为“QG”→【确定】→在【铣削方法】对话框中设置【部件余量】为“0”；【内公差】为“0.03”；【切出公差】为“0.03”→选对话框中 图标→【进给】对话框→将进给率设为“500”→【确定】。

⑤ 钻加工方法设置。

【插入】→【方法】（或单击工具条上的 ）→出现【创建方法】对话框→选【类型】为【DRILL】→选【位置】为【DRILL-METHOD】→【名称】为“ZX”（钻削）→【确定】→弹出【钻加工方法】对话框→单击“进给”栏后的 按钮→主轴转速设为“800”，进给速度设为“150”→【确定】→返回【钻加工方法】→【确定】→完成钻削加工方法的创建。

5）创建粗铣型腔内腔工序。

①【插入】→【工序】（或单击工具条上的 ）→出现【创建工序】对话框→按如图 4-29 所示设置→【确定】。

②在弹出的【型腔铣】对话框中点击 （指定切削区域），在绘图区选择型腔的所有底面，如图 4-30 所示→【确定】。

③ 在返回的【型腔铣】对话框中与前述方法类似，分别完成“进给率和速度”（“主轴转速”输“800”，然后单击其后的“生成进给与速度”计算器）与“机床控制”栏下的相应设置→【确定】→返回“型腔铣”对话框。

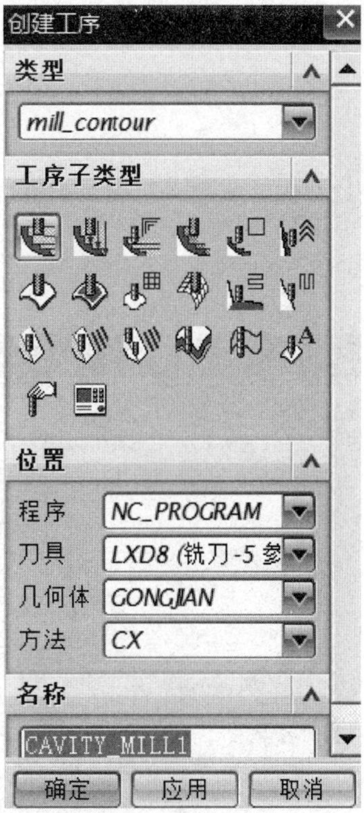

图 4-29 创建工序

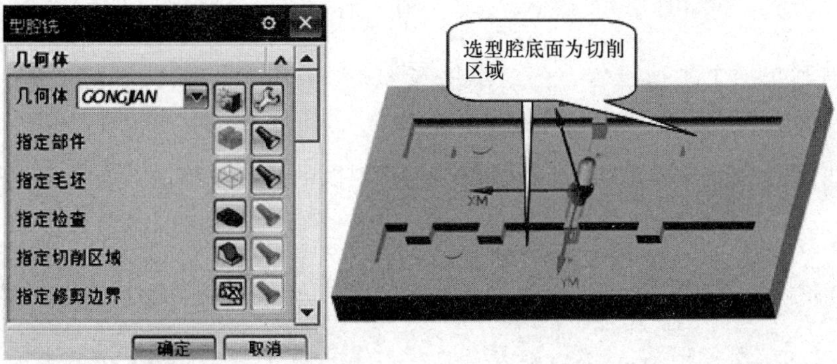

图 4-30 指定切削区域

④ 按如图 4-31 所示设置，然后单击 （生成刀具轨迹），生成刀轨。

6）创建半精铣型腔内腔工序。

①【插入】→【工序】（或单击工具条上的 ）→出现【创建工序】对话框→按如图 4-32 所示设置→【确定】。

② 在弹出的【型腔铣】对话框中点击 （指定切削区域），在绘图区选择型腔的所有底面→【确定】。

③ 在返回的【型腔铣】对话框中与前述方法类似，分别完成“进给率和速度”（“主轴转速”输“1000”）与“机床控制”栏下的相应设置→【确定】→返回“型腔铣”对话框。

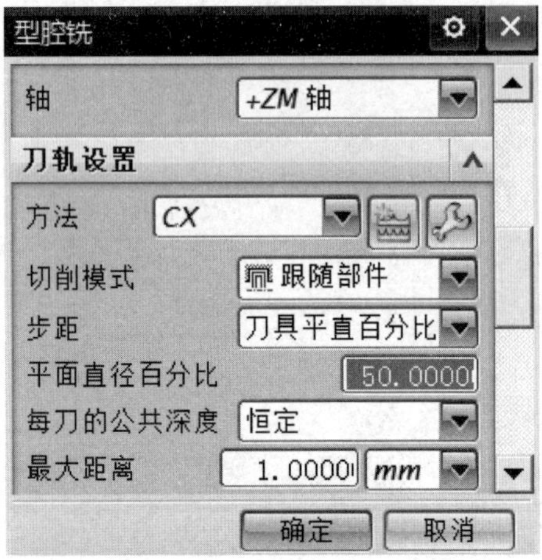

图 4-31 设置型腔铣参数

图 4-32 创建型腔铣工序

④ 其余与粗加工类似设置，然后单击（生成刀具轨迹），生成刀轨，如图 4-33 所示。

⑤ 单击，运行 3D 及 2D 动态仿真，进行刀轨的验证与确认，如图 4-34 所示。

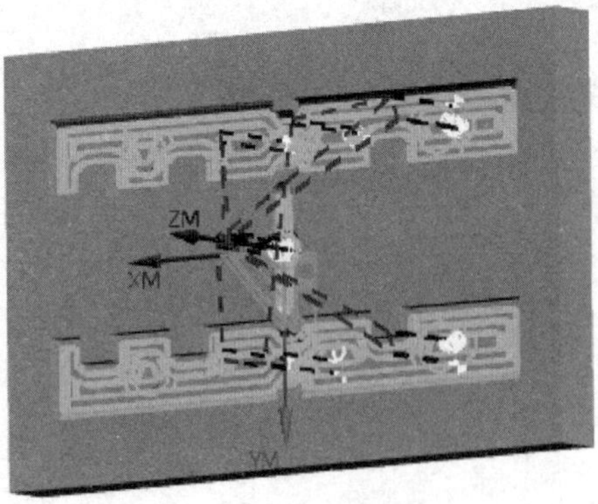

图 4-33 生成刀路轨迹

图 4-34 刀轨 3D 验证与确认

7）创建型腔内腔区域铣精加工工序。

①【插入】→【工序】（或单击工具条上的）→出现【创建工序】对话框→按如图 4-35 所示设置→【确定】。

② 在弹出的【轮廓区域】对话框中点击（指定切削区域），在绘图区选择型腔的所有底面→【确定】。

③ 返回【型腔铣】对话框，与前述方法类似，分别完成“进给率和速度”（“主轴转速”输“3000”）与“机床控制”栏下相应设置→【确定】→返回“轮廓区域”对话框。

④ 其余设置如图 4-36 所示，然后单击（生成刀具轨迹），生成刀轨。

⑤ 单击，运行 3D 及 2D 动态仿真，进行刀轨的验证与确认，如图 4-37 所示。

8）创建型腔内腔清根（角）加工工序。

①【插入】→【工序】（或单击工具条上的）→出现【创建工序】对话框→按如图 4-38 所示设置→【确定】。

② 在弹出的【轮廓区域】对话框中点击（指定切削区域），在绘图区选择型腔的所有底面→【确定】。

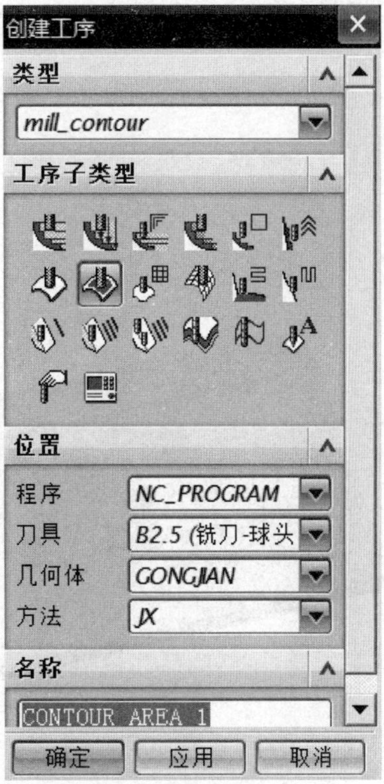

图 4-35 创建工序

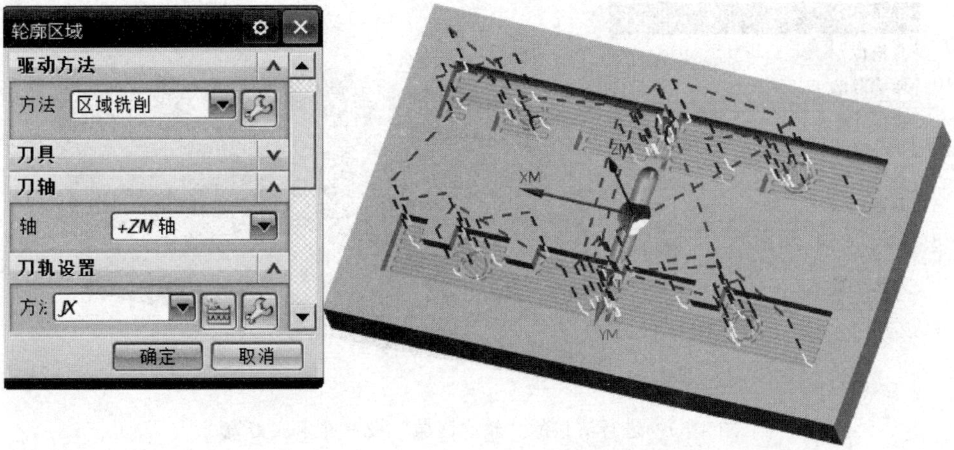

图 4-36 进行“轮廓区域”设置并生成刀路轨迹

③ 在返回的【型腔铣】对话框中与前述方法类似，分别完成“进给率和速度”（“主轴转速”输“4000”）与“机床控制”栏下的相应设置→【确定】→返回“型腔铣”对话框。

④ 其余设置如图 4-39 所示，然后单击（生成刀具轨迹），生成刀轨。

⑤ 单击，运行 3D 及 2D 动态仿真，进行刀轨的验证与确认。

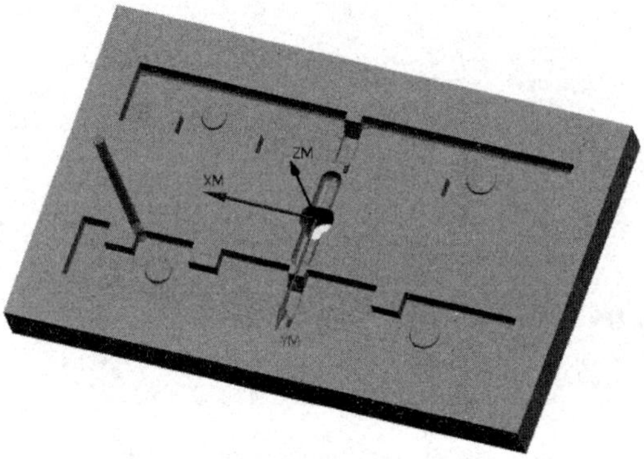

图 4-37 刀轨验证与确认

图 4-38 创建工序

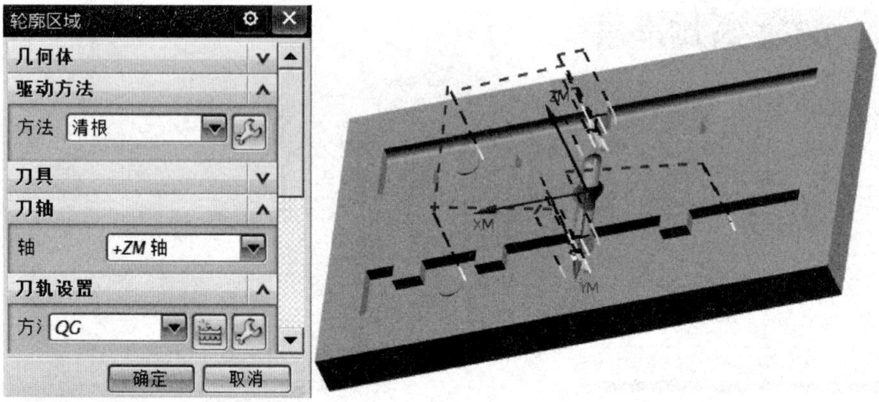

图 4-39 进行清根的“轮廓区域”设置并生成刀轨

【项目总结】

NX 三维平面铣在数控编程加工中应用广泛。通过本项目的学习，要求重点掌握的关键技能点如下。

1. 几何体的创建与定义。

2. 加工方案的拟定。

3. NX 三维实体轮廓铣和型腔铣的子类型及边界几何体的确定。

4. 父节点组的创建。

5. 操作（每个操作即为一个工序）的创建。

【项目作业与技能考评】

某凸凹模的三维实体如图 4-40（a）所示，工程图如图 4-40（b）所示，利用 3D 平面铣对其进行数控加工编程设计，其技能考评如表 4-4 所示。

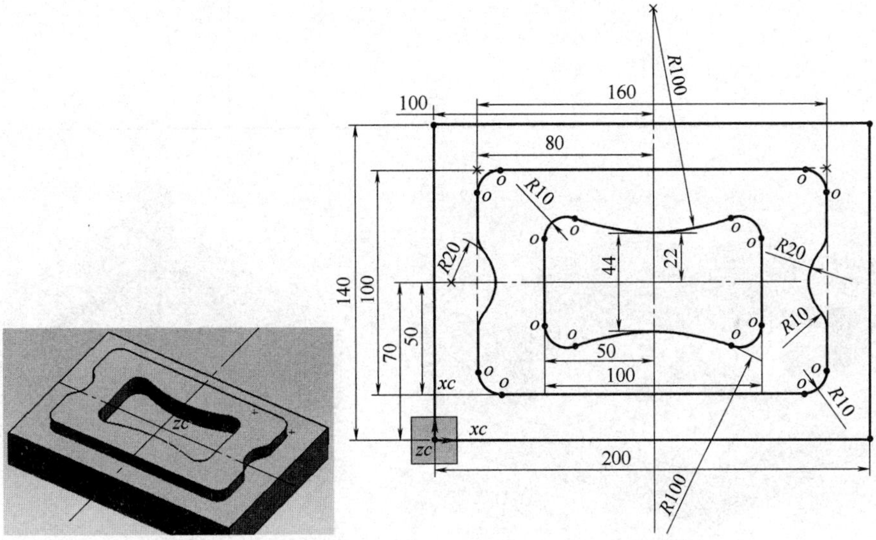

(a) 三维实体　　(b) 工程图

图 4-40　某凸凹模

表 4-4　　三维实体平面铣技能考评表

实训作业任务序次	实训作业任务主要内容	关键能力与技术检测点	检测结果	评分
1	拟定加工工艺方案	分析能力 工艺拟定能力		
2	生成刀轨	创建刀具 创建几何体 创建加工方法 创建工序 刀轨仿真(2D/3D) 生成动画 生成程序单		

【拓展训练】

1. 利用如图 4-41 所示三维实体创建零件铣削加工。要求：腔体与凸台各表面粗糙度为 0.048，其余为 0.8，其技能考评如表 4-5 所示。

2. 创建如图 4-42 所示心形内腔零件的加工程序，其技能考评要求如表 4-6 所示。

表 4-5　　三维实体轮廓铣技能考评表

序次	主要内容	关键能力与技术检测点	检测结果	评分
1	拟定加工工艺方案	学习能力 工艺拟定能力		
2	生成刀轨	创建刀具 创建几何体 创建加工方法 创建工序 刀轨仿真(2D/3D) 生成动画 生成程序单		

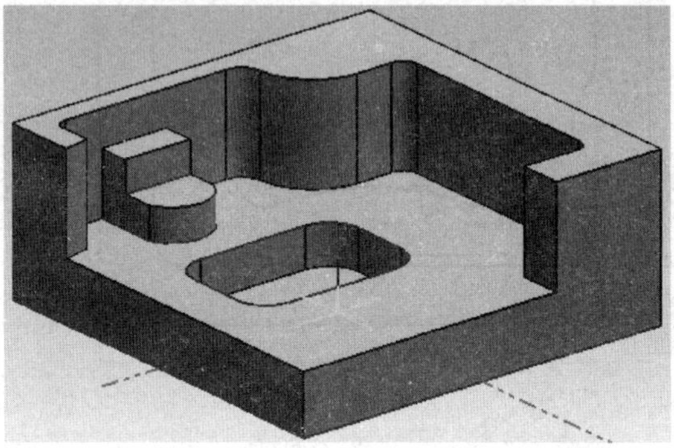

图 4-41　三维实体轮廓铣考评零件三维图

图 4-42　心形内腔零件型腔铣

表 4-6　　心形内腔零件型腔铣技能考评表

序次	主要内容	关键能力与技术检测点	检测结果	评分
1	拟定加工工艺方案	学习能力 工艺拟定能力		
2	生成刀轨	创建刀具 创建几何体 创建加工方法 创建工序 刀轨仿真(2D/3D) 生成动画 生成程序单		

项目5 CHAPTER 5 门把手三维数字化逆向建模与制造

【项目导读】

（1）项目内容

本项目主要是运用3D扫描技术，对门把手复杂曲面的特征进行数据采集和点云处理，并使用Geomagic DesignX进行逆向数字建模、重构3D数字模型。对重构后的曲面进行精度与质量分析，并使用UG软件进行曲面优化，并应用NX（UG）进行数控编程。

（2）学习目标

通过本项目的学习，学生应学会3D扫描技术，掌握使用Geomagic DesignX进行逆向数字建模、重构3D数字模型的技能，并能运用NX进行曲面优化与数控加工的编程设计。

（3）知识目标

3D扫描技术的基本知识；Geomagic DesignX的基本操作；NX的基本操作；NX曲面造型与数控编程的基本操作。

（4）能力目标

掌握Geomagic Wrap软件数据处理中的降噪、去除孤点、去除重叠、填充孔、去除特征、松弛、网格医生、精简等工具的操作技能；掌握Geomagic DesignX进行逆向数字建模的基本操作技能和UG NX曲面建模与优化的技能；能把握曲面数控加工的工艺分析与加工方案的拟定；会运用UG NX对较复杂的表面进行数控编程加工。

（5）素质目标

通过“学中做、做中学”培养较强的责任心，完成学习或工作任务的意识较强，做事认真；养成课外学习或工作之余学习的习惯。培养较好的信息敏感度，能熟练运用计算机迅速准确查阅到与主题相关的信息；形成较好的创新意识与创新能力，形成严格按工艺编程的职业素养。

【知识链接】

1. 反求技术的应用简述

目前国内外逆向工程的相关研究主要以几何形状重构的逆向建模技术为导向，以产品原型的数字化模型重构为中心，以反求制件产品功能要素、几何形状结构等为主要目标。而对于复杂曲面的逆向技术一直是研究热点：隋桂芝等人通过 Z003 型点位触发式三坐标测量机及 GZ-DMIS 软件探讨了曲面建模中逆向技术的实践应用，探讨了其主要的工作方法；胡群等人研究了逆向技术在车身产品开发中的具体应用，认为逆向设计这种综合性与实用性都非常强的高新技术在增强设计能力、提升效率和质量、降低成本、减短新产品的开发周期等方面具有极大的优势。

近年来，逆向工程技术已被引入复杂曲面零件的修复与数字模型 CAM 仿真验证中来。黄斌达等人研究了鼠标曲面的逆向建模设计与 CAM 制造等技术应用情况，将逆向设计与复原制造进行了有机结合；杨贺森通过研究认为，逆向工程在工业领域的实际应用中除了新产品的设计外，损坏零件的数字化还原及数字化模型的检测已越来越成为另一重要分支。

逆向工程的流程由以下几步组成，模型曲面分析→确定扫描方案→进行实体点云扫描→进行点云数据处理→建立需要的曲线→建立曲面→进行实体建模。

2. 曲面加工工艺分析基础

曲面类模型的数控加工工艺分析包括加工设备选用、工序划分、加工刀具的选用、加工方法的选用、结合 UG CAM 功能选用加工子类型和相应操作中的工艺参数设置等内容。

根据【先粗后精、先主后次】等工序划分原则，确定好工件装夹方案后，关键的一步是针对加工型面的特点，选用合理的加工类型。主要考虑以下几个方面：

1）从毛坯到成品，显然切削余量很大，可以采用 UG CAM 提供的【型腔铣】来去除大部分余量，如果是工件钢材料，最好将粗加工再分成两次，尽量保证后面工序的加工余量均匀。本次设计所用的材料是铝材，结合机床的性能情况，合理选用好的开刀具和每层切削尝试。一般情况下，采用平底立铣刀“开粗”后，再选用比第一次开粗刀小一点的刀来进行二次“开粗”，保证后面余量均匀，还可以用平底带 R 刀进行“开粗”，一般情况下一次就可以开粗到位。

2）当主体面是光滑曲面时，一般选用小直径球头刀具来精加工，当然转速必须高，进给速度必须大，否则加工效率会大受影响。为了提高曲面加工质量，除了设置较小的宽度或较小的波峰高度值进行控制外，还必须保证精加工之前加工余量的均匀性，所以精加工曲面之前要安排一道半精加工曲面工序。

3）当四周轮廓面是光滑曲面时，采用【跟随轮廓铣】进行精加工来保证表面质量。显然，利用带有刀库的立式加工中心（四轴联动）来加工实体模型较为适宜，根据现有的情况及所学的知识，本项目选用四轴立式加工中心数控铣床。

4）选用切削用量时，除了要参考上面的加工类型和加工要求以外，还要考虑所用设备的刚性和选用刀具自身的切削性能。一般加工材料可以采用高转速、高进给速度来提高加工效率和工件表面质量。

5）选用加工方法，主要根据加工工件的材料、工件造型特点、具体技术要求、现有工艺水平和加工设备来确定。根据设计要求，可以确定在 UG8.0 CAM 中的加工方法设置相应的进给参数。

【项目实施】

任务　门把手的反求建模与复原制作

1. 任务导入

如图 5-1 所示，产品因外观受损需要修复，而其技术参数等生产信息却无法获取。本任务通过现代逆向设计与制造技术来实现此产品的反求建模与修复。

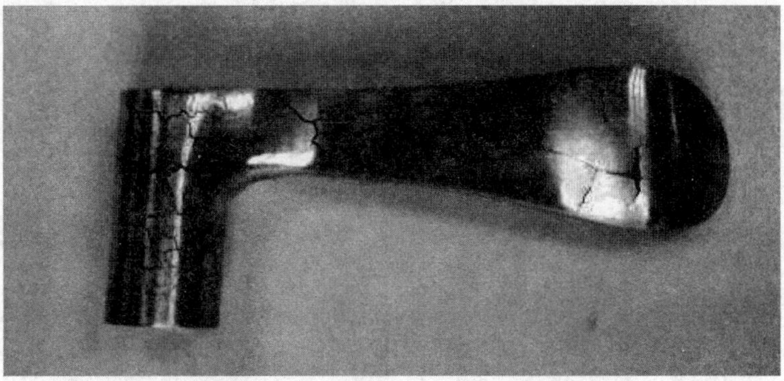

图 5-1　破损的门把手产品原型

2. 任务分析

本任务要实现此零件产品的反求设计，需运用 3D 扫描技术，对复杂曲面的特征情况进行数据采集和点云处理，并通过 Geomagic DesignX 进行逆向数字建模，重构 3D 数字模型。对重构后的曲面进行精度与质量分析，通过 UG 软件进行曲面优化，最后通过编程设计生成可用于生产的数控加工程序单。

3. 工作步骤

（1）数据采集（具体操作步骤参见项目 1）

（2）点云处理

1）启动 Geomagic Wrap（或 Studio）软件，选择【文件】→【打开】命令，

系统弹出“打开文件”对话框，查找门把手数据文件并打开 txt 格式文件，在工作区显示载体，如图 5-2 所示。

2）为了更加清晰、方便地观察点云的形状，要将点云着色。选择菜单栏【点】→【着色点】。着色后的视图如图 5-3 所示。

3）选择菜单栏【点】→【选择】→【断开组件连接】按钮，在管理器面板中弹出如图 5-4 所示的“选择非连接项”对话框。在分隔的下拉菜单中选择“低”分隔方式，这样系统会选择在拐角处离主点云很近但不属于它们一部分的点。“尺寸”按默认值“5.0”，点击上方的“确认”按钮。点云中的非连接项被选中，并呈现红色，如图 5-4 所示，按下 Delete 键。

4）选择菜单【点】→【选择】→【体外孤点】按钮，在管理面板中弹出如图 5-5 所示的“选择体外孤点”对话框，设置“敏感性”的值为“100”，也可以通过单击右侧的两个三

图 5-2　初始数据文件

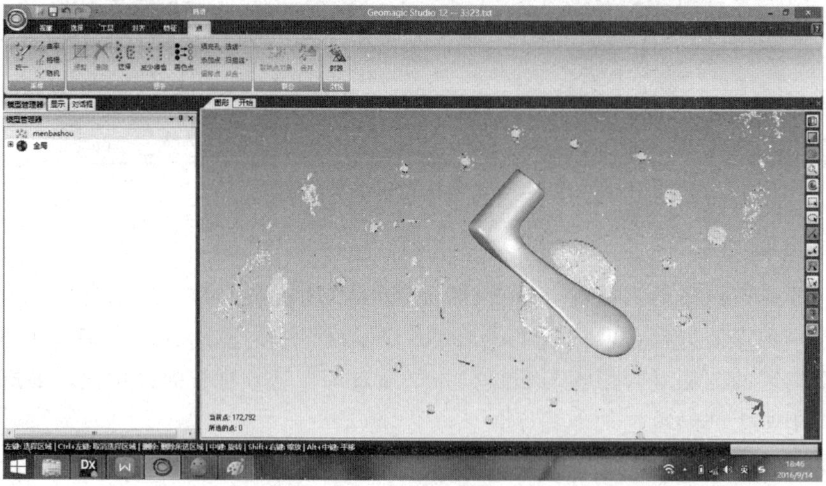

图 5-3　着色显示

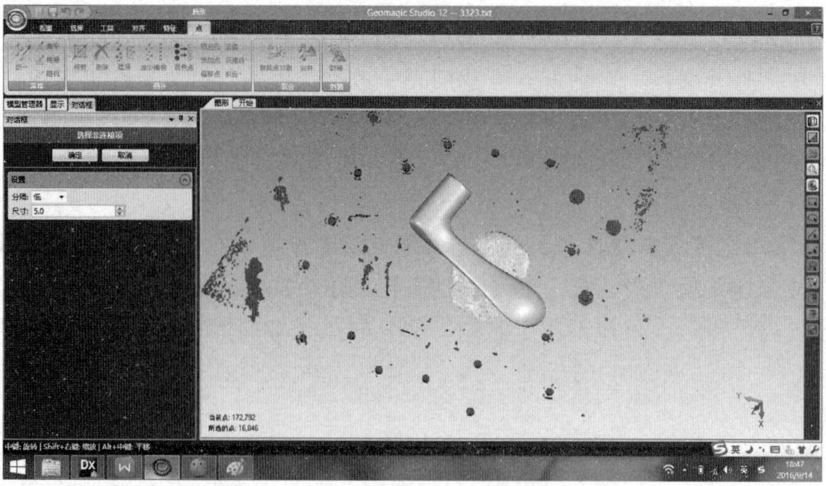

图 5-4　断开组件连接

角号增加或减少“敏感性”的值，单击“确定”按钮。此时体外孤点被选中，呈现红色，如图 5-4 所示。对于选择不上的部分，使用套索手动选择。然后选择菜单【点】→【删除】或按 Delete 键删除所选中的点和部分体外孤点。去除后的结果如图 5-5 所示。

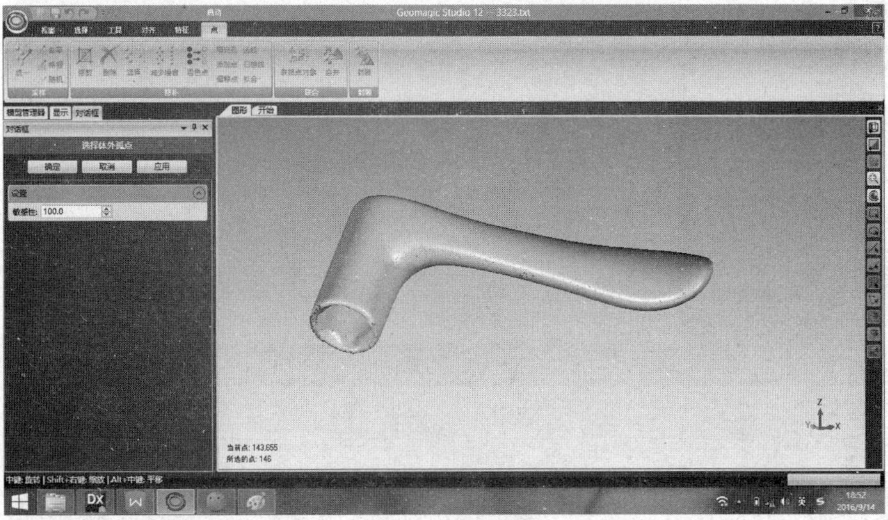

图 5-5　去除孤点

5）选择菜单【点】→【减少噪音】按钮，在管理器模块中弹出如图 5-6 所示的“减少噪音”对话框。选择“棱柱形（积极）”，“平滑度水平”滑标设置在第二个档上。“迭代”为“5”，“偏差限制”为“0.2mm”。单击“应用”按钮，退出对话框。

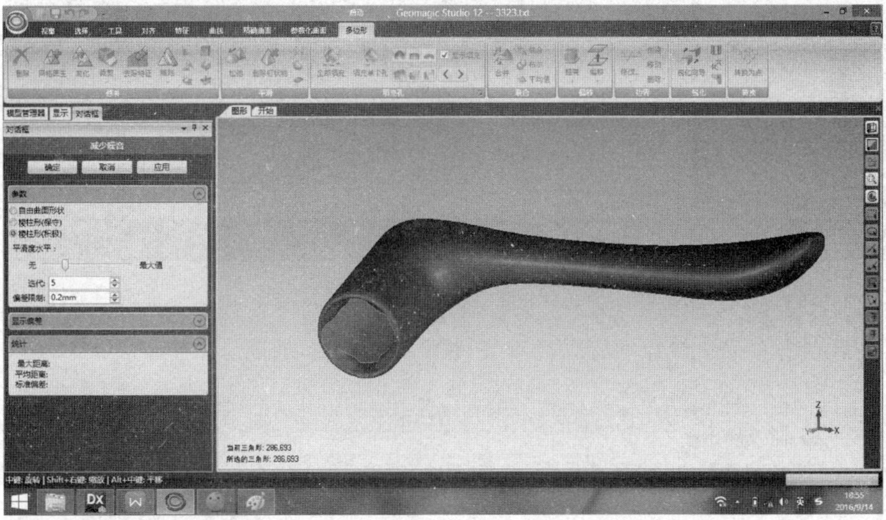

图 5-6　降噪

6）选择菜单【点】→【封装】按钮，系统会弹出如图 5-7 所示的对话框，该命令将围绕点云进行封装运算，使点云数据转化为多边形模型。

7）封装后的文件需要进行处理，选择菜单栏【网格医生】，默认系统设置，点击“应用”后确定。

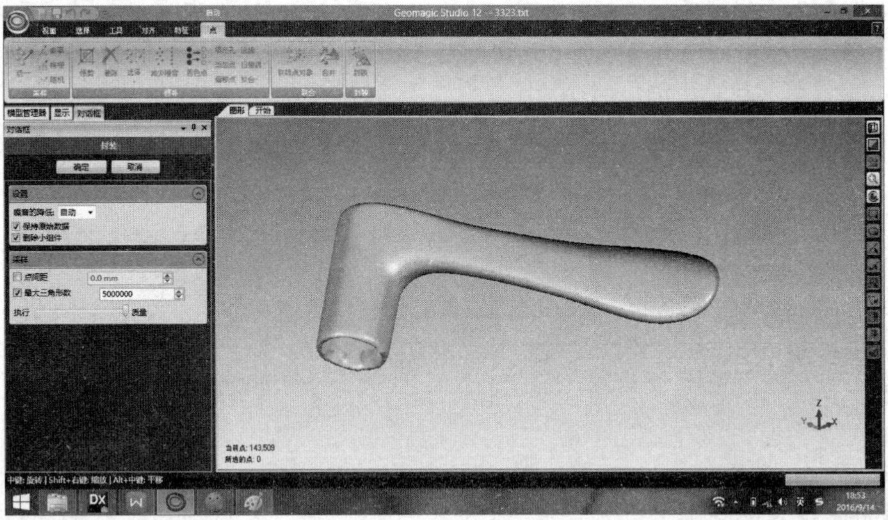

图 5-7 封装

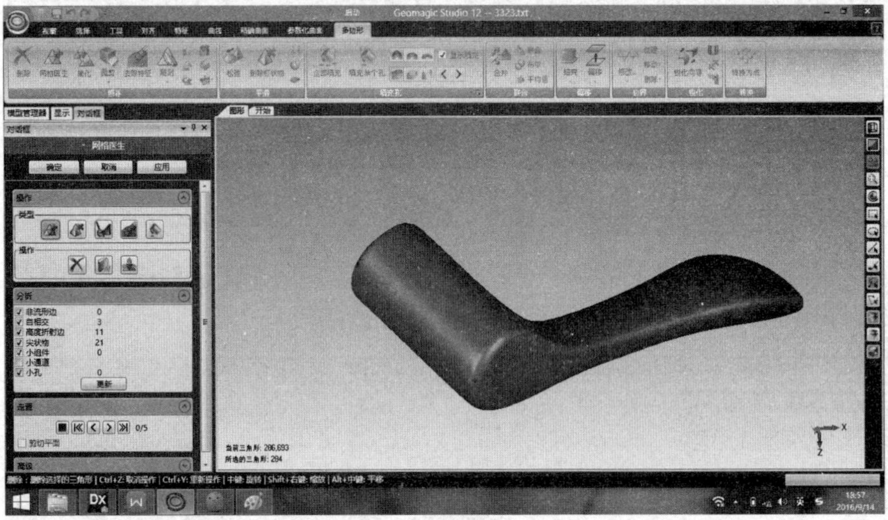

图 5-8 网格医生处理

8）最后点击左上角保存图标，保存文件为 stl 格式，如图 5-9 所示。

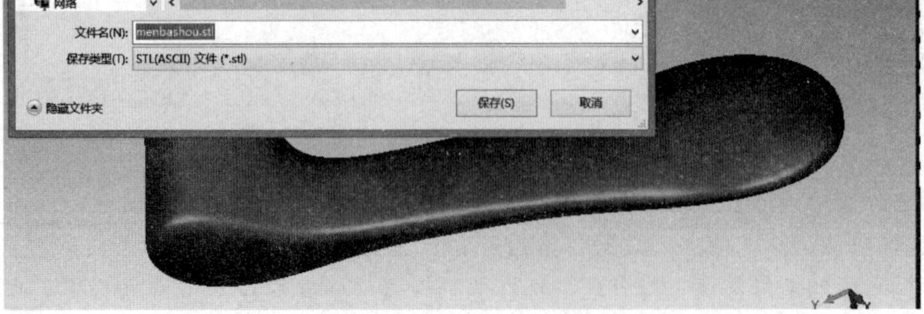

图 5-9 保存为 stl 格式文件

（3）逆向建模

1）打开 Geomagic Design X 软件，点击导入点云处理后的文件，如图 5-10 所示。

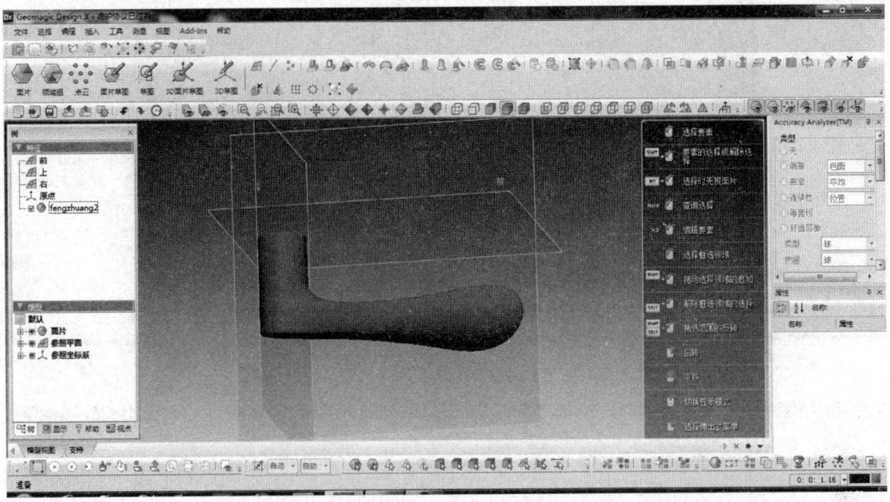

图 5-10　导入文件

2）点击追加参照平面，选择模式与“多个点”的方式，生成“平面 1”，如图 5-11 所示。

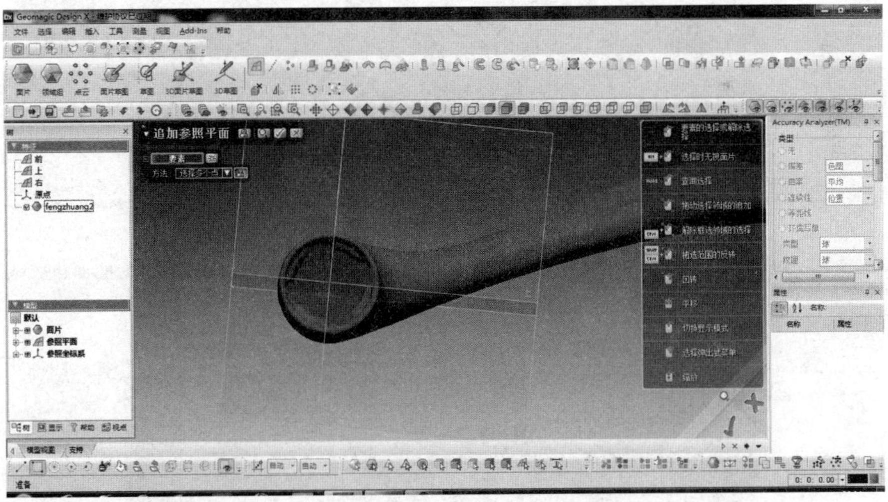

图 5-11　追加参照平面

3）点击追加参照线，选择“检索圆柱轴”的方式，如图 5-12 所示。

4）点击面片草图，以“平面 1”为基准平面投影出断面多段线，如图 5-13 所示。

5）在工作栏里点击，在投影中创建圆，如图 5-14 所示。

6）点击，连接圆心与圆，生成的直线将作为工件对齐的轴线，如图 5-15 所示。

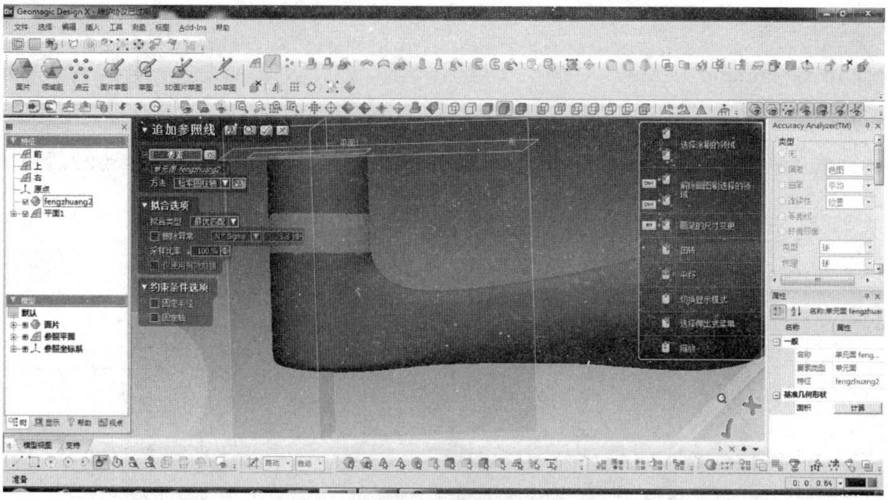

图 5-12 追加参照线

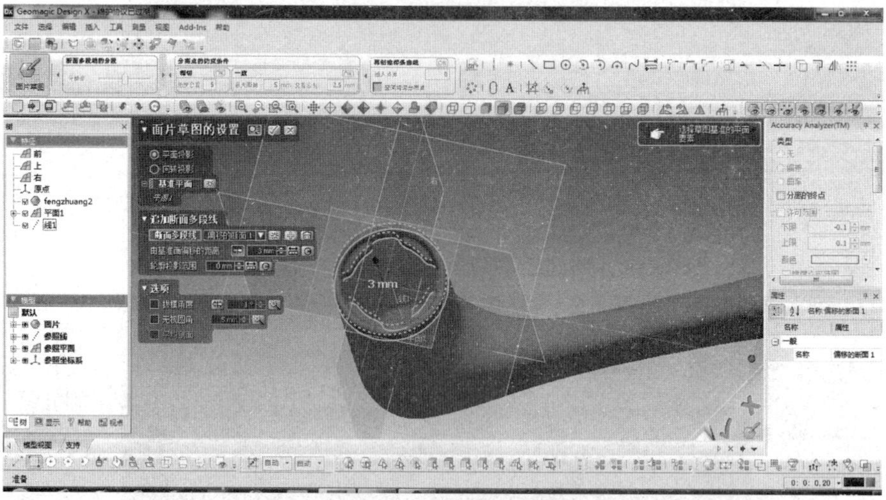

图 5-13 投影断面多段线

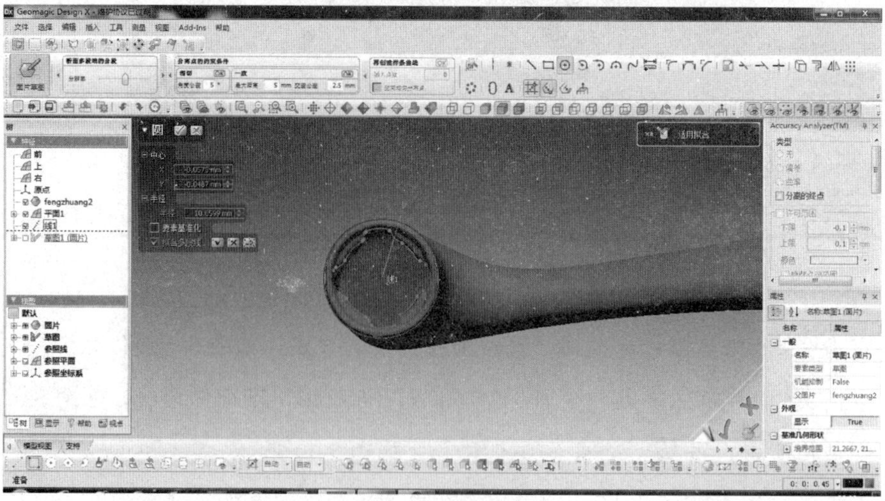

图 5-14 创建圆

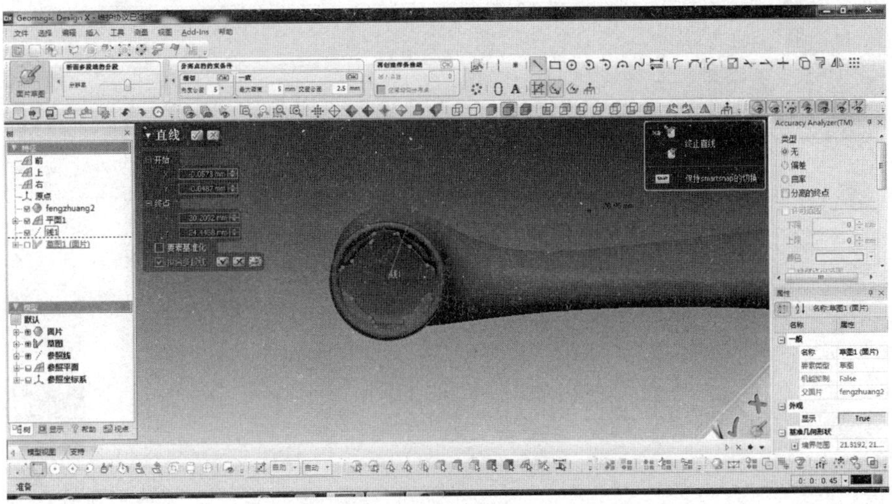

图 5-15　创建轴线

7）点击手动对齐图标，选择点云模型，点击“下一阶段”，以“X-Y-Z”为移动方式，以“平面 1”与“线 1”交界为坐标位置，以曲线 1 为 X 轴、线 1 为 Y 轴，对齐到原点，如图 5-16 所示。

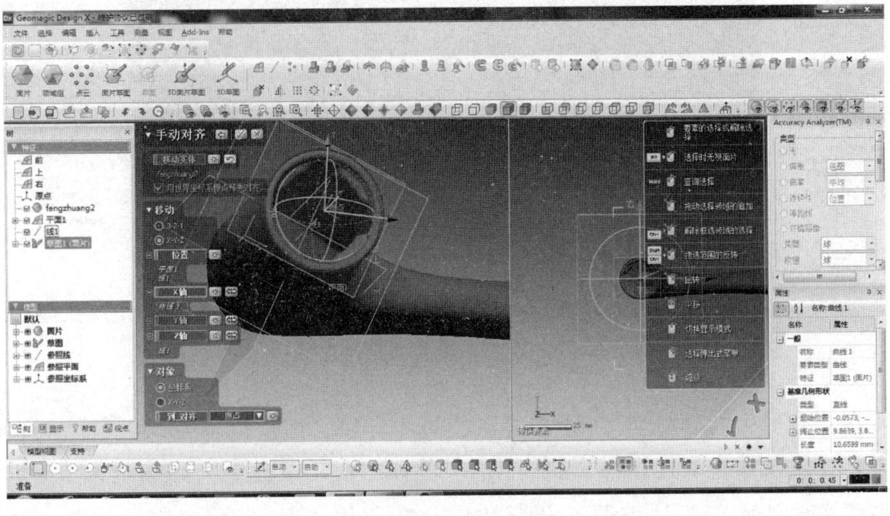

图 5-16　坐标对齐

8）点击曲面拉伸，拉伸草图 2 中的圆，拔模角“0.2°”，如图 5-17 所示。

9）再次进入领域组 1，选择画笔模式，画图 5-18 中的圆，点击形成新的领域，完成后点击退出。

10）用领域拟合曲面，点击面片拟合，选择所创建的新领域点击“下一步”。预览后确认没有问题，点完成这一步，如图 5-19 所示。

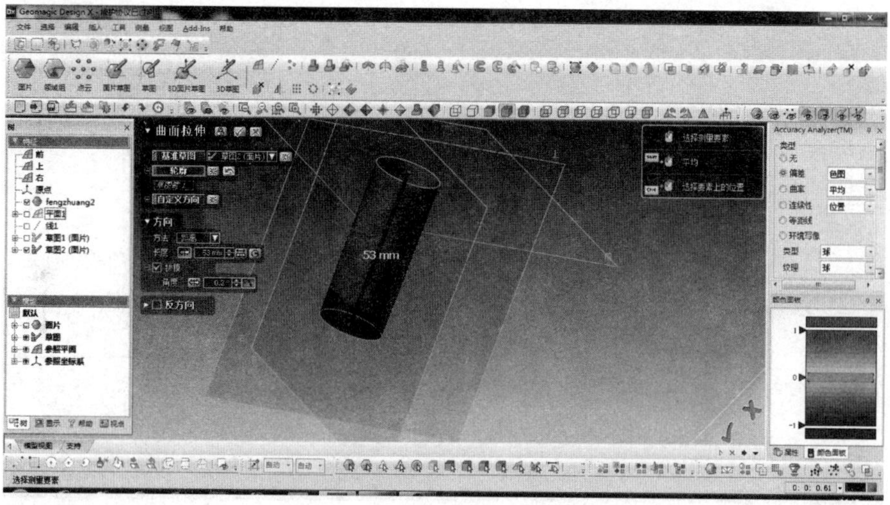

图 5-17　拉伸曲面

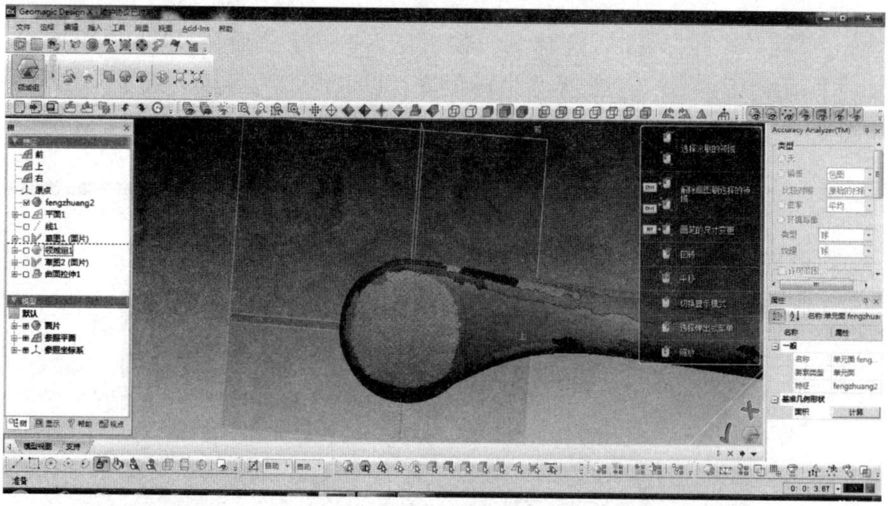

图 5-18　创设新领域

11）在工具栏中找到剪切工具，点击进入，以“面片拟合 1”和“曲面拉伸 1”为工具要素，在对象体中同样选择“曲面拉伸 1”和“面片拟合 1”，点击进入下一步，在结果中选择所需要的底部不规则圆形和圆柱作为残留体，点击退出该步骤，如图 5-20 所示。

12）再次点击进入领域组 1，在把手部位的上下部分别建立新的领域组，如图 5-21 所示。

13）分别以新建的领域进行面片拟合，在把手上部有两个新领域，如图 5-22（a）所示拟合后运用剪切工具，将相交多余部分切除，如图 5-22（b）所示。

14）选中上参照平面，在工具栏中找到进入草图模式，编辑如图 5-23（a）所示的草图，点击按钮，退出草图模式。点击（曲面拉伸）选择草绘的两根直线，拉伸出两个曲面，如图 5-23（b）所示。

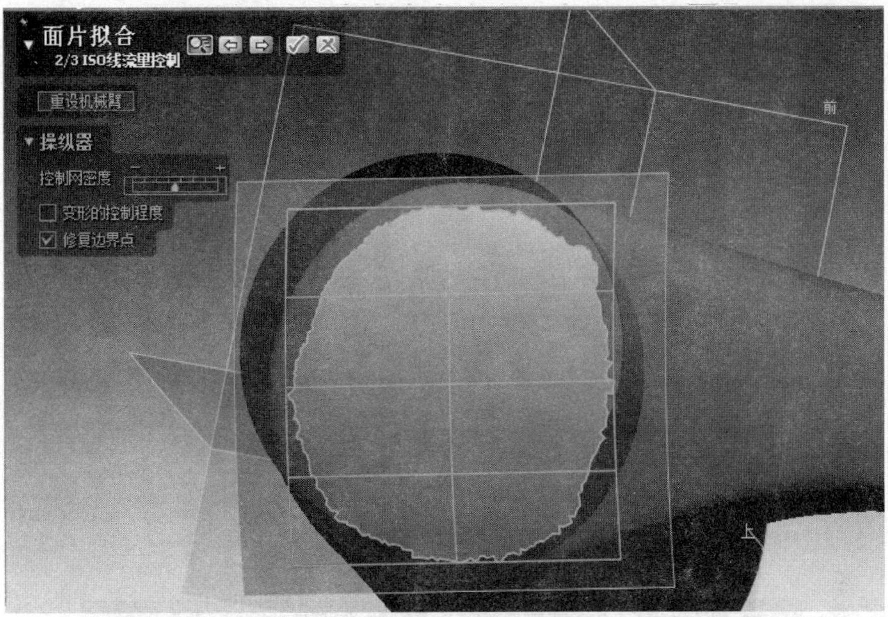

图 5-19　面片拟合

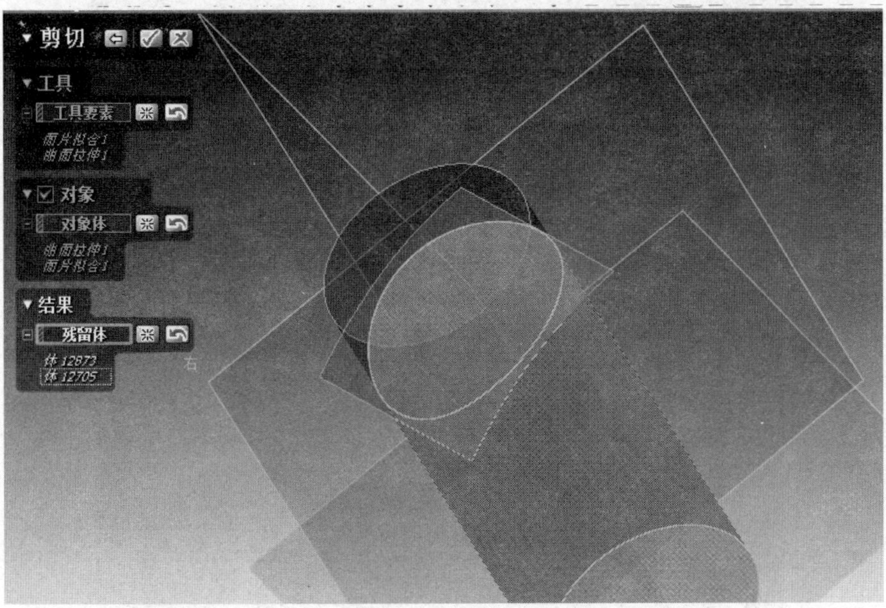

图 5-20　剪切

15）点击（曲面剪切）功能，工具要素选刚才拉伸的两个曲面，对象体选择刚才面片拟合的曲面，点击“下一步”，残留体选择要保留的部分，正行剪切保留如图 5-24 所示，退出剪切模式，剪切完成。

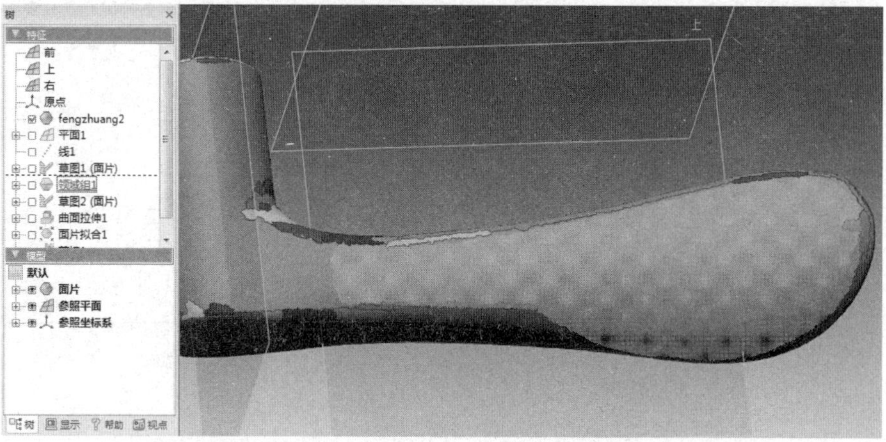

图 5-21　创建新领域组

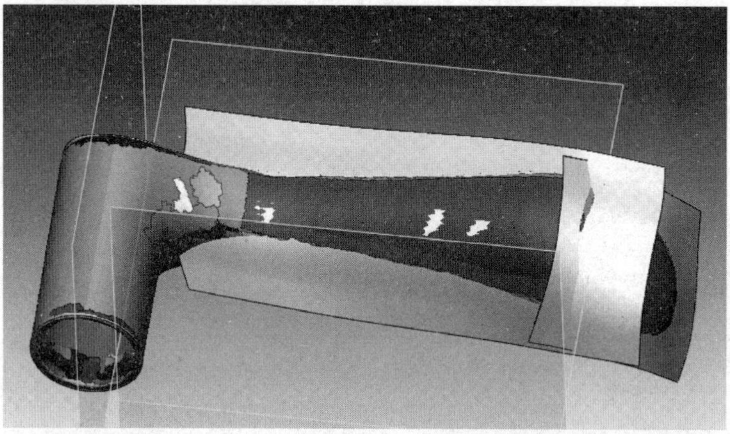

(a) 领域拟合

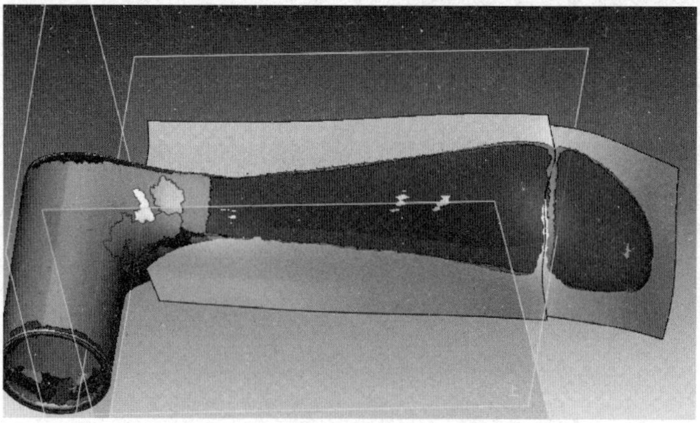

(b) 剪切

图 5-22　对新领域面片拟合

(a) 编辑草图

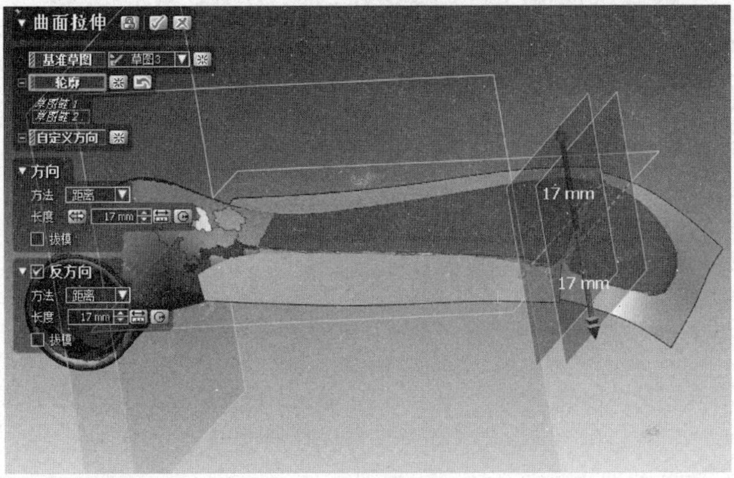

(b) 拉伸曲面

图 5-23　拉伸两个曲面

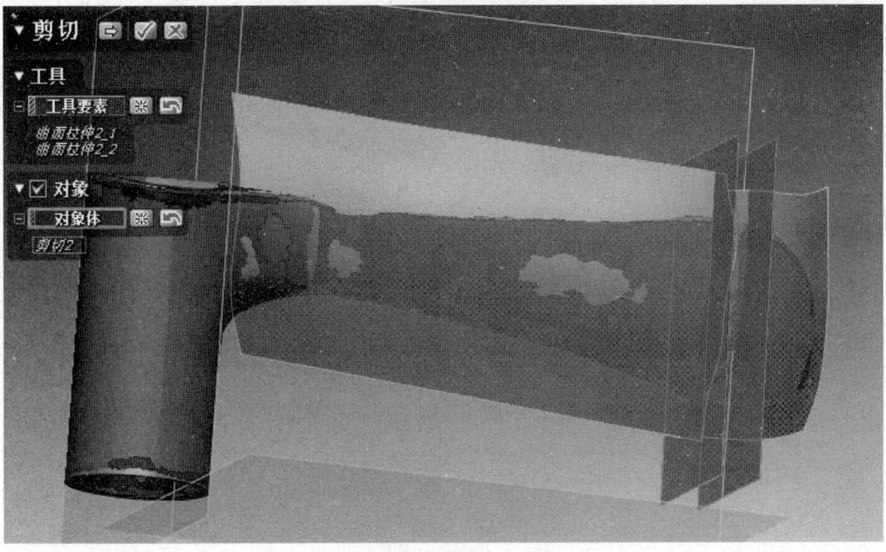

图 5-24　曲面剪切

16）为了建模可视化，可在历程树中选择刚才的拉伸特征，右击将拉伸的两个曲面隐藏，使用（放样）功能，分别选择两曲面的对立边界线，设置如图 5-25 所示，建立如图所示的曲面，将两个曲面光顺连接过渡。

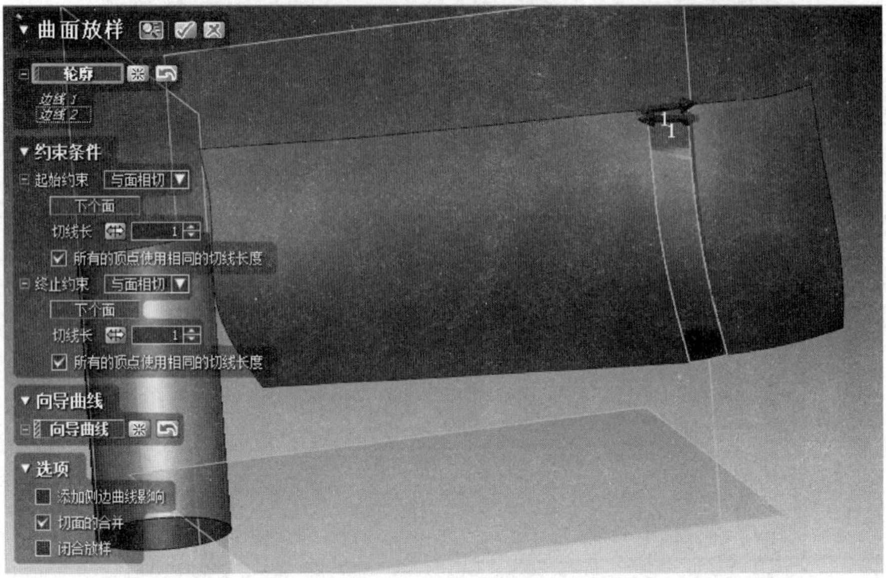

图 5-25 曲面放样

17）选择上平面为基准平面，点击进入面片草图并进行设置，如图 5-26（a）所示，点击拉伸较短的箭头，直至包裹住整个工件，点击（自动草图）构建把手部分投影的轮廓线，要求线与线之间为相切关系，完成面片草图，如图 5-26（b）所示，然后退出该操作。

18）选择所画的草图进行曲面拉伸，如图 5-27（a）所示，将拉伸后的曲面与把手上面片拟合的曲面进行相互剪切，留下所需要的部分，完成该操作，如图 5-27（b）所示。

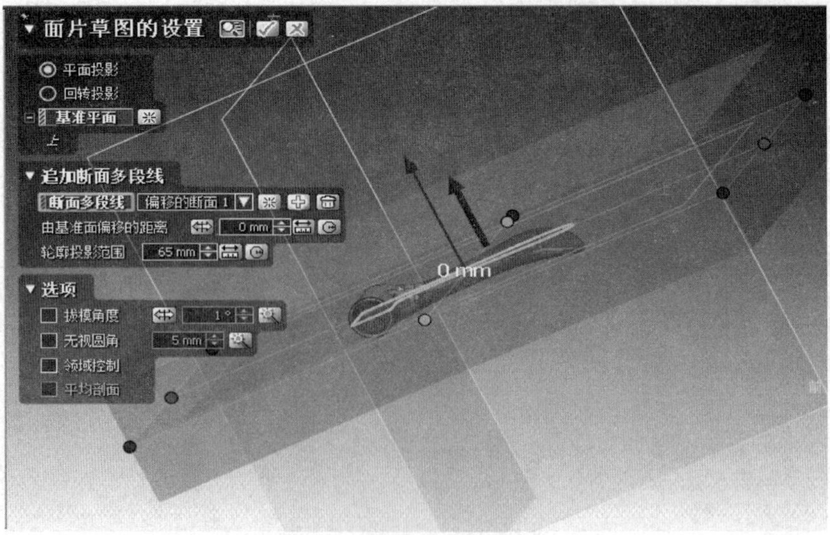

(a) 设置面片草图

(b) 完成面片草图

图 5-26　面片草图

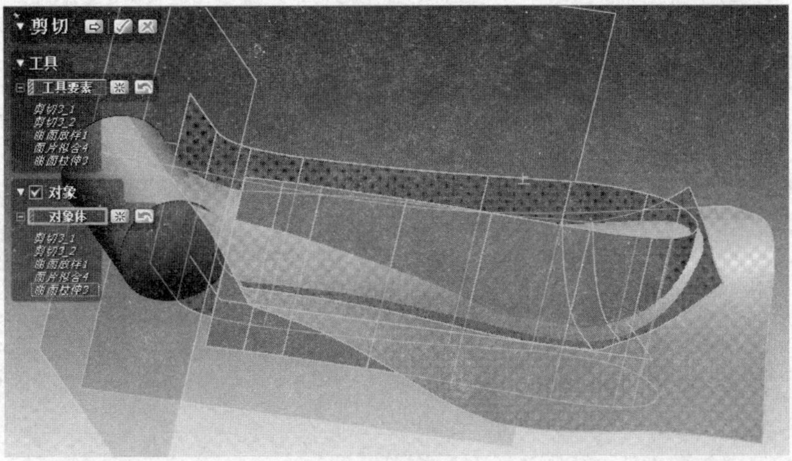

(a) 曲面拉伸

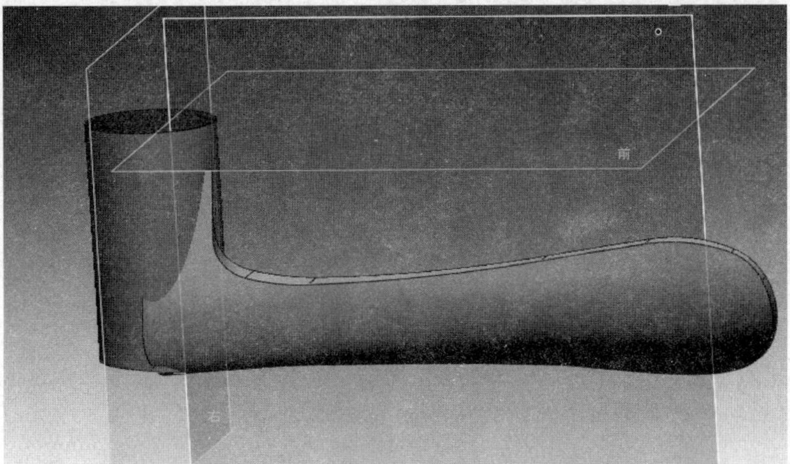

(b) 曲面拟合与剪切

图 5-27　曲面操作

19）以上平面为基准平面，在图下位置画一条直线，如图 5-28（a）所示，完成后进行曲面拉伸，以拉伸后的曲面对把手部位进行剪切，留下规则的部分，如图 5-28（b）所示。

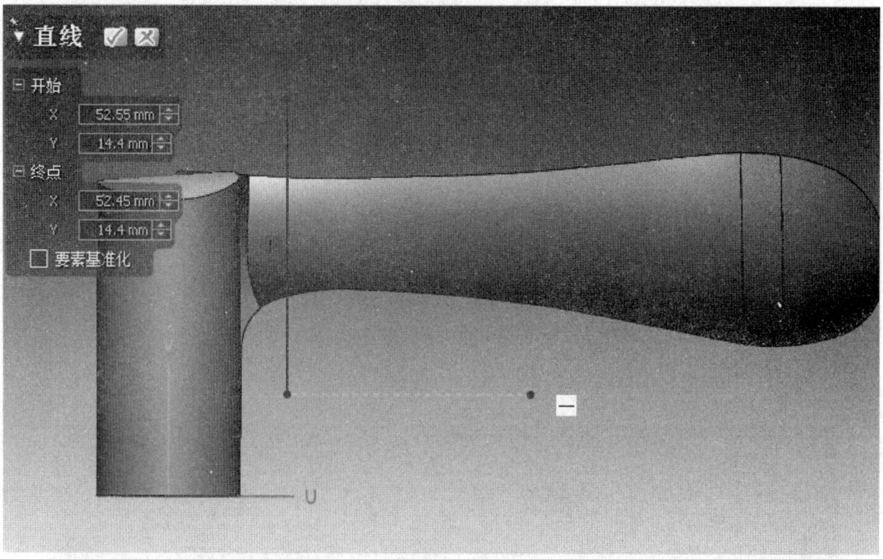

(a) 画线

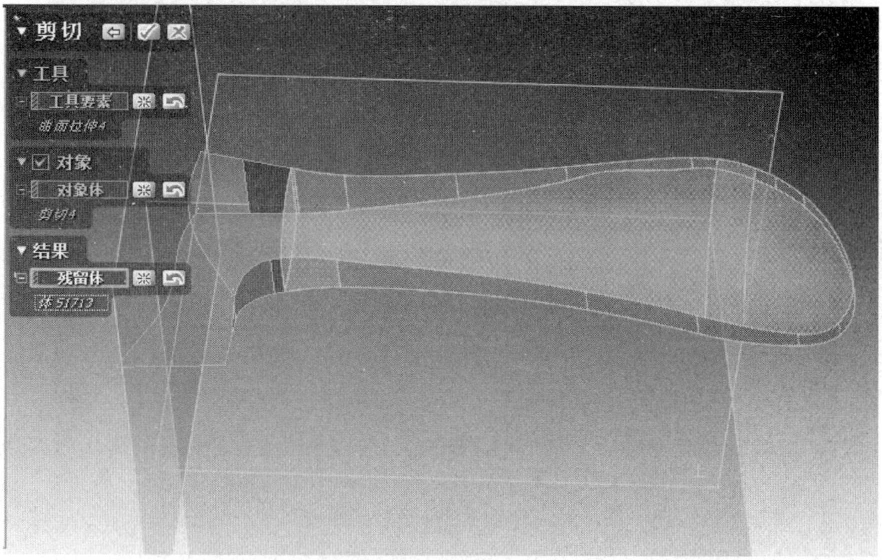

(b) 剪切

图 5-28　剪切门把手

20）点击命令，使用（样条曲线）功能，在拉伸圆柱上绘制如图 5-29 所示的一条 3D 线，将与把手将要相连接的部分裁剪掉。

21）将绘制的 3D 草图隐藏，双击刚隐藏的 3D 草图特征，单击分割功能，将曲线沿着对应的安装基座上倒角边线进行分割，点击退出。然后使用曲面放样将把手与圆柱光滑地连接起来，如图 5-30 所示。

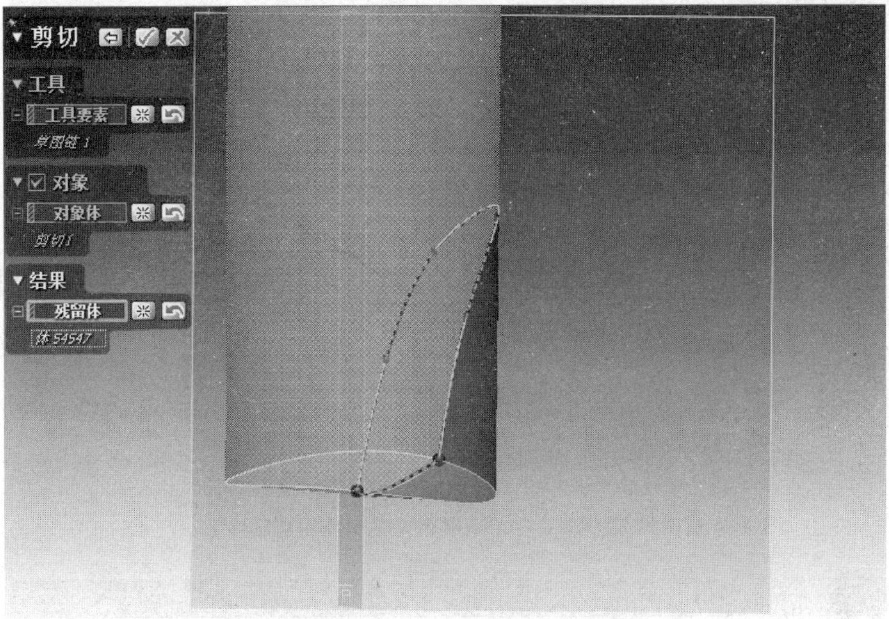

图 5-29 3D 样条剪切

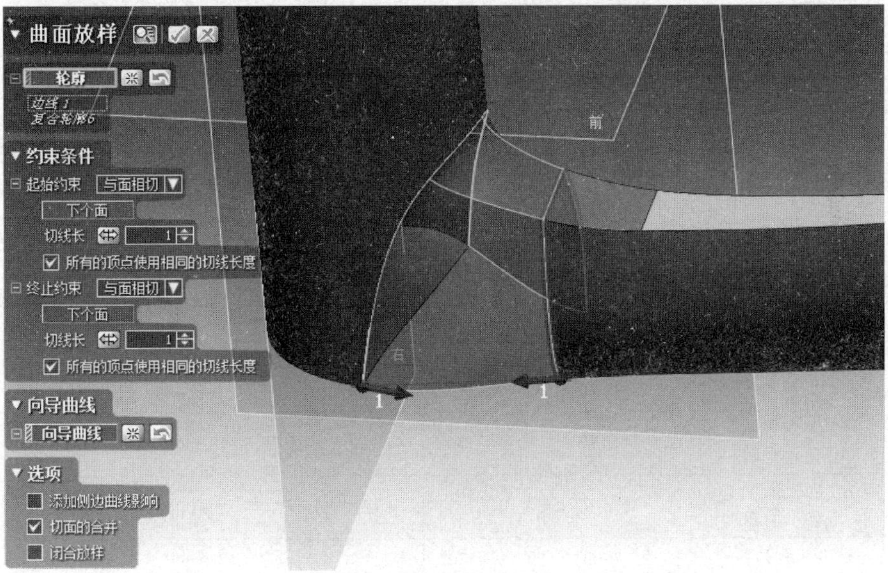

图 5-30 曲面放样光滑连接

22）将完成后的模型进行倒角，完成该操作，如图 5-31 所示。

23）依次点击“文件”→“输出”，选择要输出的模型，点击 。选择输出位置与格式，点击保存，如图 5-32 所示。

（4）数控加工

1）确定加工方案，如表 5-1 所示。

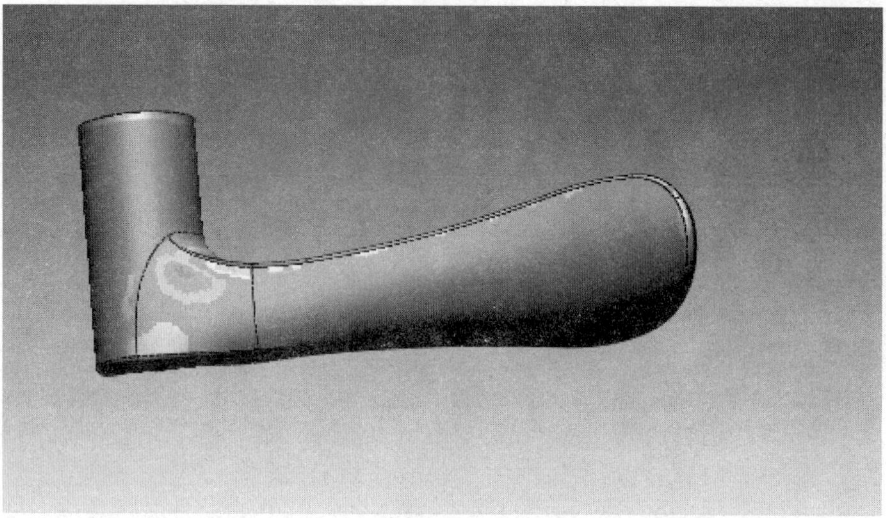

图 5-31 完成数字模型的塑向构建

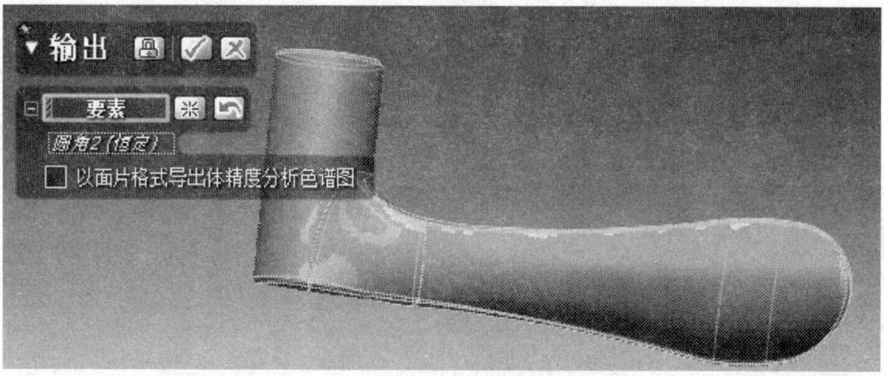

图 5-32 保存与输出

表 5-1 门把手加工工艺方案

工步	加工内容	操作类型	驱动方式	刀具选用刀号	切削用量(公制)		
					主轴转速/(r/min)	进给速度/(r/min)	切削深度/mm
1	一次粗加工毛坯上曲面	型腔铣	跟随周边	ϕ16R0.5 飞刀 T1	3500	4000	0.5
2	二次粗加工毛坯上曲面	剩余铣	跟随部件	ϕ12 立铣刀 T3	4000	2000	0.5
3	精加工夹持位	区域铣	跟随部件	ϕ16 立铣刀 T2	3000	1500	
4	精加工基准面	区域铣	跟随部件	ϕ16 立铣刀 T2	3000	1500	0.5
5	精加工上曲面	固定轴轮廓铣	曲面	ϕ8R4 T4	6000	1200	
6	翻面以定位基准面装夹及一次粗加工下曲面	型腔铣	跟随周边	ϕ16R0.5 飞刀 T1	3500	4000	0.5
7	二次粗加工下曲面	剩余铣	跟随部件	ϕ12 立铣刀 T3	4000	2000	0.5
8	精加工下曲面	固定轴轮廓铣	曲面	ϕ8R4 T4	6000	1200	

2）启动 UG NX 程序后，首先选择主菜单【文件】→【新建】命令，或者单击【标准】工具栏中的【新建】图标，建立 NX 加工文件。

3）选择【加工】命令，进入 UG CAM 加工环境。

4）在【导航器】工具条中单击（几何视图），在工作界面左侧单击 工序导航器 - 几何，双击坐标系 MCS MCS，弹出 MILL Orient 对话框，创建加工坐标系（具体参见项目 4）。

5）创建毛坯几何体与工件几何体。在工作界面左侧单击 工序导航器 - 几何，单击坐标系 MCS MCS，双击其下拉菜单 MCS WORKPIECE，弹出【铣削几何体】对话框。单击指定部件，弹出【部件几何体】对话框，选择所建零件模型后确定。单击，弹出【毛坯几何体】对话框，选择所建毛坯模型后确定。最后在铣削几何体对话框中单击【确定】。

6）创建刀具。

① 创建一号刀：单击（创建刀具），弹出创建刀具对话框。在【刀具子类型】选择立铣刀 MILL 后单击【确定】。弹出铣刀参数对话框，设置直径为“16”，下半径为“R0.5”，刀具号为“1”。

② 创建二号刀：单击（创建刀具），弹出【创建刀具】对话框。在【刀具子类型】选择立铣刀 MILL 后单击【确定】。弹出铣刀参数对话框，设置直径为“16”，刀具号为“2”。

③ 创建三号刀：单击（创建刀具），弹出【创建刀具】对话框，名称改为“T3”。【刀具子类型】选择立铣刀 MILL 后单击【确定】。弹出【铣刀参数】对话框，设置直径为“12”，刀具号为“3”。

④ 创建四号刀：单击（创建刀具），弹出【创建刀具】对话框，名称改为“T4”。【刀具子类型】选择球头铣刀 BALL-MILL 后单击【确定】。弹出【铣刀参数】对话框，设置直径为“8”，半径为“4”，刀具号为“4”。

7）创建上曲面（正面）粗加工工序。

① 单击【创建工序】图标→弹出【创建工序】对话框→选择【类型】为【Mill_Contour】，选择【子类型】为【Cavity_Mill】（型腔铣）→选择【程序】项为【NC_PROGAM】→选择【使用几何体】为【WORKPIECE】→选择【使用刀具】为【T1】→选择【使用方法】为 MILL_ROUGH→在【名称】文本框中取默认值 CAVITY_MILL→单击【确定】按钮→弹出【型腔铣】对话框。

② 在型腔铣削【CAVITY_MILL】对话框中，选择【切削方式】项下拉菜单中 跟随周边 跟随周边走刀。这种切削方式是刀具以平行方式切削，在横向进给时，刀具在往（Zig）和复（Zag）两个路径之间不提刀、连续切削。系统在计算这种刀具路径时，相

对来说比较简单，加工较经济，节省时间，适合于粗加工。但在某些情况下（例如与零件形状、参数设置有关），可能会留下较多的加工余量。而采用“沿零件走刀方式”加工时，粗加工后留下的余量比较均匀，有利于后续精加工的切削精度，因此针对该零件选择【沿零件走刀方式】。选择【步进】项为【刀具直径】，【百分比】为“70”，即设置步进量为刀具直径的70％；输入【每刀的全局深度】的值为“0.5”，设置刀轨参数如图 5-33 所示。

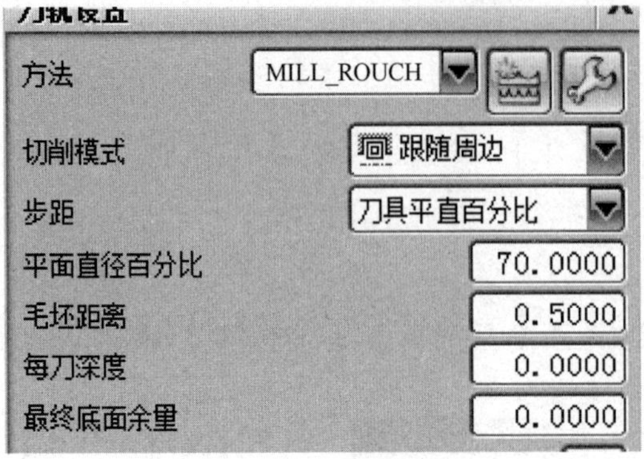

图 5-33　刀轨参数设置

③ 单击【切削层】按钮，出现【切削层】对话框，如图 5-34（a）所示。在其中设置参数，然后单击【确定】退出对话框，效果如图 5-34（b）所示。

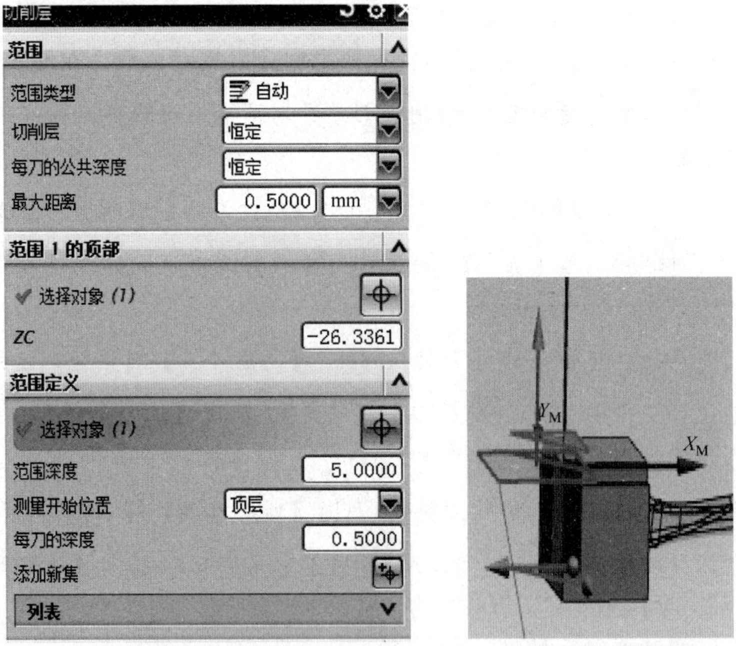

(a) 切削层参数设置　　(b) 切削层设置效果

图 5-34　设置切削层参数

④ 单击对话框中的【切削参数】按钮，弹出【切削参数】对话框：在【策略】中将【切削顺序】设置为【层优先】，将“切削方向”设置为【逆铣切削】；在【余量】中，将部件余量设置为“0.2mm”。

⑤ 单击对话框中的【进给率和速度】按钮，弹出【进给率和速度】对话框，在其中设置参数，然后单击确定按钮退出，如图 5-35 所示。

⑥ 单击对话框中的【刀轴】，在【轴】下拉菜单中选择【＋ZM】。

⑦ 在型腔铣削【CAVITY_MILL】对话框中单击【生成】按钮，生成刀具路径，如图5-36所示。

8）创建上曲面（正面）二粗加工工序。

① 单击【创建工序】图标→弹出【创建工序】对话框，如图5-37（a）所示→选择【类型】为【mill_contour】→选择【子类型】为【REST_MILLING】（剩余铣）→选择【程序】项为【NC_PROGAM】→选择【使用几何体】为【WORKPIECE】→选择【使用刀具】为【T3】→选择【使用方法】为MILL_ROUGH→在【名称】文本框中取默认值【REST_MILLING】→单击【确定】按钮→弹出【剩余铣】对话框，设置相应参数，如图5-37（b）所示。

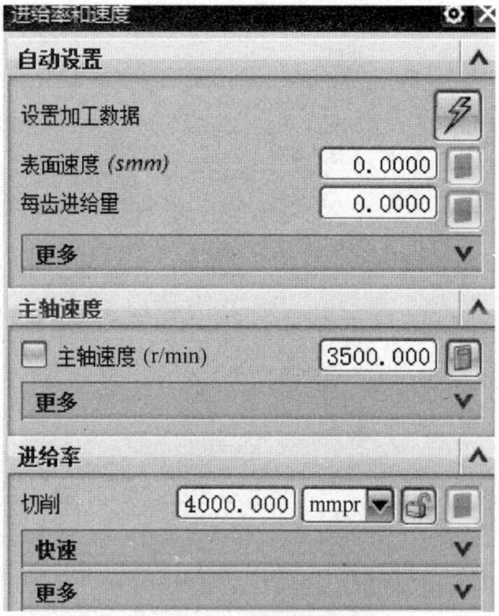

图5-35　进给参数设置

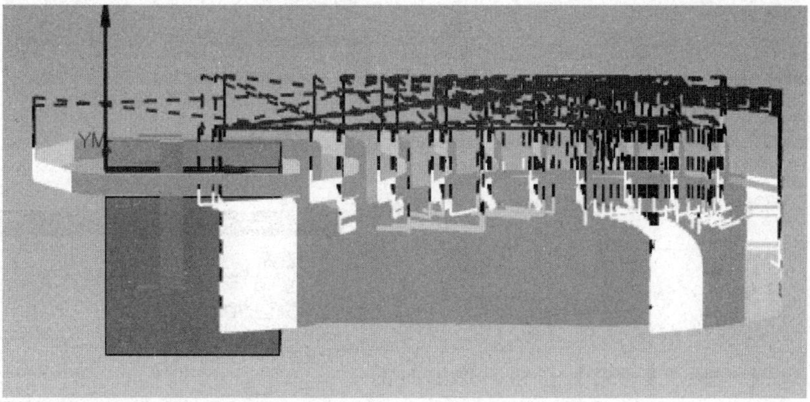

图5-36　生成刀路

② 单击图5-37（b）中【剩余铣】所示的对话框中的【切削参数】按钮→弹出【切削参数】对话框→在【策略】中将【切削顺序】设置为【层优先】→将切削方向设置为【逆铣切削】→在【余量】中，将部件余量设置为“0mm”。

③ 切削层参数同上设置。

④ 单击对话框中的【进给率和速度】按钮，弹出【进给率和速度】对话框，在其中设置参数，然后单击【确定】按钮退出对话框，如图5-38所示。

⑤ 在型腔铣削【CAVITY_MILL】对话框中单击【生成】按钮，生成刀具路径，如图5-39所示。

9）创建基准面区域铣精加工工序。

① 单击【创建工序】图标→弹出【创建工序】对话框→选择【类型】为【Mill_Planar】→选择【子类型】为【FACE_MILLING_AREA】（面区域铣削）→选择【程序】

(a) 创建二粗加工工序　　(b) 设置剩余铣工序参数

图 5-37　二粗加工工序参数设置

项为【NC_PROGAM】→选择【使用几何体】为【WORKPIECE】→选择【使用刀具】为【T2】→选择【使用方法】为 MILL_FINISH→在【名称】文本框中取默认值【FACE_MILLING_AREA_1】→单击【确定】按钮。弹出面铣削区域对话框。

② 进行面铣参数设置，如图 5-40 所示。

③ 单击上述“面铣削区域”对话框中的【进给率和速度】按钮，弹出【进给率和速度】对话框，在其中设置参数，然后单击【确定】按钮退出对话框，如图 5-41 所示。

④ 在型腔铣削【Mill_Contur】对话框中单击【生成】按钮，生成刀具路径，如图 5-42 所示。

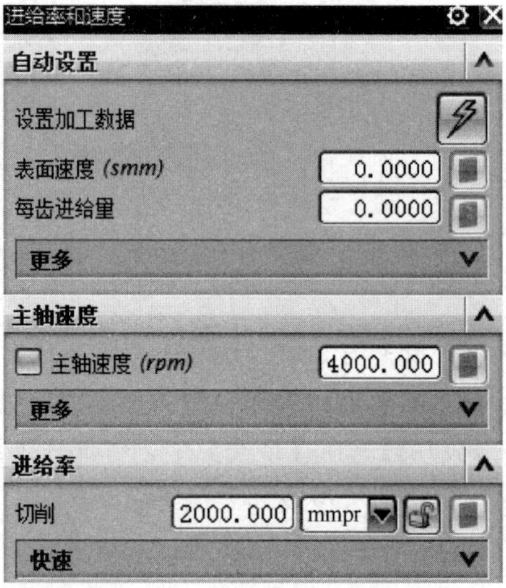

图 5-38　进给参数设置

10）创建夹持位加工工序。

① 返回建模页面，单击【创建草图】图标，创建 XY 基准面正向偏距为“3”的平面，距离 3，点击投影曲线，弹出【投影曲线】对话框图，选择如图 5-42 所示工艺搭支的两条边，单击【确定】。

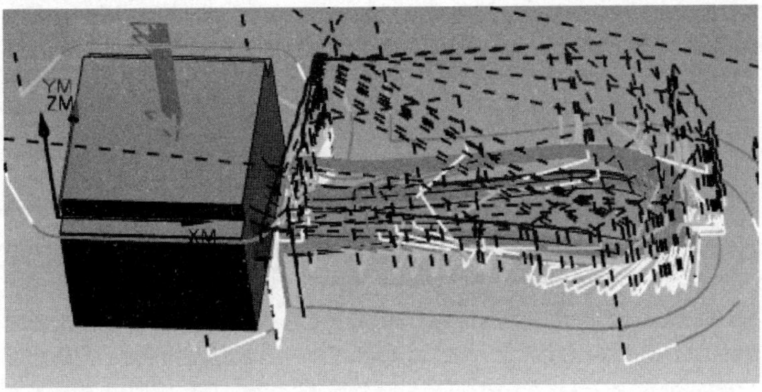

图 5-39　生成刀路

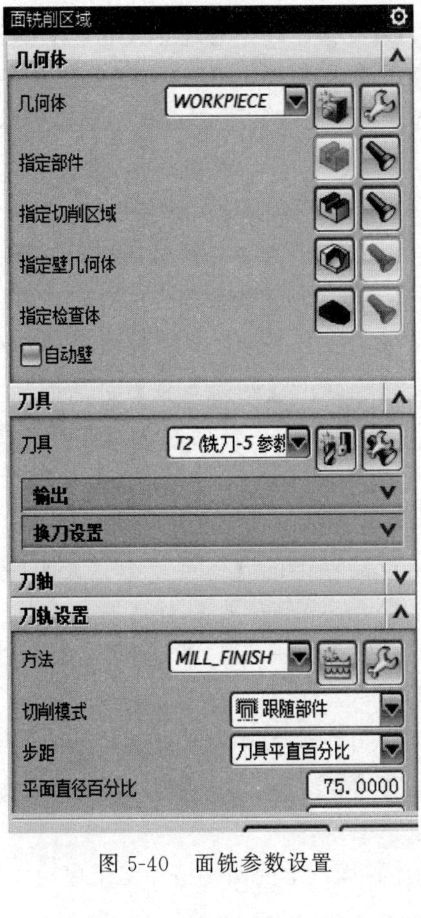

图 5-40　面铣参数设置

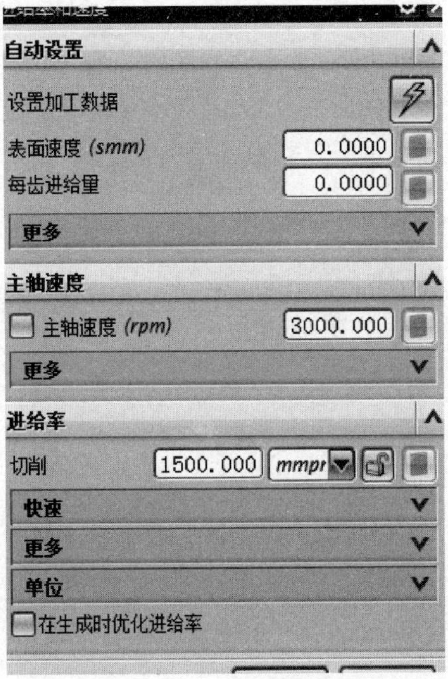

图 5-41　进给参数设置

② 返回加工页面，单击【创建工序】图标→弹出【创建工序】对话框→选择【类型】为【Mill_PLANAR】→选择【子类型】为【PLANAR_PROFILE_1】（平面轮廓铣)→选择【程序】项为【NC_PROGAM】→选择【使用几何体】为【WORKPIECE】→选择【使用刀具】为【T2】→选择【使用方法】为 MILL_FINISH→在【名称】文本框中取默认值【PLANAR_PROFILE_1】→单击【确定】按钮→弹出平面轮廓铣对话框，如图 5-43 所示。

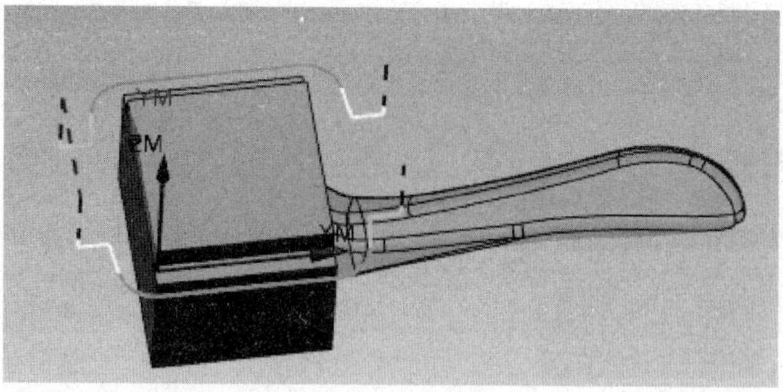

图 5-42 生成刀路

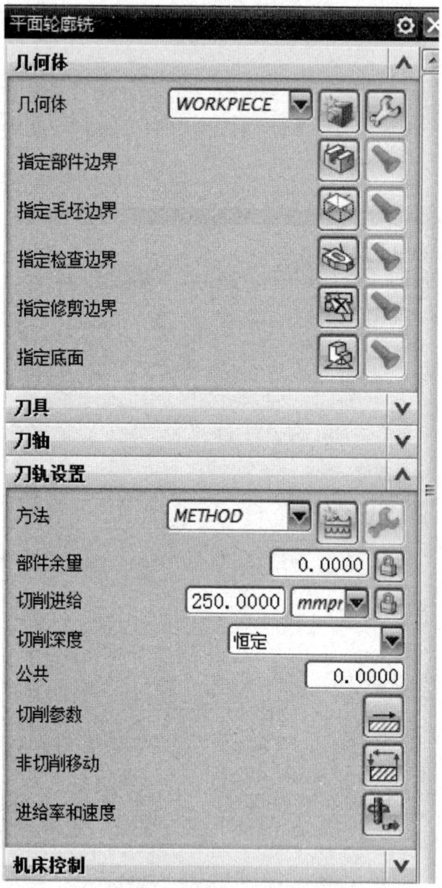

图 5-43 平面轮廓铣对话框

③ 单击【平面轮廓铣】对话框中的【指定部件边界】按钮，弹出【边界几何体】对话框，单击模式【曲线/边…】弹出【创建边界】对话框，选择右侧边线和下侧边线，单击确认，【材料侧】选择右侧。

④ 单击【平面轮廓铣】对话框中的【指定底面】按钮，弹出【平面】对话框，选择投影曲线，单击确认。

⑤ 单击【平面轮廓铣】对话框中的【切削参数】按钮，弹出【切削参数】对话框，在【策略】中将【切削顺序】设置为【层优先】，将切削方向设置为【逆铣切削】，在【余量】中，将部件余量设置为“0mm”。

⑥ 单击对话框中的【进给率和速度】按钮，弹出【进给率和速度】对话框，在其中设置参数，如图 5-44 所示，然后单击【确定】按钮退出对话框。

⑦ 在平面轮廓铣【Mill_Planar】对话框中单击【生成】按钮，生成刀具路径，如图 5-45 所示。

11）创建正面（上曲面）精加工工序。

① 单击【创建工序】图标→弹出【创建工序】对话框，如图 5-46 所示→选择【类型】为【mill_contour】→选择【工序子类型】为【FIXED_CONTOUR】（固定轮廓铣）→选择【程序】为【NC_PROGAM】→选择【几何体】为【WORKPIECE】→选择【刀具】为【T4】→选择【方法】为【MILL_FINISH】→在【名称】文本框中取默认值【FIXED_CONTOUR】→单击【确定】按钮→弹出固定轮廓铣对话框，如图 5-47 所示。

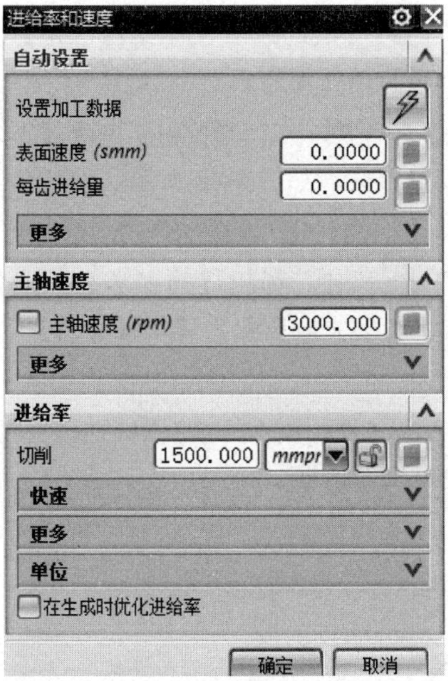

图 5-44　进给参数设置

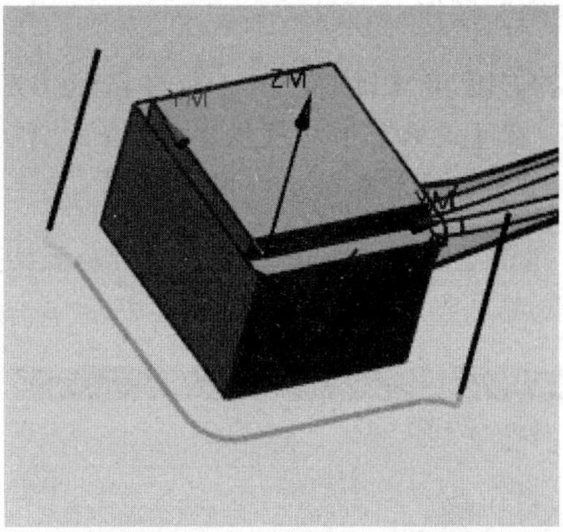
图 5-45　生成夹持位刀具路径

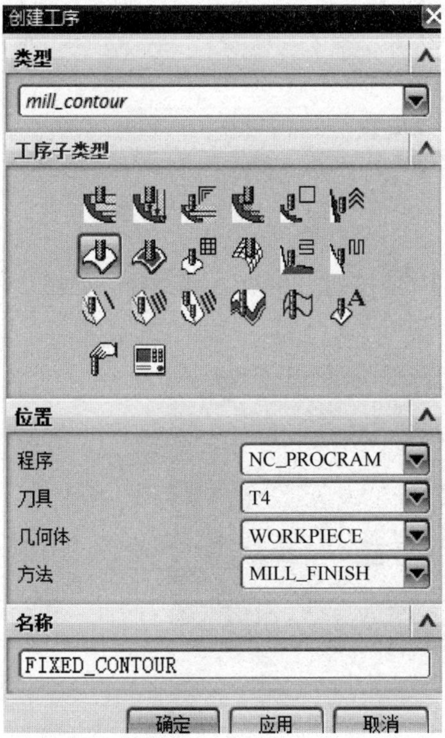

图 5-46　创建工序

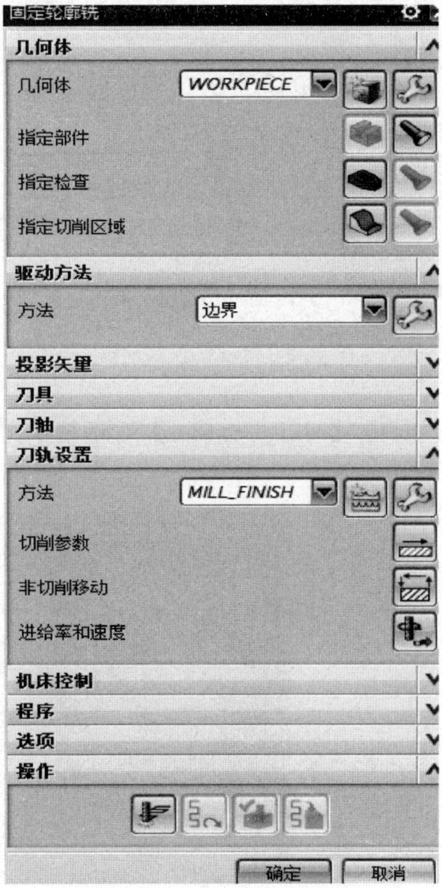

图 5-47　固定轮廓铣对话框

② 单击【固定轮廓铣】对话框中的【指定检查】按钮，弹出【检查几何体】对话框，选择【工艺搭子】为【检查体】，然后单击【确定】按钮退出。

③ 单击【固定轮廓铣】对话框中出的【驱动方法】区域铣削按钮，选择【区域铣削】，弹出【区域铣削驱动方法】对话框，在其中设置参数，如图 5-48 所示，然后单击【确定】按钮退出对话框。

④ 单击【固定轮廓铣】对话框中的【切削参数】按钮，弹出【切削参数】对话框，在【策略】中将【切削顺序】设置为【层优先】，将切削方向设置为【逆铣切削】，在【余量】中将部件余量设置为“0mm”。

⑤ 单击对话框中的【进给率和速度】按钮，弹出【进给率和速度】对话框，在其中设置参数，如图 5-49 所示，然后单击【确定】按钮退出对话框。

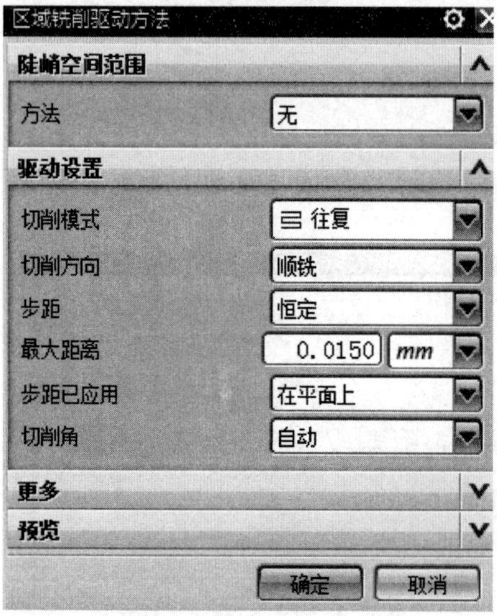

图 5-48 区域铣参数设置

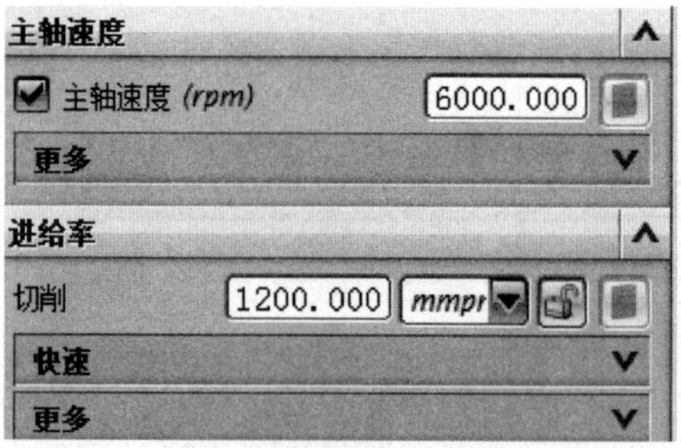

图 5-49 进给参数设置

⑥ 在【Mill_Contour】对话框中单击【生成】按钮，生成刀具路径，如图 5-50 所示。

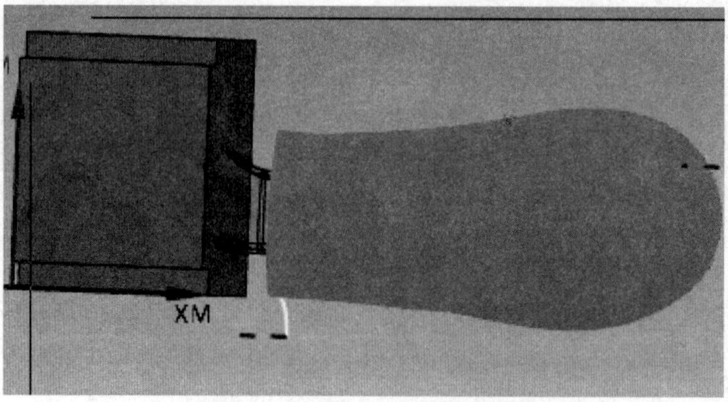

图 5-50 上曲面（正面）精加工刀路

12）创建下曲面（翻面）粗加工工序。

① 选择MCS_MILL_COPY，进行创建程序。单击【创建工序】图标→弹出【创建工序】对话框→选择【类型】为【Mill_Contour】→选择【子类型】为【Cavity_Mill】（型腔铣）→选择【程序】项为【NC_PROGAM】→选择【使用几何体】为【WORKPIECE】→选择【使用刀具】为【T1】→选择【使用方法】为【MILL_ROUGH】→在【名称】文本框中取默认值【CAVITY_MILL】，单击【确定】按钮→弹出型腔铣对话框。

② 在型腔铣削【CAVITY_MILL】对话框中，选择【切削方式】项下拉菜单中跟随周边跟随周边走刀；选择【步进】项为【刀具直径】，【百分比】为“70”，即设置步进量为刀具直径的70%；输入【每刀的全局深度】的值为“0.5”，设置刀轨参数，如图5-51所示。

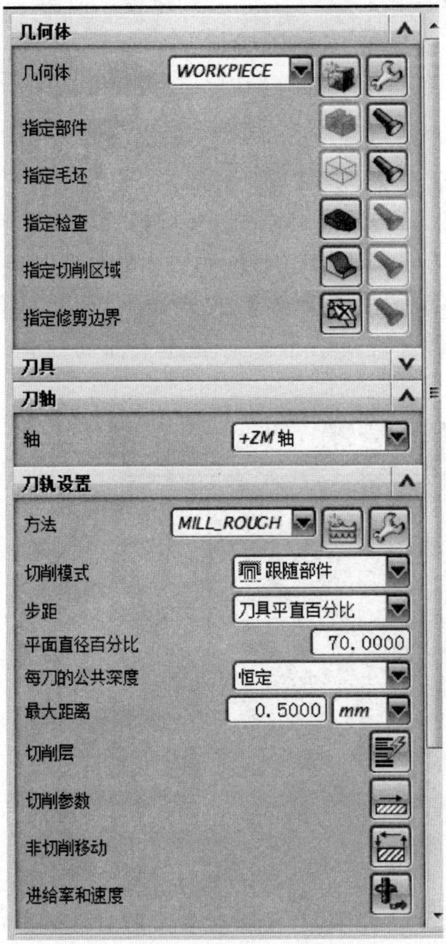

图5-51 刀轨参数设置

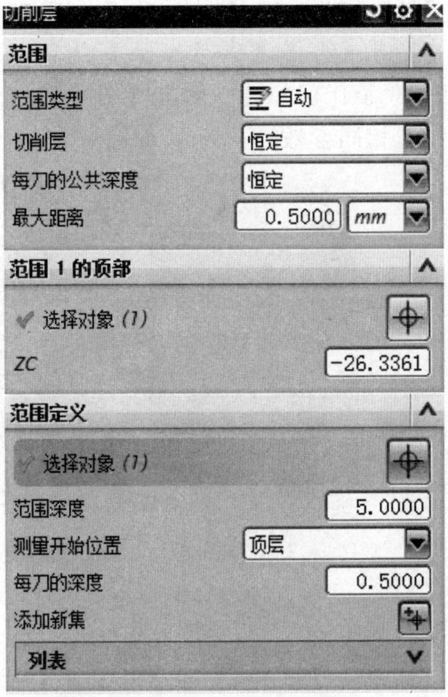

图5-52 切削层参数设置

③ 单击【切削层】按钮，出现【切削层】对话框，如图5-52所示。在其中设置参数，然后单击【确定】按钮退出对话框。

④ 单击对话框中的【切削参数】按钮，弹出【切削参数】对话框，在【策略】中

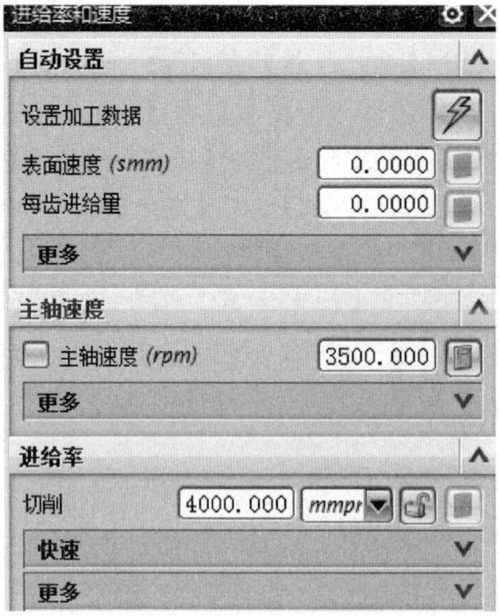

图 5-53 进给参数设置

将【切削顺序】设置为【层优先】，将切削方向设置为【逆铣切削】，在【余量】中将部件余量设置为“0.2mm”。

⑤ 单击对话框中的【进给率和速度】按钮，弹出【进给率和速度】对话框，在其中设置参数，然后单击【确定】按钮退出，如图 5-53 所示。

⑥ 单击对话框中的【刀轴】，在【轴】下拉菜单中选择【+ZM】。

⑦ 在型腔铣削【CAVITY_MILL】对话框中单击【生成】，生成刀具路径，如图 5-54 所示。

13）创建下曲面（翻面）二粗加工工序。

① 单击【创建工序】图标→弹出【创建工序】对话框→选择【类型】为【Mill_Contour】→选择【子类型】为【REST_MILLING】（剩余铣）→选择【程序】项为【NC_PROGAM】→选择【使用几何体】为【WORKPIECE】→选择【使用刀具】为【T3】→选择【使用方法】为 MILL_ROUGH→在【名称】文本框中取默认值【REST_MILLING】→单击【确定】按钮→弹出剩余铣对话框，与前述上曲面二粗工序设置相同参数。

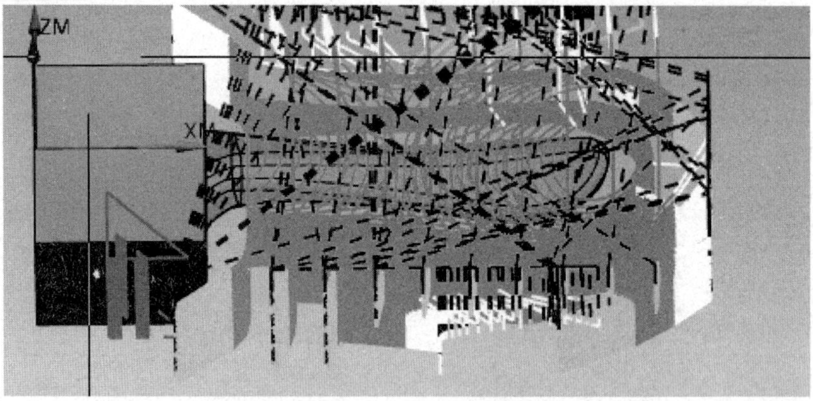

图 5-54 生成刀路

② 单击【剩余铣】对话框中的【切削参数】按钮，弹出【切削参数】对话框，在【策略】中将【切削顺序】设置为【层优先】，将切削方向设置为【逆铣切削】，在【余量】中将部件余量设置为“0mm”。

③ 切削层参数与前述上曲面二粗工序设置相同。

④ 单击对话框中的【进给率和速度】按钮，弹出【进给率和速度】对话框，在其中设置参数（与前述上曲面二粗工序设置相同），然后单击【确定】按钮退出对话框。

⑤ 在型腔铣削【CAVITY_MILL】对话框中单击【生成】按钮，生成刀具路径，如图 5-55 所示。

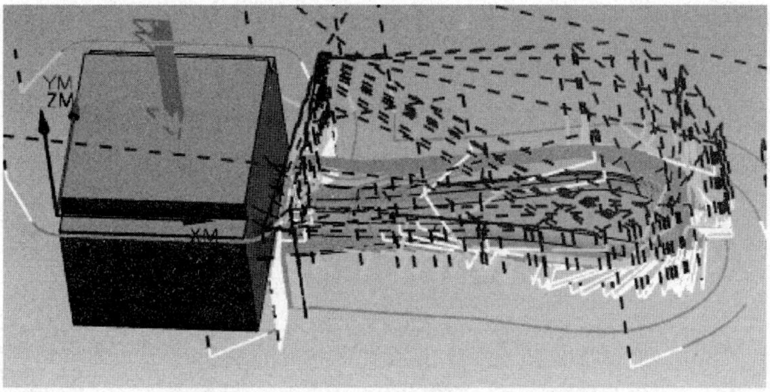

图 5-55　下曲面（翻面）二粗刀路

14）创建翻面（下曲面）精加工工序。

① 单击【创建工序】图标→弹出【创建工序】对话框→选择【类型】为【Mill_Contour】→选择【子类型】为【FIXED_CONTOUR】（固定轮廓铣）→选择【程序】项为【NC_PROGAM】→选择【使用几何体】为【WORKPIECE】→选择【使用刀具】为【T4】→选择【使用方法】为【MILL_FINISH】→在【名称】文本框中取默认值【FIXED_CONTOUR】→单击【确定】按钮→弹出固定轮廓铣对话框。跟创建正面（上曲面）精加工工序时进行相同的操作与设置。

② 单击【固定轮廓铣】对话框中的【指定检查】按钮，弹出【检查几何体】对话框，选择【工艺搭子】为检查体，然后单击【确定】按钮退出。

③ 单击【固定轮廓铣】对话框中的【驱动方法】区域铣削按钮，选择【区域铣削】，弹出【区域铣削驱动方法】对话框，在其中设置参数如图 5-56 所示，然后单击【确

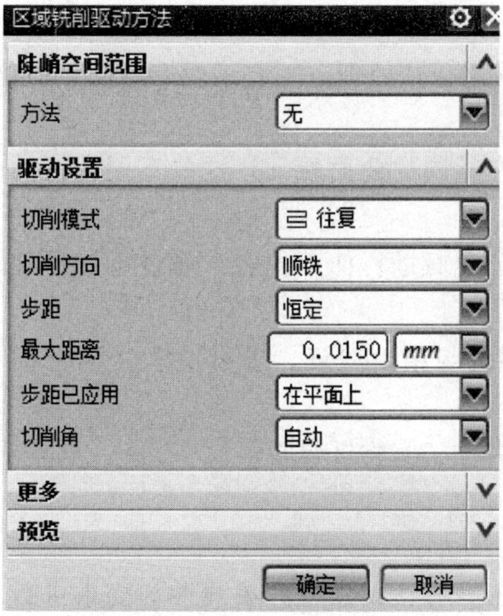

图 5-56　区域铣参数设置

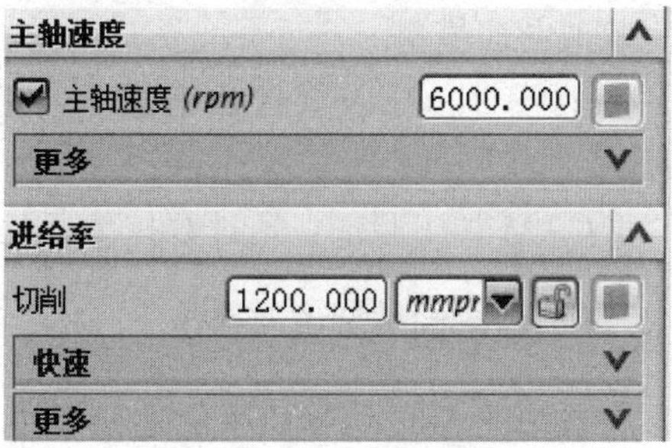

图 5-57　进给参数设置

定】按钮退出对话框。

④ 单击【固定轮廓铣】对话框中的【切削参数】按钮，弹出【切削参数】对话框，在【策略】中将【切削顺序】设置为【层优先】，将切削方向设置为【逆铣切削】，在【余量】中将部件余量设置为“0mm”。

⑤ 单击对话框中的【进给率和速度】按钮，弹出【进给率和速度】对话框，在其中设置参数，如图 5-57 所示，然后单击【确定】按钮退出对话框。

⑥ 在【Mill_Contour】对话框中单击【生成】按钮，生成刀具路径，如图 5-58 所示。

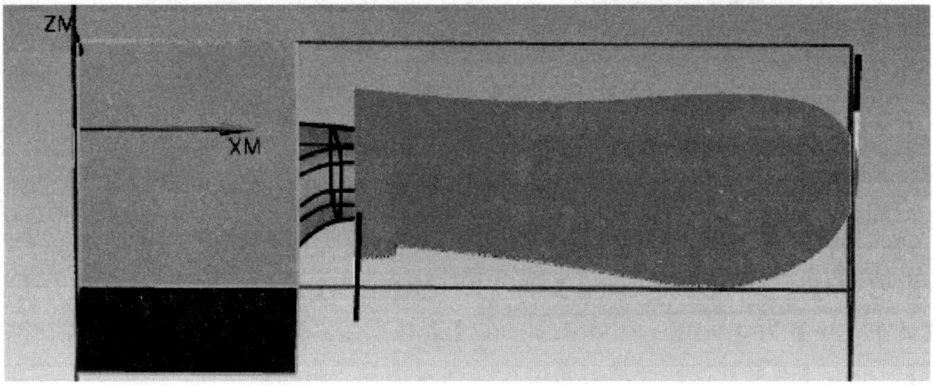

图 5-58　上曲面（正面）精加工刀路

【项目总结】

本项目通过对门把手的失效复杂表面进行数据采集及处理，逆向建模，形成三维数字化修复模型，基于此模型进行了加工验证，其关键技能点如下。

1. 数据获取：运用先进的 3D 检测设备获取产品（制件或模型）的表面数据。

2. 数据预处理：运用数据处理软件对测量数据进行预处理，主要手段有拼合、简化、过滤、三角化等。

3. 数据分割：测量模型所构成的诸曲面会具有不同的曲面特征，这些不同特征的曲面数据需进行分块。

4. 曲面重构：根据几何特征将前述分块的各子曲面进行曲面拟合，通过重构得到产品完整的曲面模型。

5. 再设计：导入重构数字模型，进行质量评价与精度验证，进行反求复原与优化设计。

6. CAM 加工验证：通过数控编程生成程序单并加工实物进行验证。

【项目作业与技能考评】

完成如图 5-59 所示拉手的逆向建模与数控加工，并按实用性、美观性等要求进行人性化的局部优化设计。技能考评要求如表 5-2 所示。

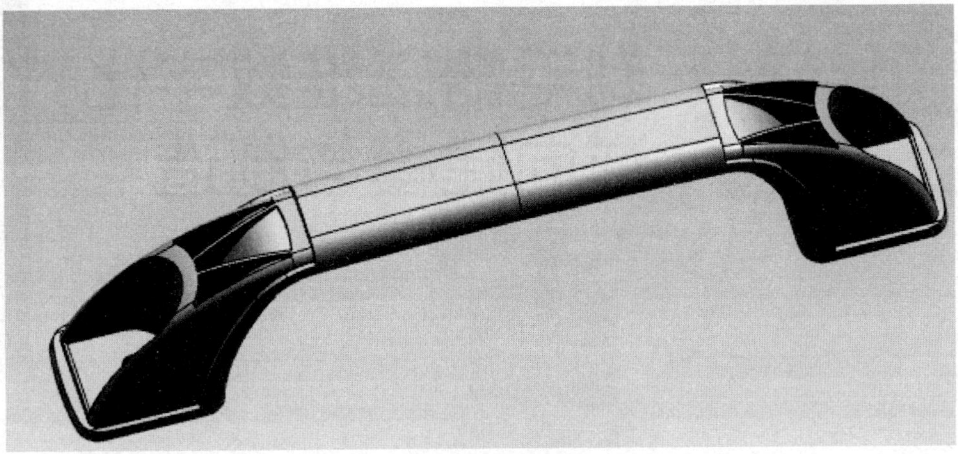

图 5-59　拉手

表 5-2　拉手逆向建模与制造技能考评表

序次	主要内容	关键能力与技术检测点	检测结果	评分
1	完成三维数据采集与数据处理并建模	思维能力 接受新事物能力 数据采集操作能力 数据处理能力 建模技能等		
2	数控加工编程设计	编程能力 模拟分析能力 工艺制作能力		
3	局部创新设计	创新能力 思维能力		

项目6 剃毛器三维数字化逆向建模与制造

CHAPTER 6

【项目导读】

（1）项目内容

基于逆向技术，对表面破损的剃毛器进行三维扫描和数据处理，并通过逆向建模，得到其 3D 数字模型。同时通过 UG NX 实现 CAM 自动编程，进而加工出实物模型进行验证。

（2）学习目标

通过本项目的学习，学生进一步巩固 3D 扫描技术、Geomagic DesignX 进行逆向数字建模，重构 3D 数字模型的技能，并能将数字化建模技术应用到复杂曲面破损后的反求修复中。

（3）知识目标

3D 扫描技术的基础知识；Geomagic DesignX 的基本操作；NX 的基本操作；NX 曲面造型与数控编程的基本操作。

（4）能力目标

掌握 Geomagic Wrap 软件数据处理中的降噪、去除孤点、去除重叠、填充孔、去除特征、松弛、网格医生、精简等工具的操作技能；掌握使用 Geomagic DesignX 进行逆向数字建模的基本操作技能和 UG NX 曲面建模与优化的技能；能把握曲面数控加工的工艺分析与加工方案的拟定；会运用 UG NX 对较复杂的表面进行数控编程加工。

（5）素质目标

工程技术研究分析能力；分组协作能力；创新意识与技能；通过“学中做、做中学”培养较强的责任心；培养较好的信息敏感度；较高的工艺编程能力并形成严格按工艺操作的职业素养。

【知识链接】

逆向工程技术的应用新特性

逆向工程是以设计方法学为指导，以现代设计理论、方法、技术为基础，运用专业人员的工程设计经验、知识和创新思维，对已有新产品进行解剖、深化和再创造，是对已有设计的再设计，特别强调再创造是反求的灵魂。逆向工程有其独特的共性技术和内容，是一门新兴的交叉学科分支。现行产品中各种复杂的高新技术，在逆向工程中都会遇到如何消化吸收并加以改进和提高。逆向工程是各国技术进步、发展，尤其是发展中国家迅速改变技术落后状况，提高综合设计、决策水平、制造水平，赶超世界先进水平的迅捷之路。

逆向工程作为掌握技术的一种手段，可使产品研制周期缩短 40%以上，极大提高了生产率，对我国国民经济的发展和科学技术水平的提高，具有重大的意义。

【项目实施】

任务 剃毛器的反求建模与复原制作

1. 任务导入

某型表面受损剃毛器产品如图 6-1 所示，其初始的生产信息已丢失。本任务通过现代逆向设计与制造技术来实现此产品的反求建模与复现。

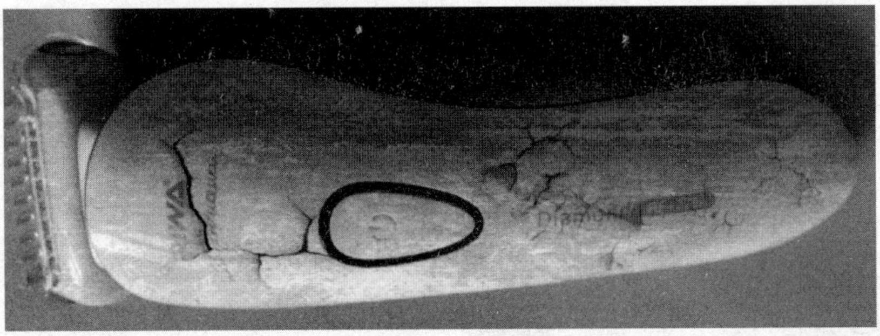

图 6-1 表面破损的剃毛器产品原型

2. 任务分析

为还原产品基本表面特性，本任务需运用 3D 扫描技术，对其特征情况进行数据采集和点云处理，并通过 Geomagic DesignX 进行逆向数字建模，重构 3D 数字模型。然后使用 UG NX 软件进行曲面优化，最后通过编程设计生成数控加工程序单。

3. 工作步骤

（1）数据采集（具体操作步骤参见项目 1）

（2）点云处理

1）启动 Geomagic Wrap（或 Studio）软件，选择菜单【文件】→【打开】命令，系统弹出“打开文件”对话框，查找剃毛器数据文件并打开 txt 格式文件，在工作区显示载体，如图 6-2 所示。

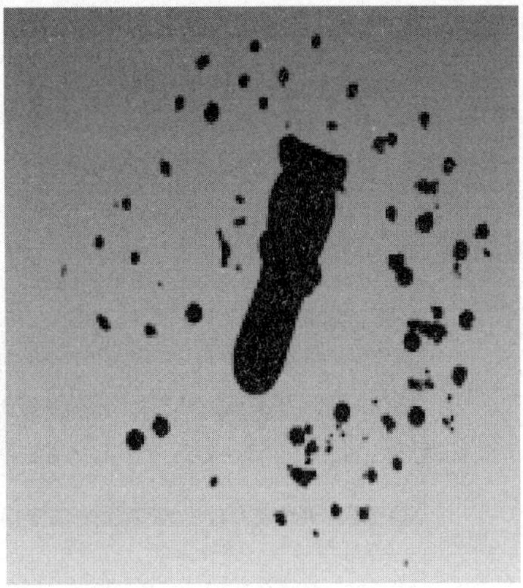

图 6-2 初始剃毛器点云数据

2）为了方便观察、处理点云，要将点云着色。选择菜单【点】→【着色点】，点击 着色点 将点云着色，如图 6-3 所示。

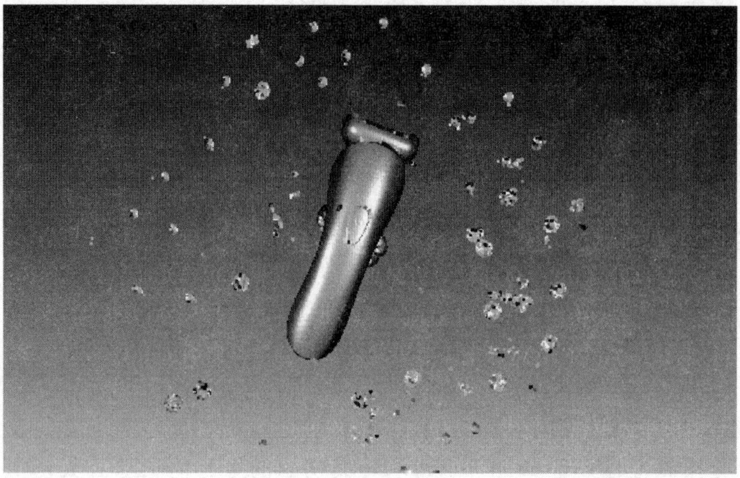

图 6-3 点云着色

3）选择非连接选项。选择菜单【点】→【选择】→【断开组件连接】，点击按钮，按如图 6-4（a）所示设置。选择【点】→【删除或按下 Delete 键】，删除红色的点，如图 6-4（b）所示。

(a) 非连接选项

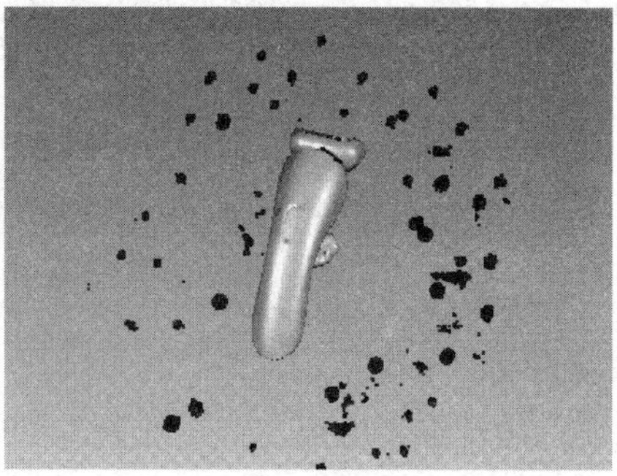

(b) 选中非连接选项

图 6-4 选择非连接选项

4）去除体外孤点。选择菜单【点】→【选择】→【体外孤点】按钮，按如图 6-5（a）所示设置。选择【点】→【删除或按下 Delete 键】，删除红色选中的点，如图 6-5（b）所示。

(a) 体外孤点

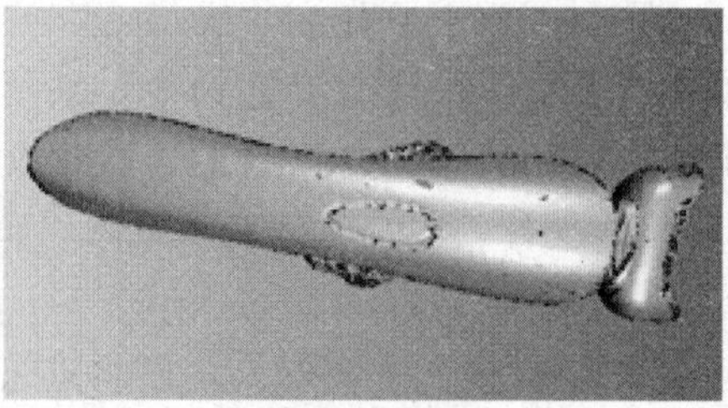

(b) 选中体外孤点

图 6-5 选择体外孤点

5）降噪。选择【点】→【减少噪声】按钮，如图 6-6 所示设置。

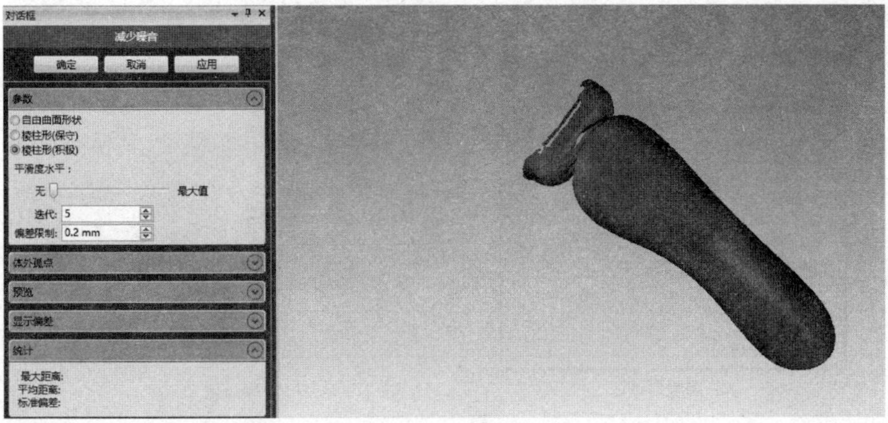

图 6-6　降噪

6）删除不必要的部分。选择，选中前半部分，如图 6-7（a）所示，按下 Delete 键，删除选中部分，结果如图 6-7（b）所示。

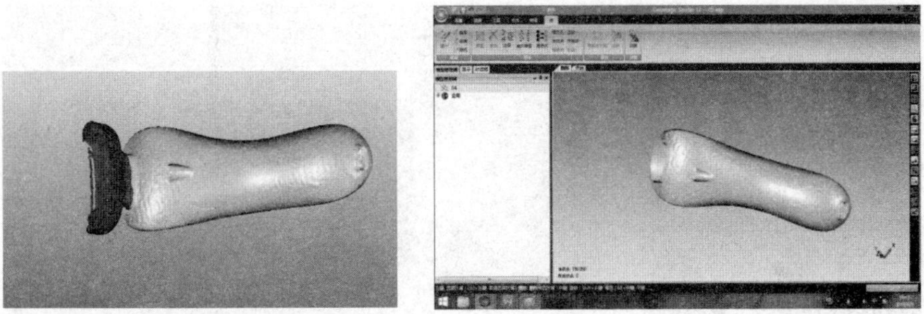

(a) 删前　　(b) 删后

图 6-7　删除不必要的部分

7）封装数据。选择菜单【点】→【封装】，按下按钮、进行点云数据封装，封装文件如图 6-8 所示。

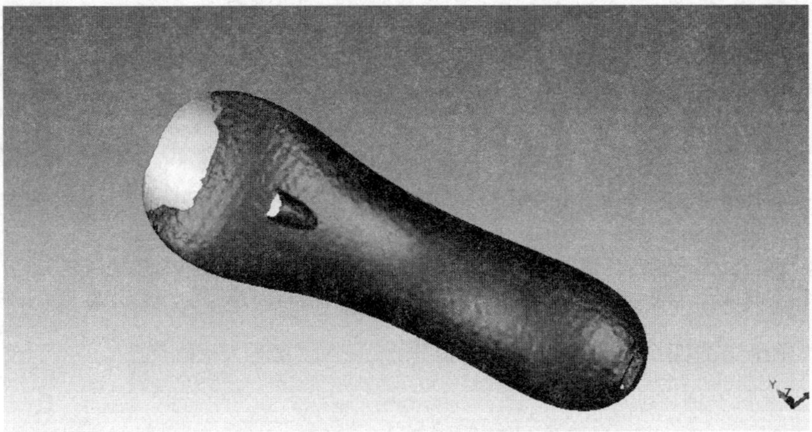

图 6-8　封装文件

8）降噪。选择【点】→【减少噪声】按钮，如图 6-9（a）所示设置。结果如图 6-9（b）所示。

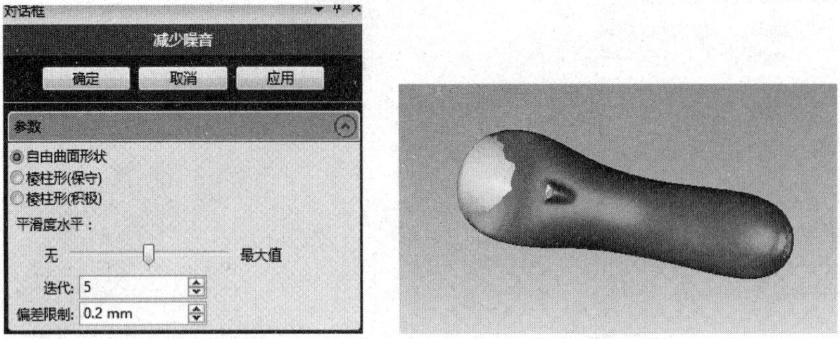

(a) 降噪对话框　　(b) 降噪后效果

图 6-9　降噪

9）填充孔。选择【多边形】→【全部填充】按钮，弹出对话框并设置，如图 6-10 所示。

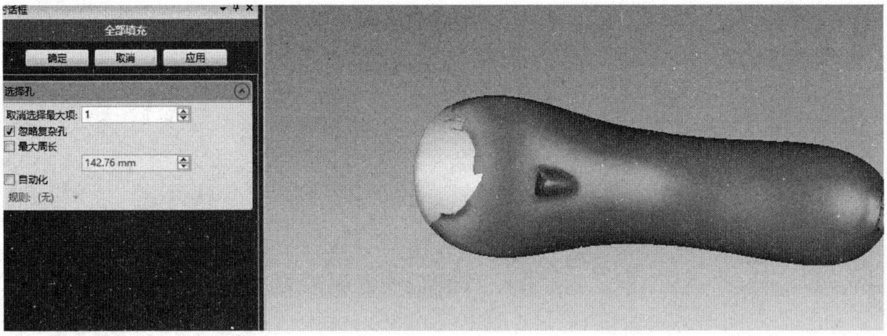

图 6-10　填充孔

10）保存数据。将处理好的数据转化为 stl 文件格式。

（3）逆向建模

1）导入文件。打开 Geomagic DesignX 软件，点击导入处理好的 stl 点云数据文件。

2）建立参照平面 1。

① 点击（参照点），被建立的点呈现被选中的状态，点击三维显示区域的其他地方取消这个点被选择的状态。再次点击，使用同样的方法建立三个点，如图 6-11 所示。

② 点击工具栏中（参照平面），进入追加参照平面模式，按如图 6-12 所示参数设置选项，选择建立的四个点，点，成功建立一个“参照平面 1”。

3）建立参照平面 2。

① 点击（参照点），建立点。

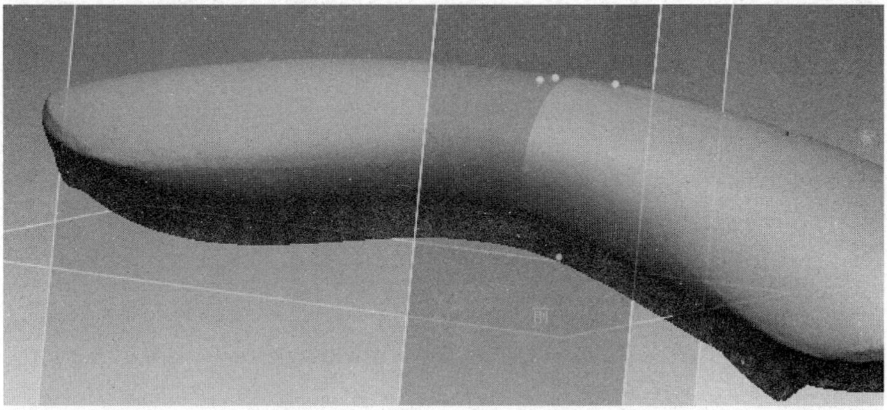

图 6-11　选择点

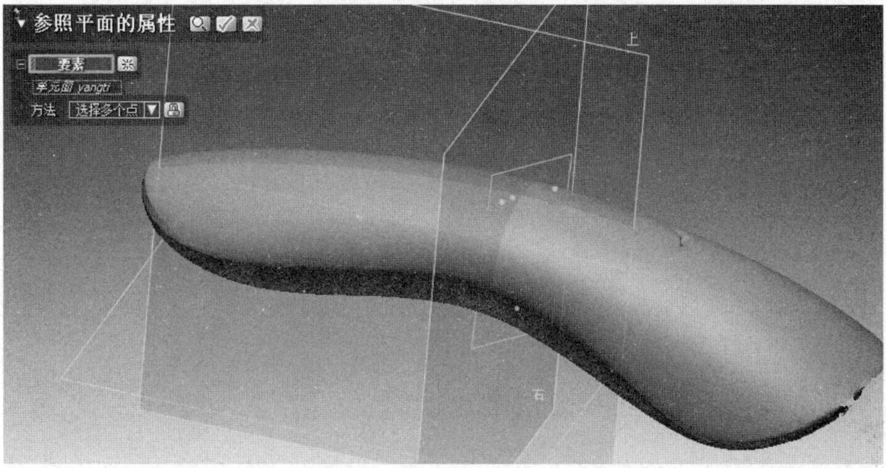

图 6-12　建立参照平面 1

② 点击工具栏中（参照平面），进入追加参照平面模式，按如图 6-13 所示参数设置选项，选择建立的四个点，点击，成功建立一个“参照平面 2”。

4）追加参照线。点击如图 6-14 所示参数设置，点击选中蓝色部分，点击。

5）点击（手动对齐），点击“下一阶段”，按如图 6-15 所示参数设置，依次选择平面 1、平面 2、线 1，点击左上角。点击右下方按钮，退出手动对齐模式，坐标系建立完成。

（4）剃毛器基本造型建模

1）绘制草图。点击，选择上平面作为基准平面。点击进行草图绘制，如图 6-16 所示。

2）曲面拉伸。点击，选择绘制好的草图，进行曲面拉伸，如图 6-17 所示。

3）面片草图。点击点击前平面，如图 6-18 所示进行设置，点击使用等工具绘制“面片草图 1”（图 6-19）及“面片草图 2”，如图 6-20 所示。

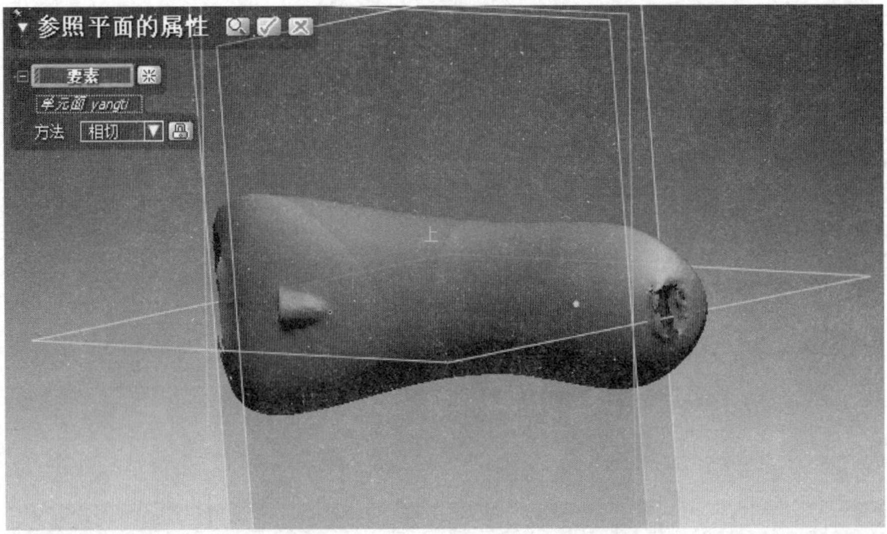

图 6-13　建立参照平面 2

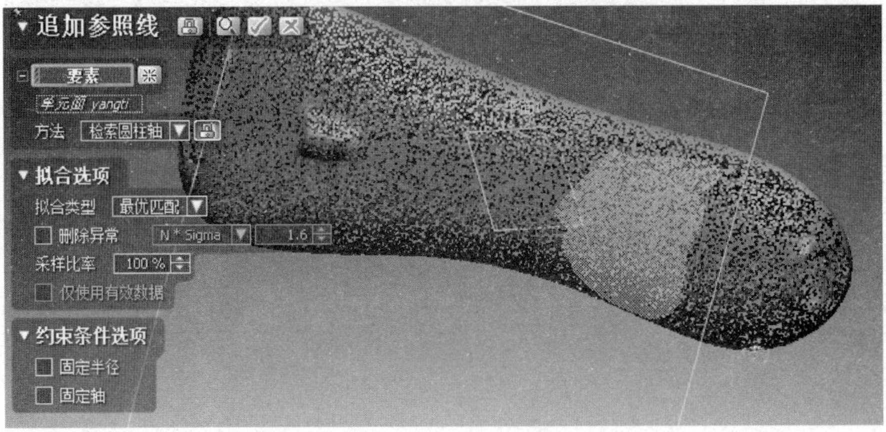

图 6-14　追加参照线

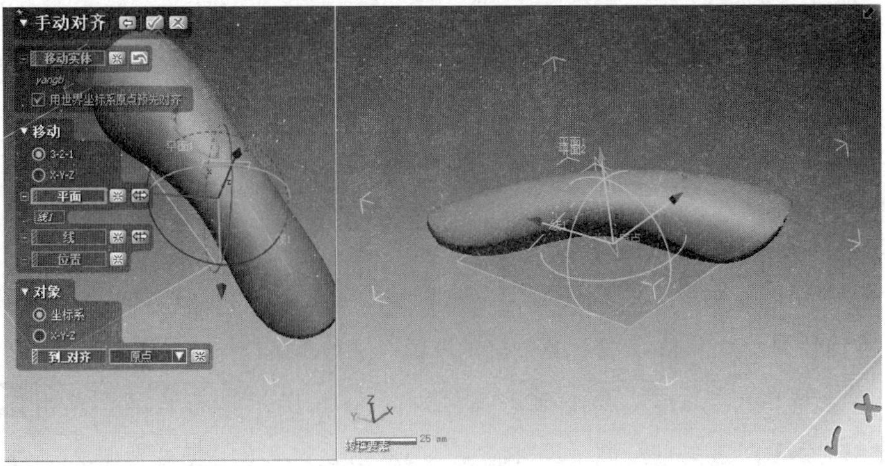

图 6-15　手动对齐

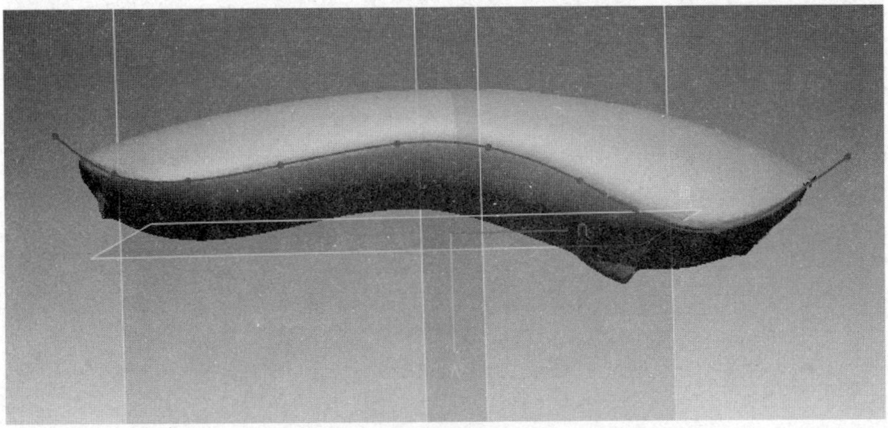

图 6-16　绘制草图

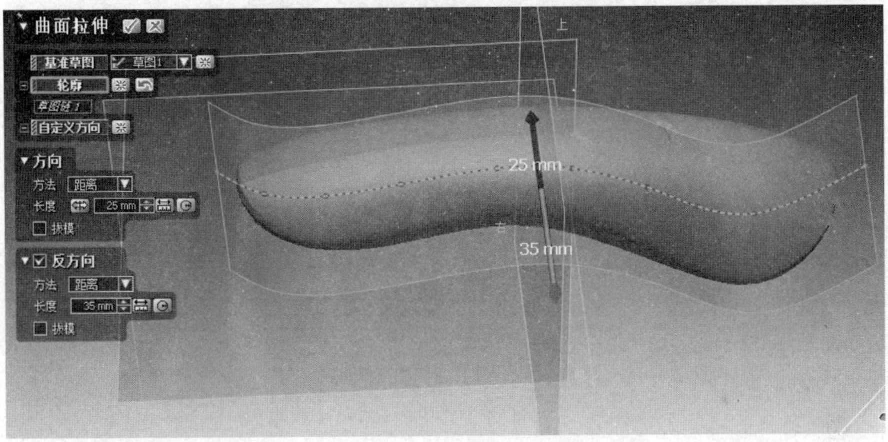

图 6-17　曲面拉伸

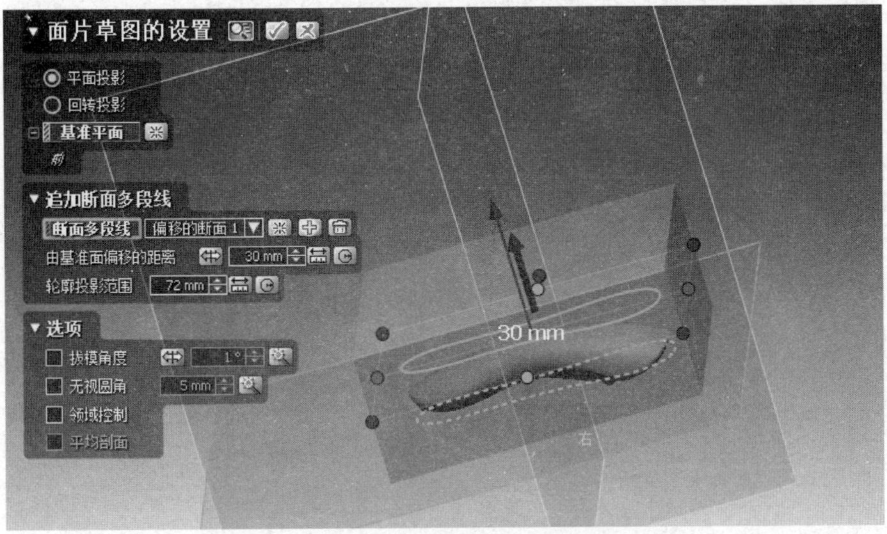

图 6-18　面片草图设置

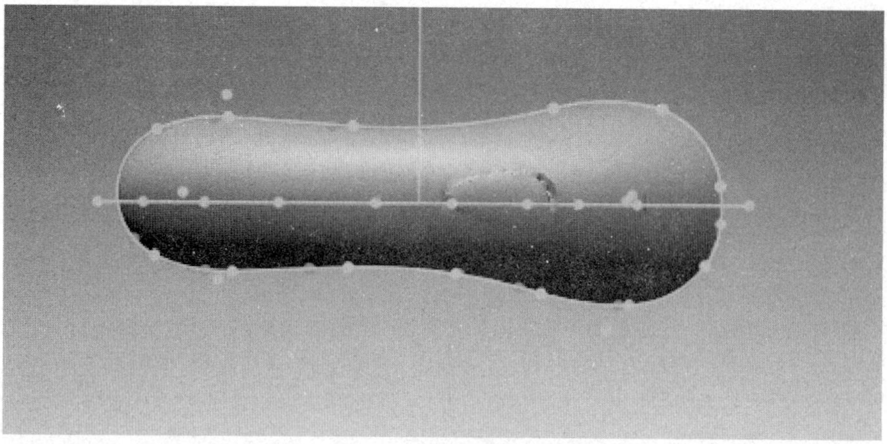

图 6-19 面片草图 1

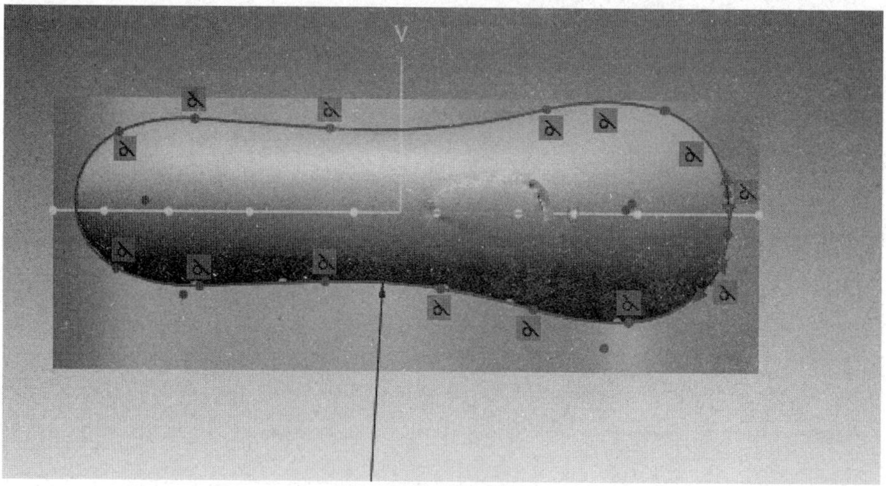

图 6-20 面片草图 2

4）曲面拉伸。点击，选择绘制好的草图，进行曲面拉伸，如图 6-21 所示。

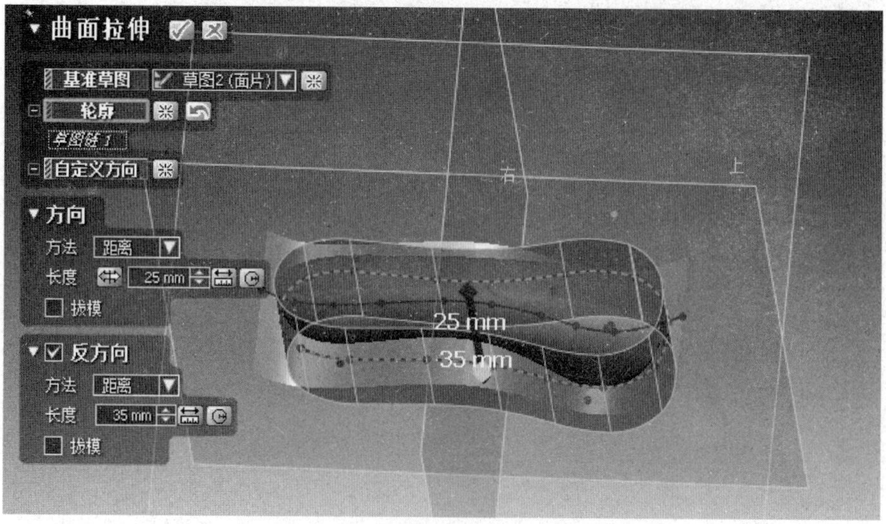

图 6-21 曲面拉伸

5）绘制 3D 草图。点击使用顺着剃毛器的外部绘制，如图 6-22 所示。

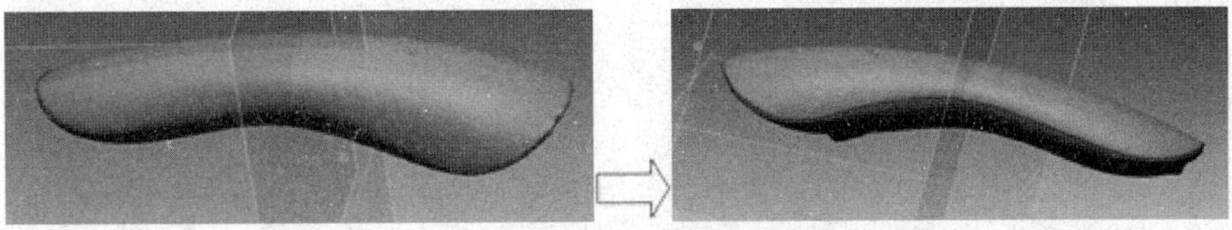

图 6-22　绘制 3D 草图

6）划分领域组。点击进入“领域组 1”，对剃须刀上下两部分建立新领域。

① 先对剃毛器上部分划分领域，分别如图 6-23（a）及图 6-23（b）所示，然后点击合并领域。

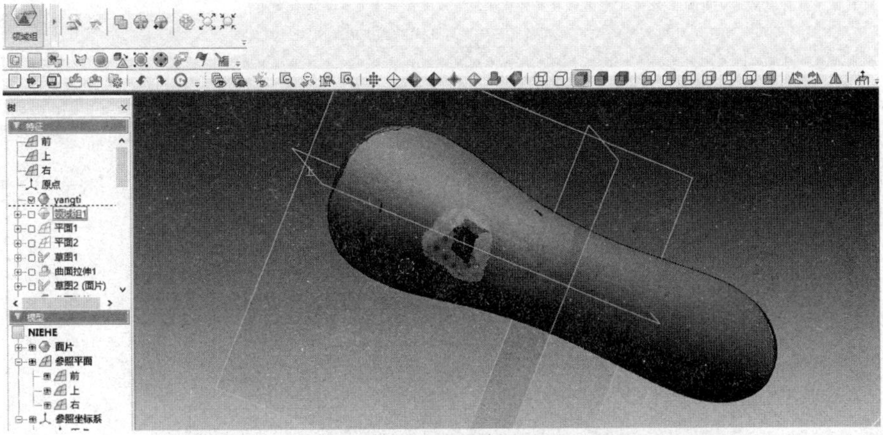

(a) 上部分领域 1

(b) 上部分领域 2

图 6-23　建立新领域

② 对剃毛器下部分划分领域，如图 6-24 所示。

7）面片拟合。

① 下部分面片拟合：点击，选中划分好的领域 1，如图 6-25 所示。

点击，进行面片拟合，如图 6-26 所示。

点击，选中划分好的领域 2，如图 6-27 所示。

点击，进行面片拟合，如图 6-28 所示。

② 上部分面片拟合：与下部分的拟合操作相同。

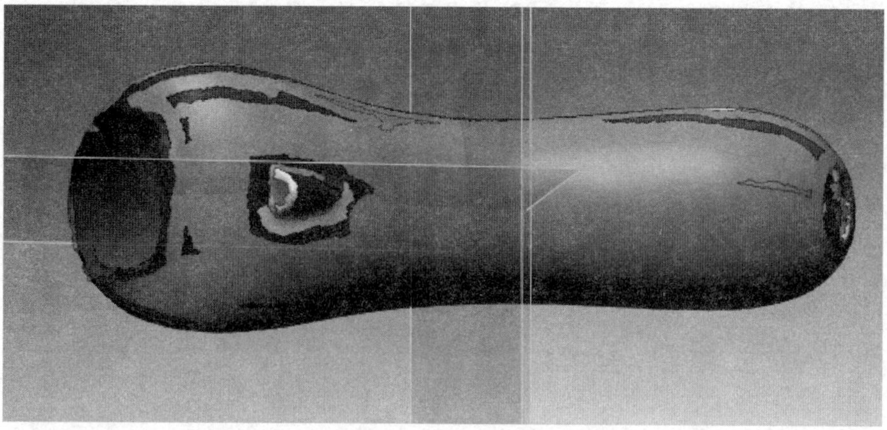

图 6-24　下部分领域

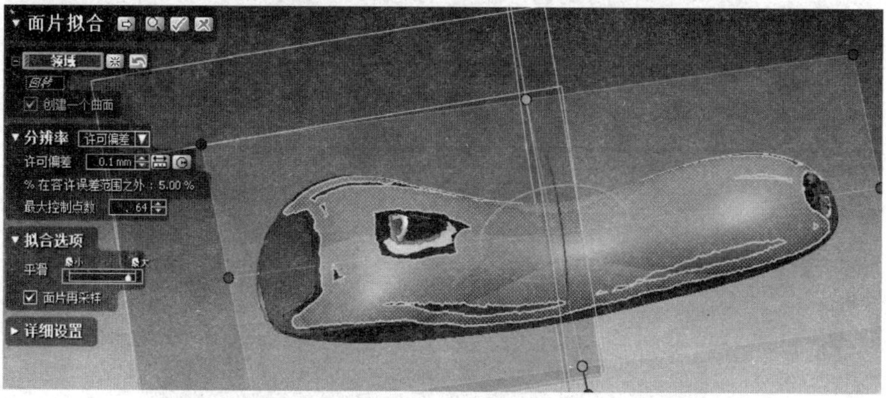

图 6-25　选择领域 1

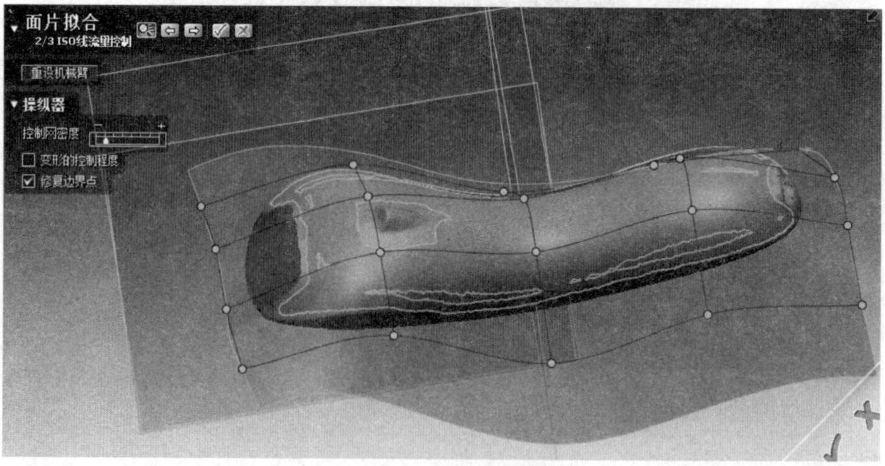

图 6-26　面片拟合 1

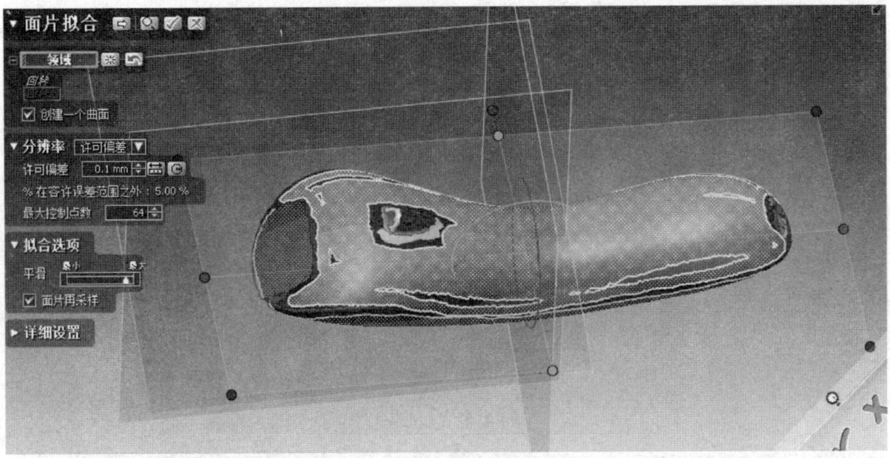

图 6-27 选择领域 2

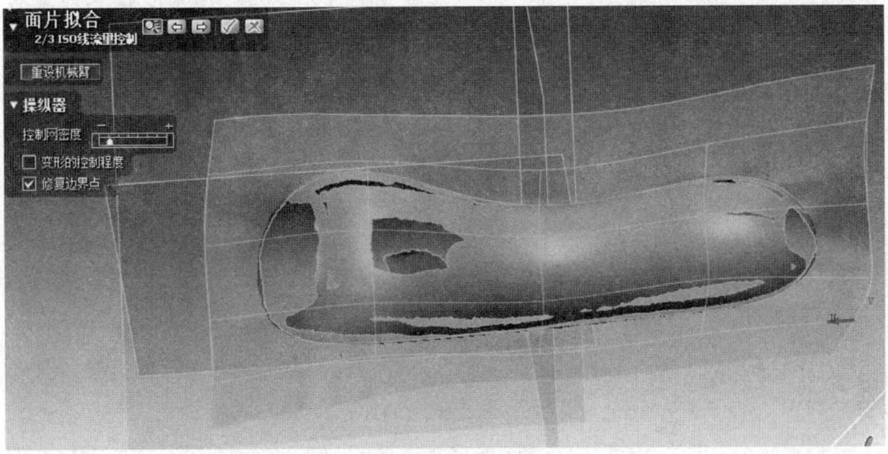

图 6-28 面片拟合 2

8）剪切。

① 点击 使用 绘制 3D 草图，如图 6-29 所示。

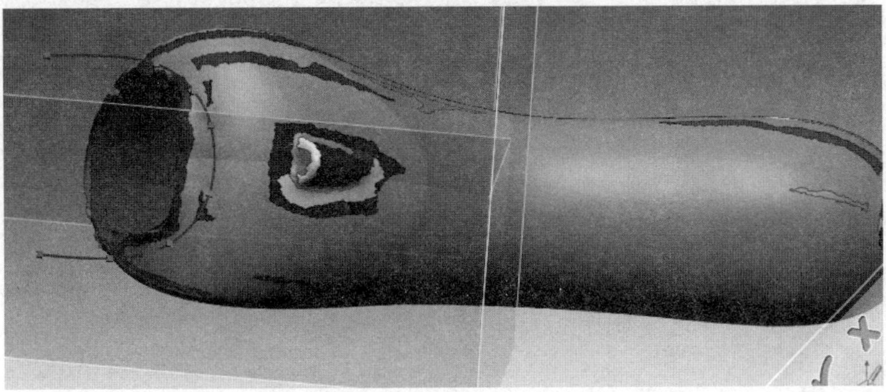

图 6-29 绘制 3D 草图

② 选择剪切工具要素，如图 6-30 所示。

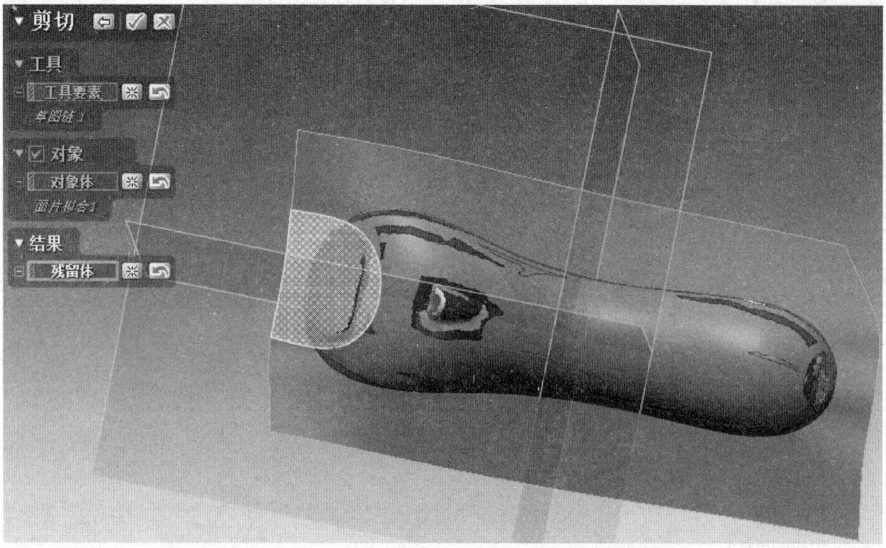

图 6-30 选择剪切工具要素

③ 选择剪切要素，如图 6-31 所示。

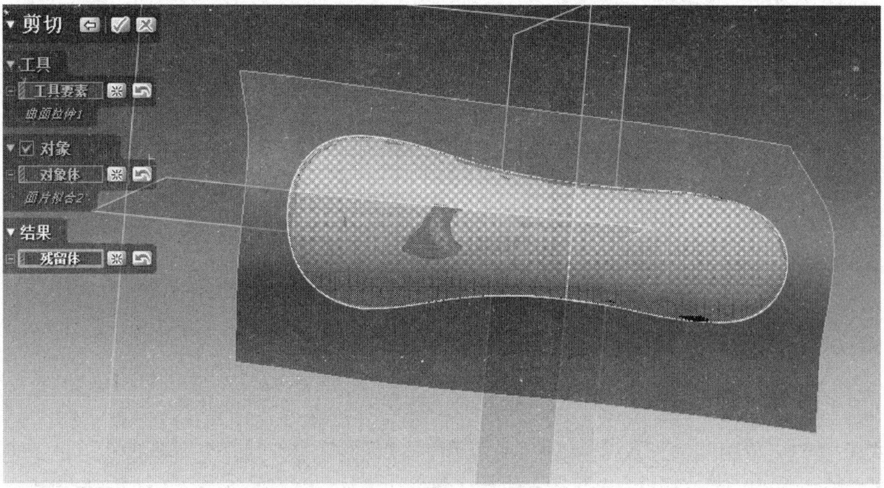

图 6-31 选择剪切要素

④ 剪切结果如图 6-32 所示。

⑤ 再次在腹面绘 3D 草图，如图 6-33 所示。

⑥ 再次在背面绘 3D 草图，如图 6-34 所示。

⑦ 选择剪切要素，如图 6-35 所示。

⑧ 剪切效果，如图 6-36 所示。

（5）剃毛器特征体建模

1）点击绘制 3D 面片草图，如图 6-37 所示。

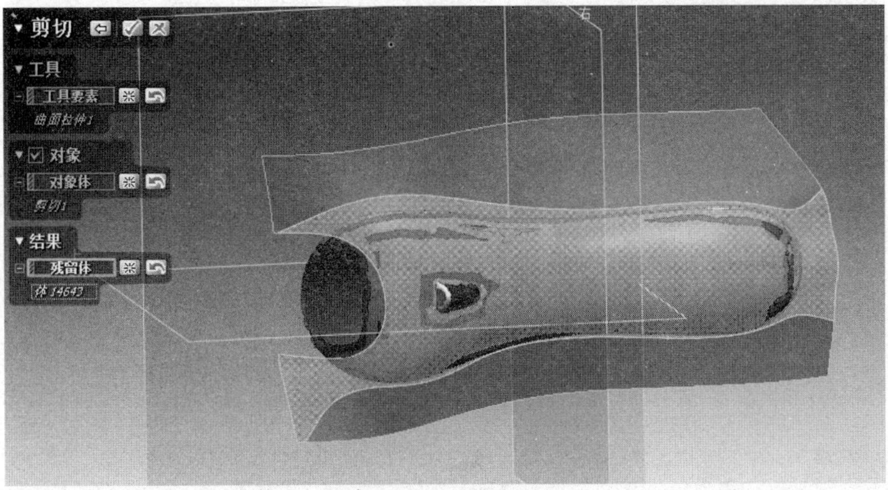

图 6-32　剪切结果

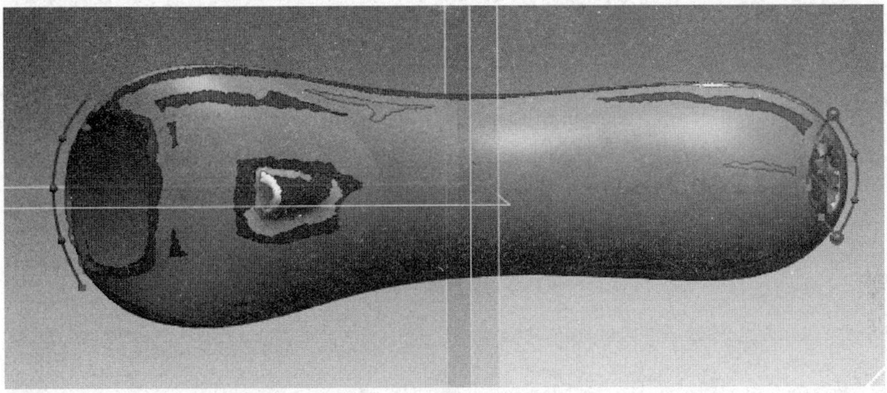

图 6-33　在腹面绘 3D 草图

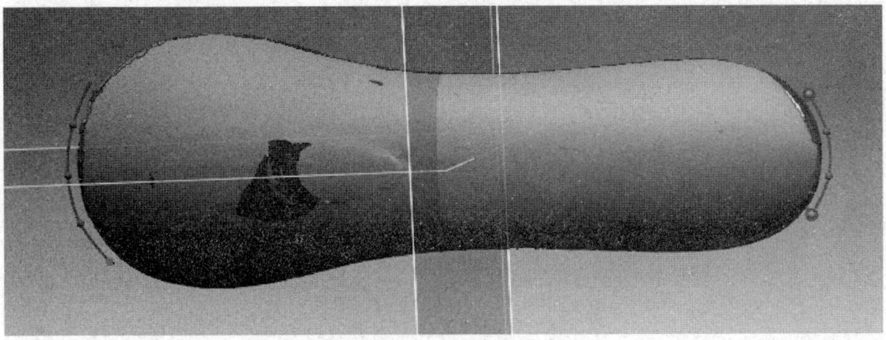

图 6-34　在背面绘 3D 草图

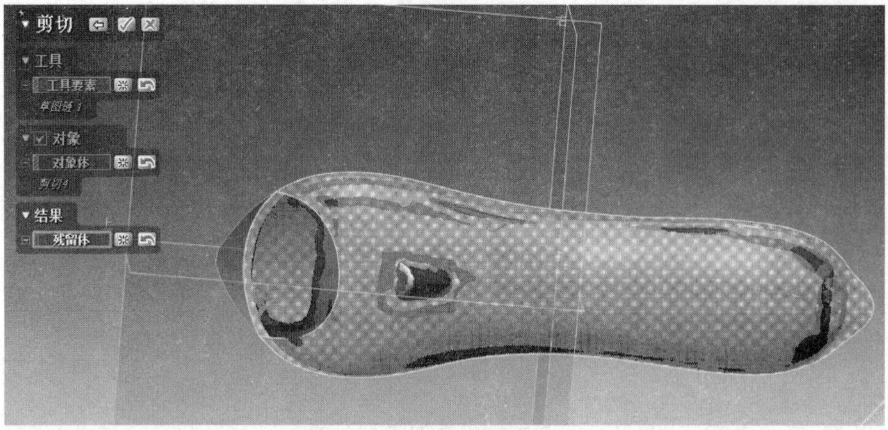

图 6-35 选择剪切要素

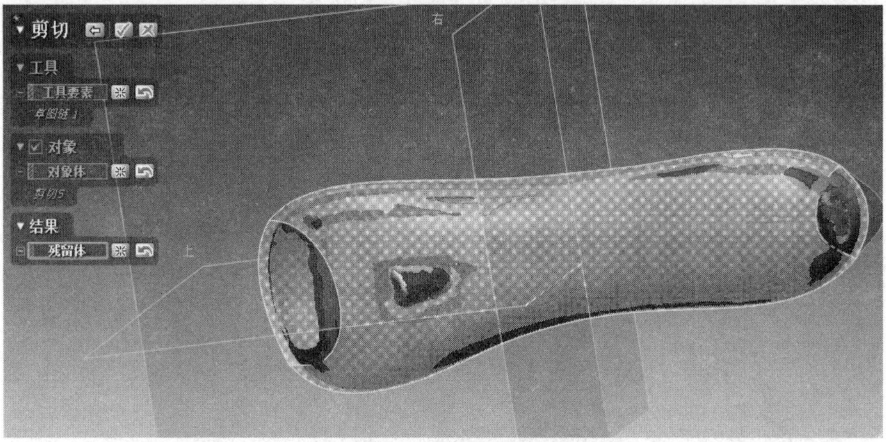

图 6-36 剪切效果

图 6-37 绘制 3D 面片草图

2）曲面放样。点击进行曲面放样，设置如图 6-38 所示。

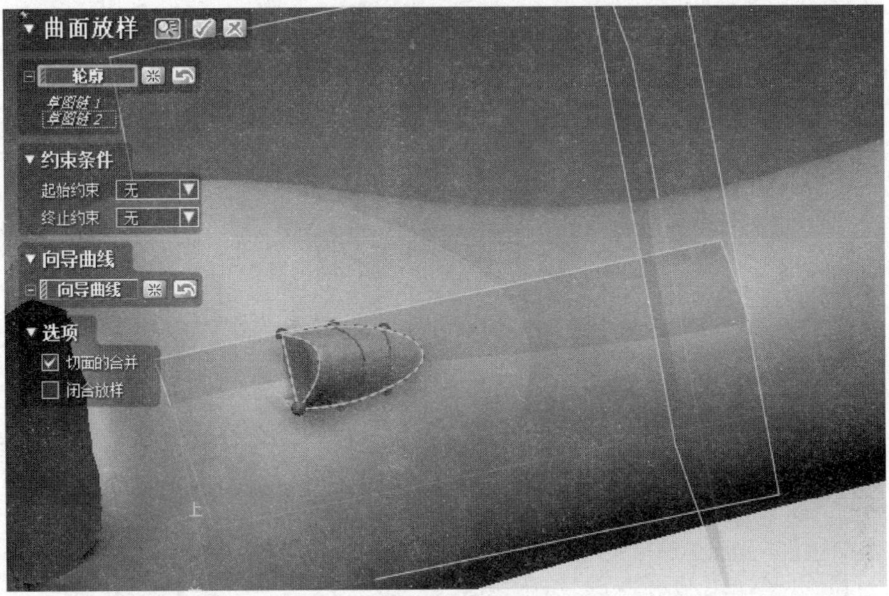

图 6-38　曲面放样

3）延长曲面。点击延长曲面，设置如图 6-39 所示。

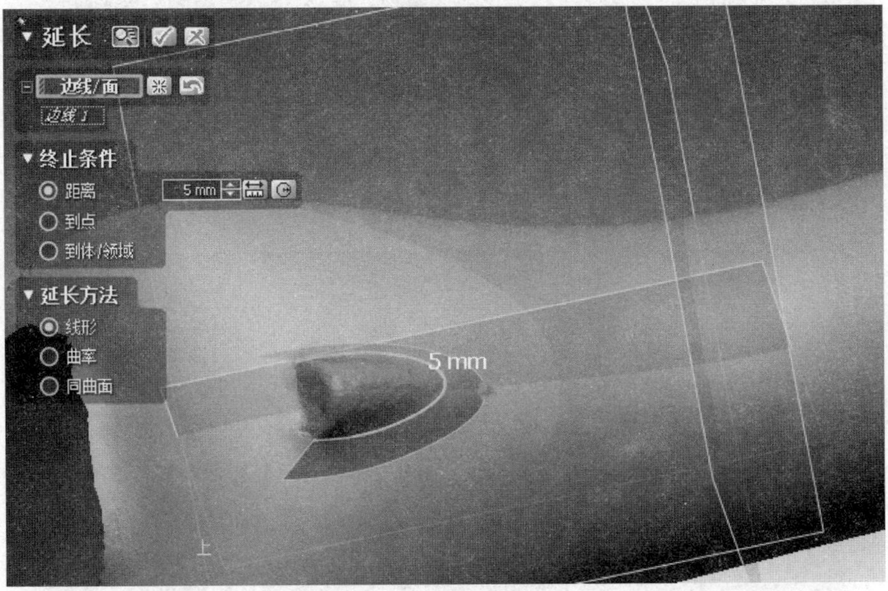

图 6-39　延长曲面

4）绘制 3D 草图。再次绘制 3D 草图，如图 6-40 所示。

5）曲面放样。点击进行曲面放样，设置如图 6-41（a）所示，效果如图 6-41（b）所示。

6）剪切，如图 6-42 所示。

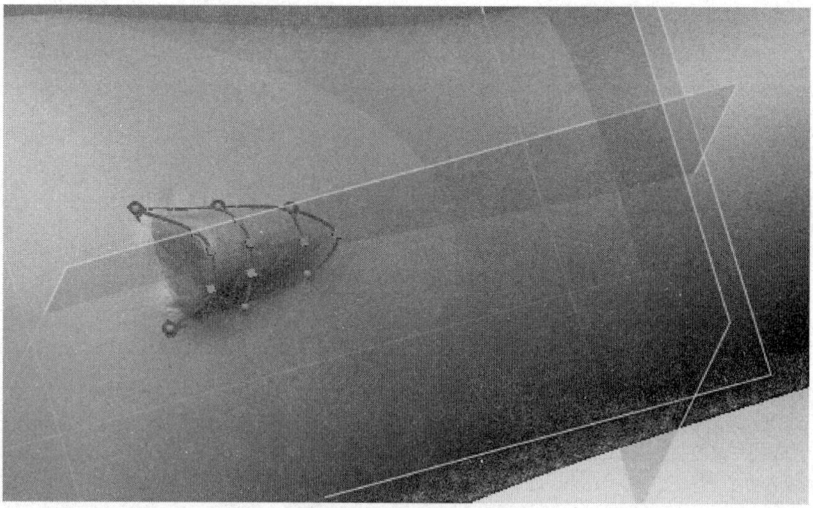

图 6-40 绘制 3D 草图

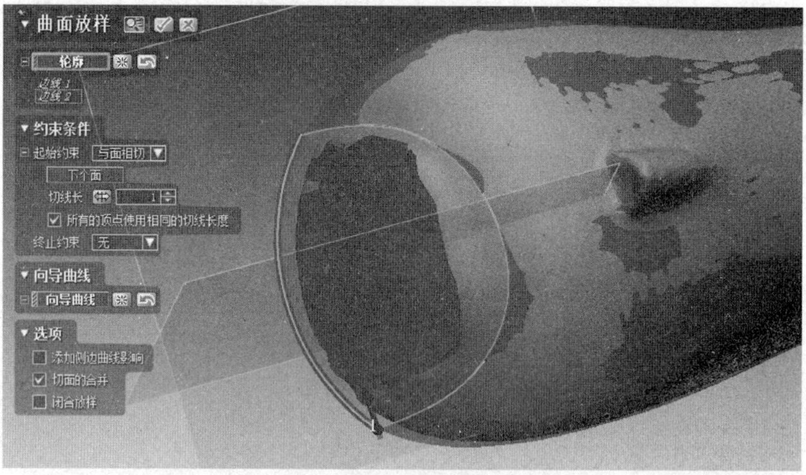

(a) 曲面放样设置

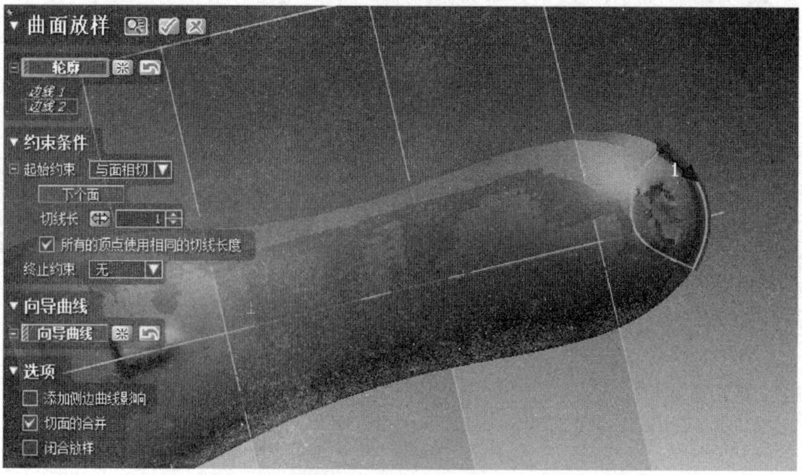

(b) 曲面放样效果

图 6-41 曲面放样

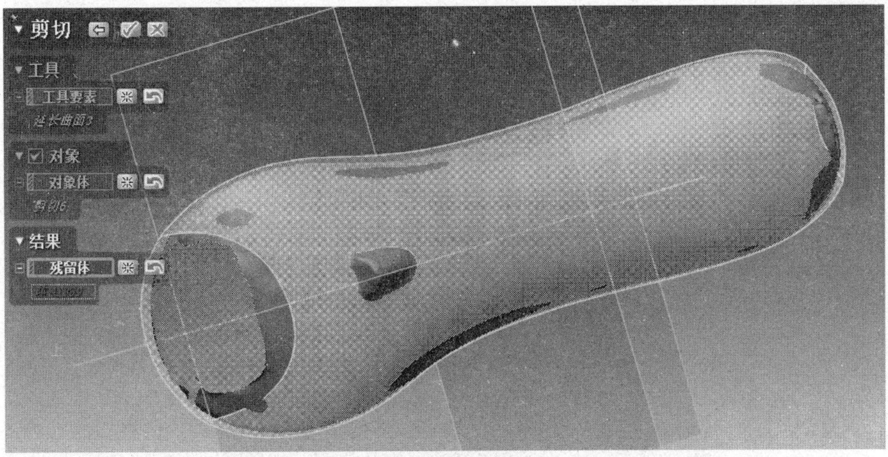

图 6-42　剪切

7）缝合曲面体，如图 6-43 所示。

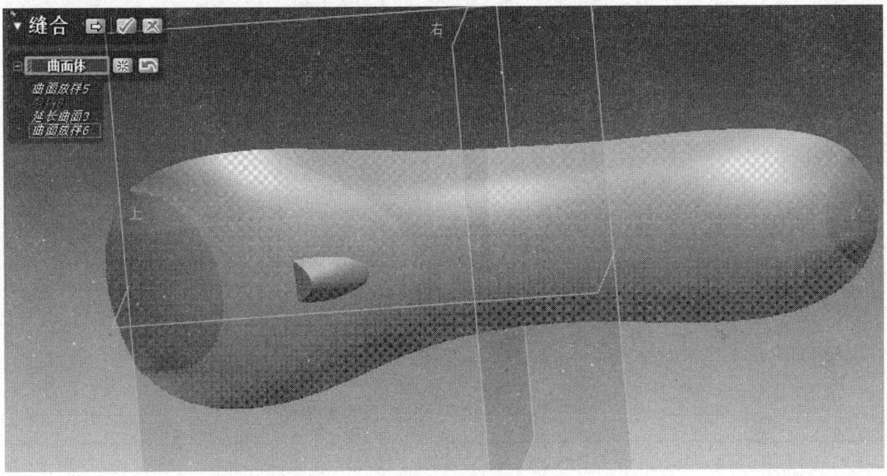

图 6-43　缝合曲面体

8）设置圆角。点击 设置圆角，如图 6-44 所示。

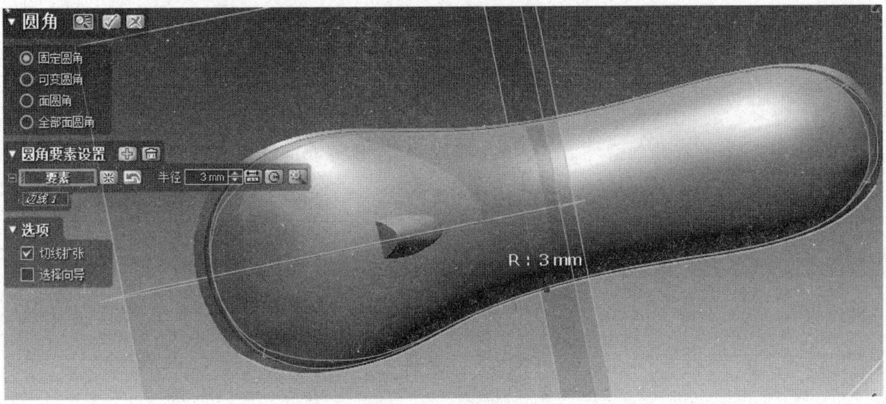

图 6-44　设置圆角

9）保存文件并输出。

点击【文件】→【输出】弹出对话框，选择剃毛器模型，输出为 stl 文件，如图 6-45 所示。

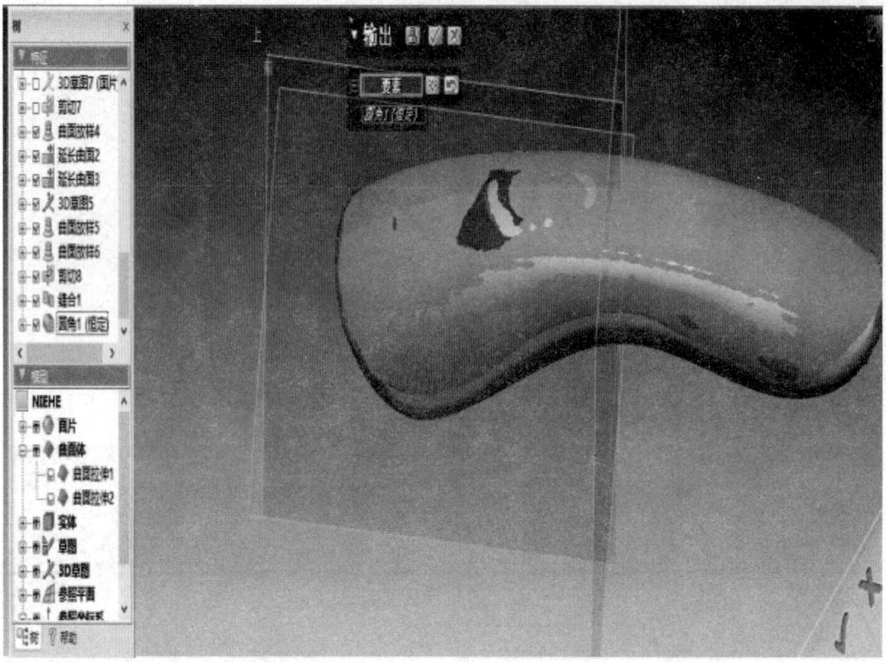

图 6-45　文件输出

（6）数控加工

1）确定加工方案，如表 6-1 所示。

表 6-1　　剃毛器主体模型加工工艺方案

工步	加工内容	操作类型	驱动方式	刀具选用刀号	切削用量（公制）	
					主轴转速 /(r/min)	进给 /(r/min)
1	粗加工背面	型腔铣	跟随工件形状	ϕ12 立铣刀 T1	1500	350
2	背面二粗	型腔铣	跟随工件形状	ϕ6 立铣刀 T2	2500	250
3	背面精加工	固定轴轮廓铣	流线型螺旋式	ϕ6 球头刀 T3	4000	100
4	粗加工腹面	型腔铣	跟随工件形状	ϕ12 立铣刀 T1	1500	350
5	腹面二粗	型腔铣	流线型螺旋式	ϕ6 球头刀 T3	2000	300
6	精加工腹面	固定轴轮廓铣	流线型螺旋式	ϕ2 球头刀 T4	4000	100
7	清根	固定轴轮廓铣	曲面性螺旋式	ϕ2 球头刀 T4	4000	100

2）启动 UG NX 程序后，首先选择主菜单【文件】→【新建】命令，或者单击【标准】工具栏中的【新建】图标，建立 NX 加工文件。

3）导入建模文件：点击【文件】→【导入】→【stl】，点击图标找到 fengzhuang. stl

文件，点击【ok】按下【确定】。选择【加工】命令，进入 UG CAM 加工环境。

4）在【导航器】工具条中单击【几何视图】按钮，在工作界面左侧单击 工序导航器 - 几何 ，双击坐标系 MCS MCS ，弹出【MILL Orient】对话框，创建加工坐标系（具体参见项目 4）。

5）创建毛坯几何体与工件几何体：在工作界面左侧单击 工序导航器 - 几何 ，单击坐标系 MCS MCS ，双击其下拉菜单 MCS WORKPIECE ，弹出【铣削几何体】对话框。单击指定部件，弹出【部件几何体】对话框，选择所建零件模型后单击【确定】。单击指定毛坯，弹出【毛坯几何体】对话框，选择所建毛坯模型后单击【确定】。最后在【铣削几何体】对话框中单击“确定”。

6）创建刀具。

① 创建一号刀：单击【创建刀具】，弹出【创建刀具】对话框。在【刀具子类型】选择立铣刀 MILL 后单击【确定】。弹出【铣刀参数】对话框，设置直径为“16”、刀具号为“1”。

② 创建二号刀：单击【创建刀具】，弹出【创建刀具】对话框。在【刀具子类型】选择立铣刀 MILL 后单击【确定】。弹出【铣刀参数】对话框，设置直径为“6”、刀具号为“2”。

③ 创建三号刀：单击【创建刀具】，弹出【创建刀具】对话框，在【刀具子类型】选择球头铣刀 BALL-MILL 后单击【确定】。弹出【铣刀参数】对话框，设置直径为“6”、刀具号为“3”。

④ 创建四号刀：单击【创建刀具】，弹出【创建刀具】对话框，在【刀具子类型】选择球头铣刀 BALL-MILL 后单击【确定】。弹出【铣刀参数】对话框，设置直径为“2”，刀具号为“4”。

7）创建工件背面型腔铣粗加工工序。

① 单击【创建工序】图标，弹出【创建工序】对话框→选择【类型】为【Mill_Contour】→选择【子类型】为【Cavity_Mill】（型腔铣）→选择【程序】项为【NC_PROGAM】→选择【使用几何体】为【WORKPIECE】→选择【使用刀具】为【D16】→选择【使用方法】为【MILL_ROUGH】→在【名称】文本框中取默认值【CAVITY_MILL】→单击【确定】。

② 在型腔铣削【CAVITY_MILL】对话框中，选择【切削方式】项下拉菜单中 跟随周边 走刀；选择【步进】项为【刀具直径】，【百分比】为“60”；设置参数如图 6-46 所示。

③ 切削层设置：单击【切削层】，出现【切削层】对话框，如图 6-47（a）所示。在其中设置参数，然后单击确定按钮退出对话框，结果如图 6-47（b）所示。

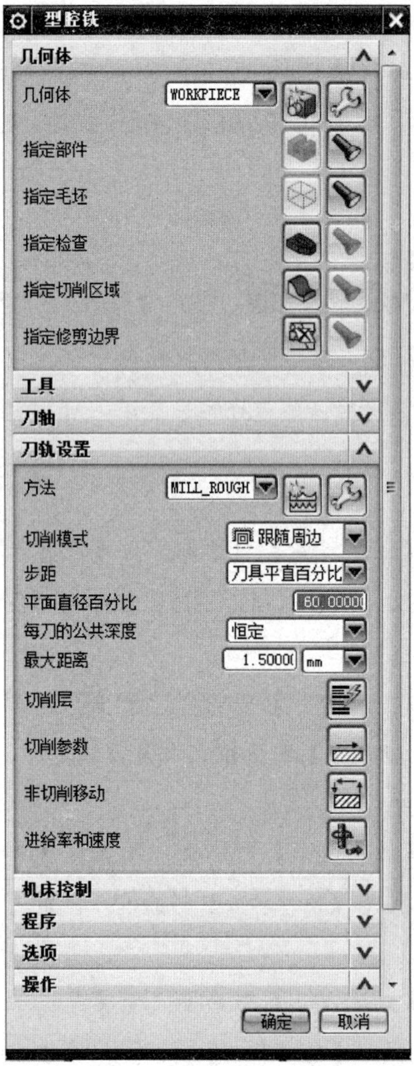

图 6-46 型腔铣参数设置

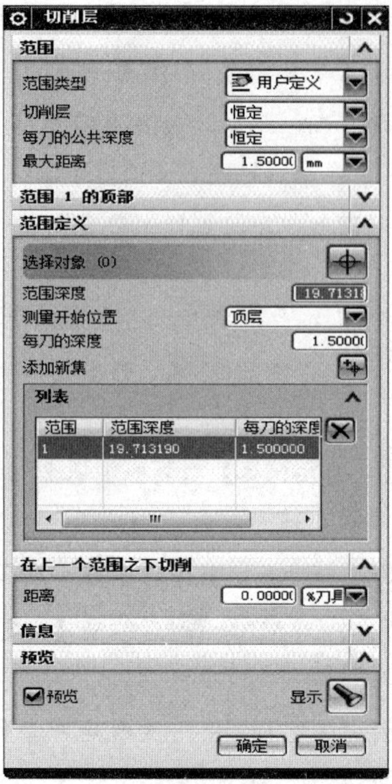

(a) 切削层参数设置

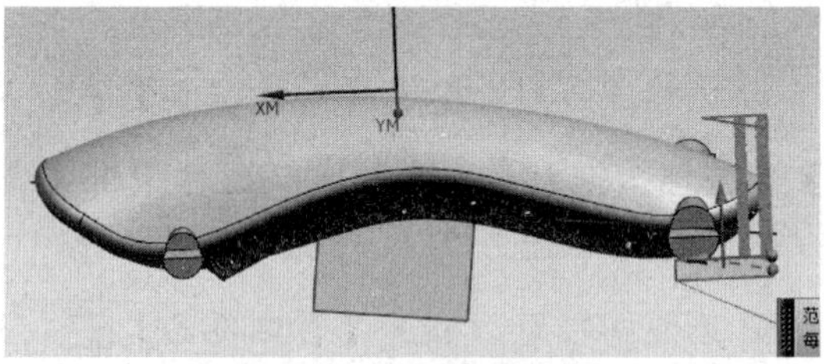

(b) 切削层设置效果

图 6-47 切削层设置

④ 切削策略设置：单击对话框中的【切削参数】，弹出【切削参数】对话框，在【策略】中将【切削顺序】设置为【层优先】，将切削方向设置为【逆铣切削】，在【余量】中将部件余量设置为“0.5mm”。

⑤ 进给参数设置：单击对话框中的【进给率和速度】，弹出【进给率和速度】对话框，在其中设置参数，然后单击【确定】按钮退出。

⑥ 刀轴设置：单击对话框中的【刀轴】，在【轴】下拉菜单中选择【+ZM】。

⑦ 生成刀轨：在型腔铣削【CAVITY_MILL】对话框中单击【生成】，生成刀具路径，如图 6-48 所示。

8）创建工件背面二粗加工工序。

① 单击【创建工序】图标，弹出【创建工序】对话框→选择【类型】为【Mill_

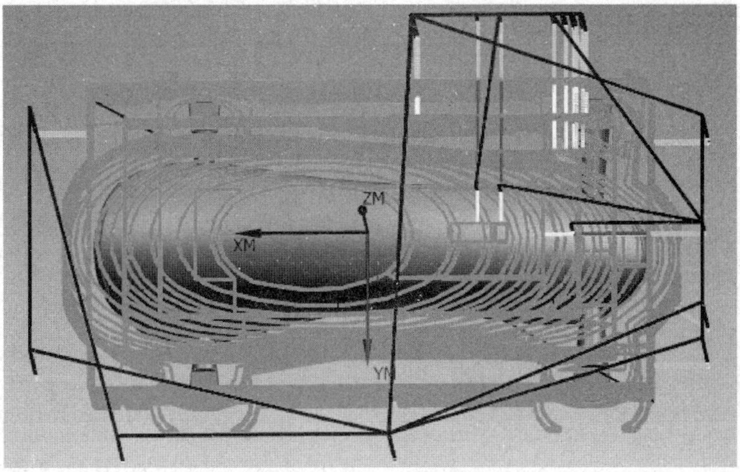

图 6-48　生成刀路

Contour】→选择【子类型】为【REST_MILLING】(剩余铣)→选择【程序】项为【NC_PROGAM】→选择【使用几何体】为【WORKPIECE】→选择【使用刀具】为【D6】→选择【使用方法】为 MILL_ROUGH→在【名称】文本框中取默认值【REST_MILLING】→单击【确定】按钮。

②在剩余铣削【CAVITY_MILL】对话框中，选择【切削方式】项下拉菜单中 跟随周边 跟随周边走刀，选择【步进】项为【刀具直径】,【百分比】为“60”，即设置步进量为刀具直径的 60%；【每刀的全局深度】的值为 0.5。

③ 切削层参数同上设置。

④ 单击对话框中的【进给率和速度】，弹出【进给率和速度】对话框，在其中设置参数，然后单击【确定】按钮退出对话框。

⑤ 在【CAVITY_MILL】对话框中单击【生成】，生成刀具路径，如图 6-49 所示。

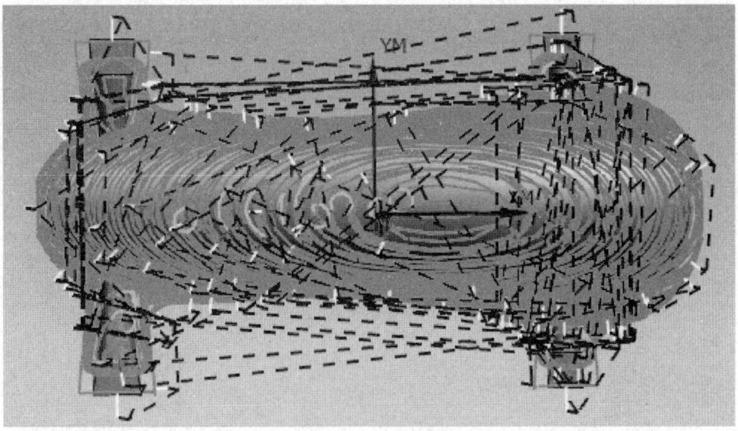

图 6-49　生成刀路

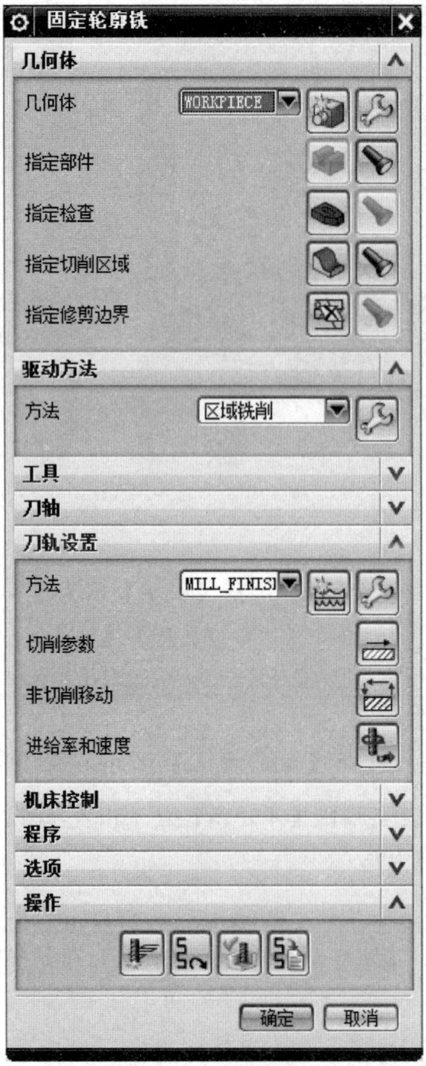

图 6-50 固定轮廓铣参数设置

9）创建工件背面精加工工序。

① 单击【创建工序】图标→弹出【创建工序】对话框→选择【类型】为【Mill_Contour】，选择【子类型】为“固定轮廓铣”→选择【程序】项为【NC_PROGRAM】→选择【使用几何体】为【WORKPIECE】→选择【使用刀具】为【B6】→选择【使用方法】为【MILL_FINISH】→在【名称】文本框中取默认值【FIXED_CONTOUR】→单击【确定】按钮。

② 在弹出的【固定轮廓铣】对话框中选择驱动方式为“区域铣削”，如图 6-50 所示。

③ 单击上述对话框中的【进给率和速度】，弹出【进给率和速度】对话框，在其中设置参数，然后单击【确定】按钮退出对话框。

④ 在固定轮廓铣削【CAVITY_MILL】对话框中单击【生成】，生成刀具路径，如图 6-51 所示。

10）创建工件腹面模型的加工编程节点（翻面装夹后需重新定义编程节点）。

① 在【导航器】工具条中单击【几何视图】按钮，在工作界面左侧单击 工序导航器 - 几何，双击坐标系 MCS ，弹出【MCS 铣削】对话框。

② 在【MCS 铣削】对话框单击，弹出【CSYS】对话框，单击其下拉菜单中【绝对 CSYS】，后单击【确定】。

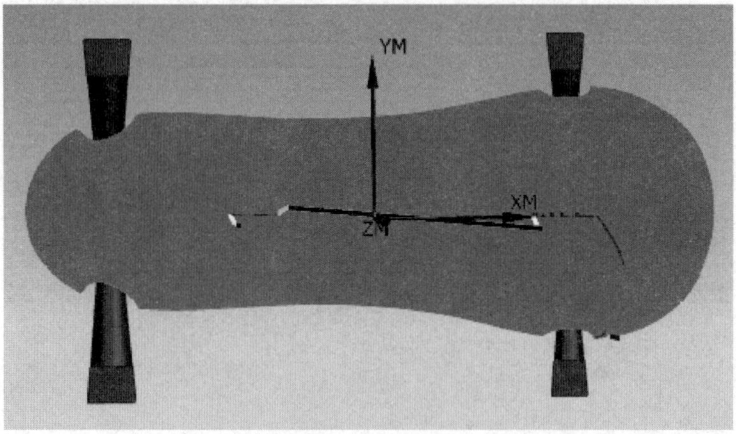

图 6-51 背面精加工刀路

③ 在工作界面左侧单击 工序导航器 - 几何，单击坐标系 MCS MCS，双击其下拉菜单 WORKPIECE_COPY，弹出工件对话框，单击指定部件，选择所建零件模型后【确定】，最后在铣削几何体对话框中单击【确定】。

11）创建腹面粗加工工序。

① 单击【创建工序】图标→弹出【创建工序】对话框→选择【类型】为【Mill_Contour】→选择【子类型】为【Cavity_Mill】（型腔铣）→选择【程序】项为【NC_PROGAM】→选择【使用几何体】为【WORKPIECE】→选择【使用刀具】为【D16】→选择【使用方法】为MILL_ROUGH→在【名称】文本框中取值CAVITY_MILL1→单击【确定】按钮。

② 在型腔铣削【CAVITY_MILL】对话框中，选择【切削方式】项下拉菜单中 跟随周边 走刀；选择【步进】项为【刀具直径】，【百分比】为60。

③ 切削层设置：单击【切削层】，出现【切削层】对话框，如图6-52（a）所示。在其中设置参数，然后单击【确定】退出对话框，结果如图6-52（b）所示。

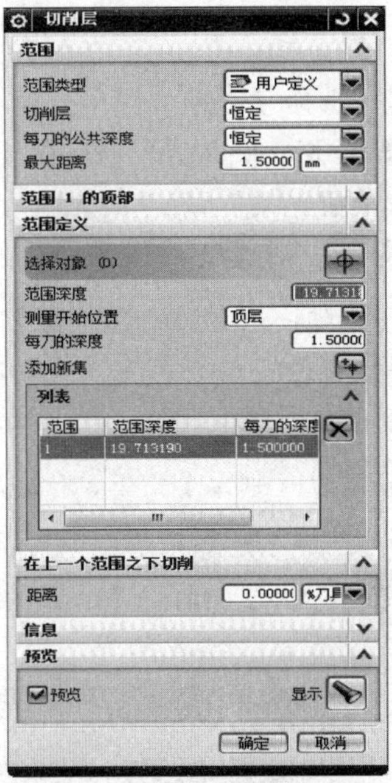

(a) 切削层参数设置

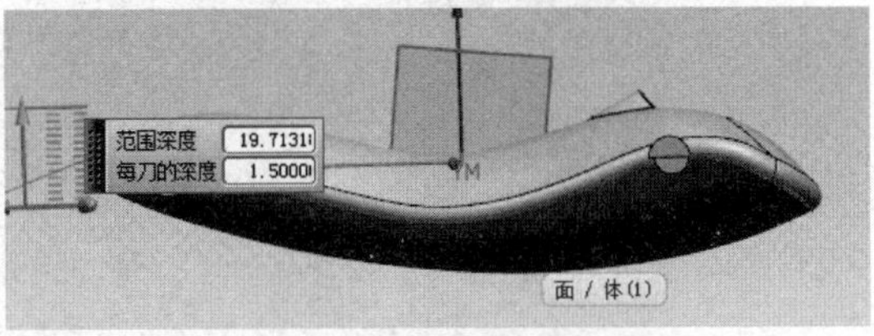

(b) 切削层设置效果

图6-52　切削层设置

④ 切削策略设置：单击对话框中的【切削参数】按钮，弹出【切削参数】对话框，在【策略】中将【切削顺序】设置为【层优先】，将切削方向设置为【逆铣切削】，在【余量】中将部件余量设置为“0.5mm”。

⑤ 进给参数设置：单击对话框中的【进给率和速度】，弹出【进给率和速度】对话框，在其中设置参数，然后单击【确定】按钮退出。

⑥ 刀轴设置：单击对话框中的【刀轴】，在【轴】下拉菜单中选择【+ZM】。

⑦ 生成刀轨：在型腔铣削【CAVITY_MILL】对话框中单击【生成】，生成刀具路径，如图6-53所示。

12）创建工件腹面二粗加工工序。

① 单击【创建工序】图标→弹出【创建工序】对话框→选择【类型】为【Mill_Contour】→选择【子类型】为【REST_MILLING】（剩余铣）→选择【程序】项为【NC_

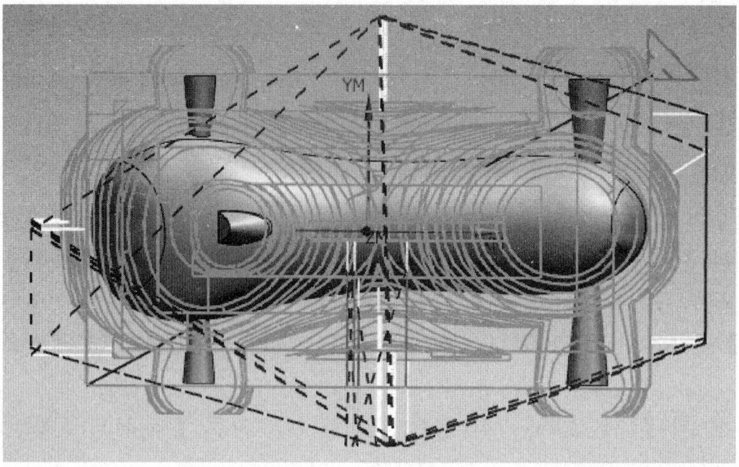

图 6-53 生成刀路

PROGAM】→选择【使用几何体】为【WORKPIECE】→选择【使用刀具】为 T3→选择【使用方法】为 MILL_ROUGH→在【名称】文本框中取默认值【REST_MILLING】→单击【确定】按钮。

② 在剩余铣削【CAVITY_MILL】对话框中，选择【切削方式】项下拉菜单中 跟随周边 跟随周边走刀，选择【步进】项为【刀具直径】，【百分比】为“60”，即设置步进量为刀具直径的 60%；输入【每刀的全局深度】的值为“0.5mm”。

③ 切削层参数同上设置。

④ 单击对话框中的【进给率和速度】，弹出【进给率和速度】对话框，在其中设置参数，然后单击确定按钮退出对话框。

⑤ 在【CAVITY_MILL】对话框中单击【生成】，生成刀具路径，如图 6-54 所示。

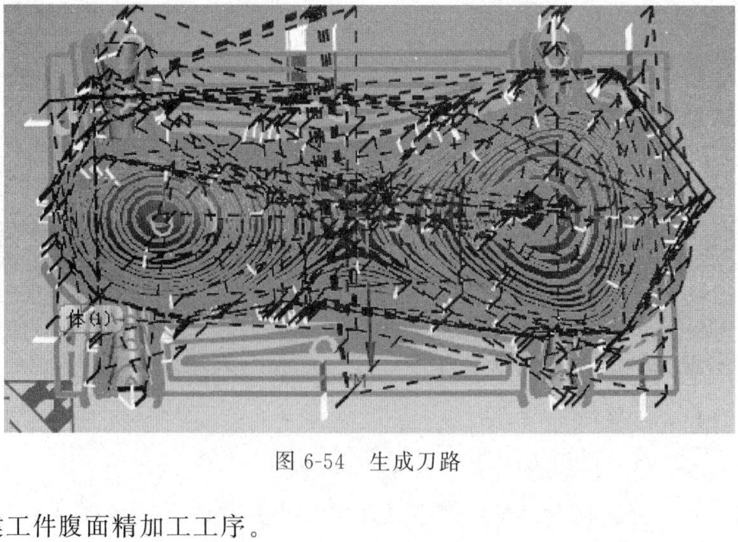

图 6-54 生成刀路

13）创建工件腹面精加工工序。

① 单击【创建工序】图标→弹出【创建工序】对话框→选择【类型】为【Mill_

Contour】→选择【子类型】为“固定轮廓铣”→选择【程序】项为【NC_PROGRAM】→选择【使用几何体】为【WORKPIECE】→选择【使用刀具】为T4→选择【使用方法】为【MILL_FINISH】→在【名称】文本框中取默认值【FIXED_CONTOUR】→单击【确定】按钮。

② 在弹出的固定轴轮廓铣对话框中选择驱动方式为“区域铣削”。

③ 单击上述对话框中的【进给率和速度】，弹出【进给率和速度】对话框，在其中设置参数，然后单击【确定】按钮退出对话框。

④ 在固定轮廓铣削【CAVITY_MILL】对话框中单击【生成】，生成刀具路径，如图6-55所示。

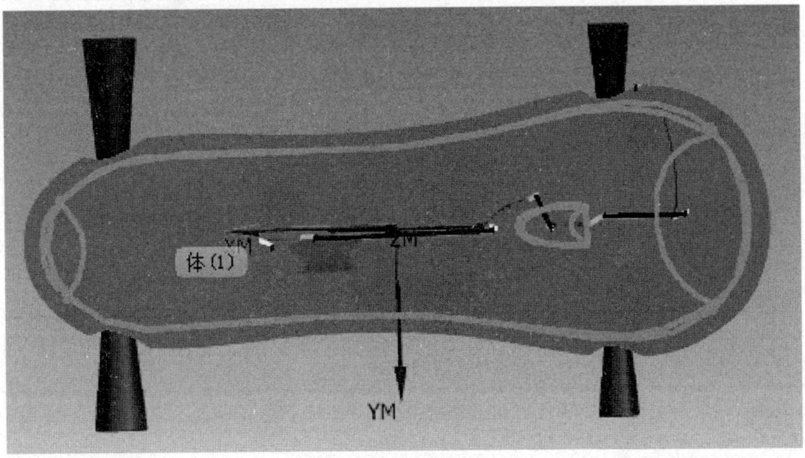

图6-55　腹面精加工刀路

14）创建工件清根加工工序。

其操作步骤与“固定轴轮廓铣”精加工基本类似，仅需将【驱动方式】更改为“清根加工”，在此不再赘述。

【项目总结】

本项目通过对典型曲面零件剃毛器的失效复杂表面进行数据采集及处理，逆向建模，形成三维数字化修复模型，基于此模型进行了数控加工编程。其关键技能点如下。

1. 对离散的初始图元数据进行处理，重点要掌握着色、去孤点、降噪、填孔等手段。

2. 逆向构建数字模型时要能熟练运用绘制草图、面片草图、3D草图、曲面拉伸、划分领域、面片拟合、延长与剪切、曲面放样、缝合等工艺手段来进行面片处理。

3. 数控编程时要注意工艺方案的拟定有时要根据具体零件进行工艺搭支或工艺凸台和工艺孔的设计。

【项目作业与技能考评】

完成如图6-56所示鼠标的逆向建模与数控加工，并按实用性、美观性等要求进行人性化的局部优化设计。其技能考评要求如表6-2所示。

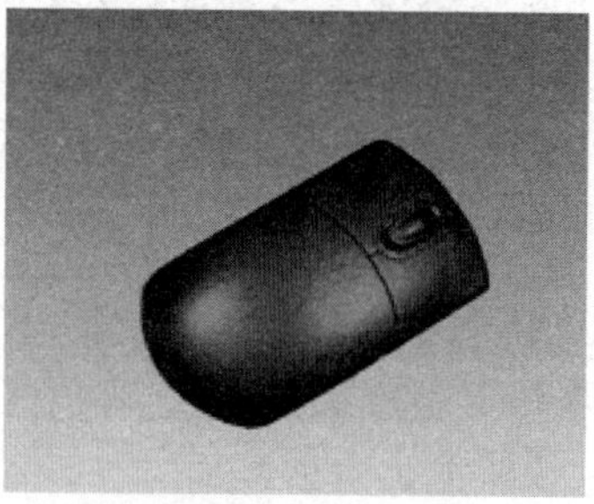

图 6-56 鼠标

表 6-2 鼠标逆向建模与制造技能考评表

序次	主要内容	关键能力与技术检测点	检测结果	评分
1	完成三维数据采集与数据处理并建模	思维能力 接受新事物能力 数据采集操作能力 数据处理能力 建模技能等		
2	数控加工编程设计	编程能力 模拟分析能力 工艺制作能力		
3	局部创新设计	创新能力 思维能力		

项目7 CHAPTER 7 瓶盖注塑模具型腔逆向建模与再制造

【项目导读】

（1）项目内容

本项目主要对部分曲面失效的瓶盖模具型腔进行扫描得到点云数据，对点云数据进行一系列处理，使点云数据得到优化，运用 Geomagic Design X 对点云数据进行逆向建模，然后将数字模型导入 UG NX 进行编程，最后使用 FANUC 的数控铣床进行加工验证，完成瓶盖注塑模具型腔逆向修复。

（2）学习目标

逆向技术在重要零件中的复原修复应用；模具型腔失效表面的复原修复；现代 3D 扫描技术；Geomagic Design X 逆向数字建模技术；数控加工工艺分析技术；UG NX 曲面优化技术；UG NX 数控加工编程设计技术。

（3）知识目标

逆向技术在复原修复中的应用基本知识；3D 扫描技术的基本知识；Geomagic Design X 的基本操作；NX 的基本操作；NX 曲面造型与数控编程的基本操作。

（4）能力目标

掌握逆向技术在工程应用中的基本思路；能根据具体制件拟好较优的扫描方案；能在合适的位置贴好标志点，并结合垫块、转盘、橡皮泥等工具选择合适的角度进行数据采集；掌握 Geomagic Wrap 软件数据处理中的降噪、去除孤点、去除重叠、填充孔、去除特征、松弛、网格医生、精简等工具的操作技能；掌握 Geomagic Design X 进行逆向数字建模的基本操作技能和 UG NX 曲面建模与优化的技能；掌握 UG NX 数控编程技能。

（5）素质目标

动手能力；分组协作能力；项目拟定与细化技能；完整、精确地分析数据；认真仔细的工作与学习态度；对新知识、新技能保持有良好的敏感性；较好的创新意识与创新能力。

【知识链接】

1. 逆向技术在曲面修复中的应用简况

随着计算机辅助技术、测量技术、材料技术及先进制造技术的快速发展，逆向工程在失效零件修复中的应用已日益引人注目，在机械工程、模具修复等各方面均有优秀表现。

逆向工程技术可以使产品数字化，迅速采集失效零件部位的特征信息，并对失效部位进行曲面重构，对失效零件进行精确修复，极大提高了企业技术水平和在多变的市场环境下的竞争能力。

本项目通过对产品的失效复杂表面进行数据采集及处理，通过逆向建模，形成三维数字化修复模型，再基于此模型进行加工验证，其结果可以为曲面修复实现高质、高效、低成本提供指导意义。

2. 逆向工程应用于曲面修复的关键技术

逆向工程技术，结合数字建模技术，为复杂曲面零件表面失效进行精确修复带来了一种新的有效的修复手段，其关键技术如下：

- 失效表面数据采集技术。
- 数据分析与处理技术。
- 缺损部位 3D 数字化模型重构技术。
- 修复工艺。
- 基于修复加工 CAM 程序编制技术等。

【项目实施】

任务　瓶盖注塑模具型腔逆向建模与修复制造

1. 任务导入

如图 7-1 所示，某盖壳注塑模具型腔经长时间的工作或闲置后表面已失效，成型的塑件表面质量已达不到要求，型腔需修复。通过逆向建模来获得型腔的原始技术数据。

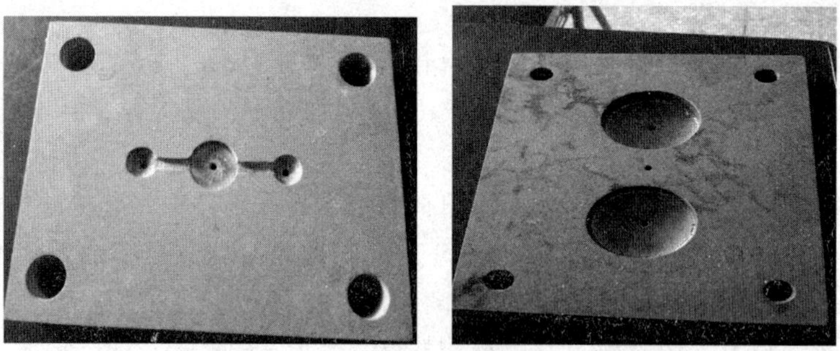

(a) 正面　　(b) 反面

图 7-1　需修复的模具型腔原型

2. 任务分析

要还原并获取型腔受损表面技术参数等生产信息，3D 逆向扫描是基础，在此以非接触式数据采集方法，利用 Win3DD 三维扫描设备获取原始数据；然后通过专用软件进行优化处理甄别扫描数据误差，得到较精确的片层。在此运用 Geomagic Wrap 专用软件，通过去除杂点、孤点、除噪、光滑等处理好后，封装得到型腔片层网格模型；再通过 Geomagic Design X 进行逆向数字建模，重构 3D 数字修复模型。最后通过 UG NX 软件进行数控加工编程设计。

3. 工作步骤

（1）数据采集

1）三维扫描设备调试。（具体操作步骤参见项目1）

2）喷显像剂。在室外开阔的地方，在顺风的位置对瓶盖型腔板模型四周进行均匀着色。

3）贴标记点。待模型表面显像剂干燥后进行标记点的标识。贴标记点的时候一定要保证每一次扫描采集至少能识别到4个以上的标记点，公共面的采集必须保证有不少于4个的公共标记点，以保证数据采集的完整度。

4）瓶盖型腔板数据采集。前面准备就绪后，将工件放在视场中央，用橡皮泥固定，以防止扫描过程中出现滑动和偏移，从而保证数据轮廓的完整度。左右相机拍摄场景会实时显示拍摄的图像，调整工件的位置使相机同时看到尽可能多的部分。根据需要调整两个相机的亮度。

① 点击“预投十字中心线”图标，相机拍摄窗口会显示黄色中心线，同时光栅发射器投射黑色中心线到工件表面。调整三脚架高度，直到相机窗口中黄色中心线和工件上黑色中心线重合为止。这是相机拍摄的最佳高度。

② 关闭中心线，点击“拍摄”，开始扫描，计算过程会有进度条显示计算进度。

③ 扫描完成后，会弹出结果显示窗口，显示扫描的结果。

5）数据结果导出。扫描完数据后，可以将结果导出为asc或ply等其他三维设计软件兼容的格式，勾选在导出数据时的处理方式后，点击确定，系统会弹出对话框，输入文件名，选择保存目录和保存格式后点击“保存”，即可导出三维数据。

6）瓶盖型腔板模型数据源获取结束后，采用专用清洁剂将其清理干净后进行器材归位。

（2）点云处理

1）打开文件。启动Geomagic Wrap（或Studio）软件，选择菜单【文件】→【打开】命令，系统弹出“打开文件”对话框，查找数据文件并打开txt格式文件，在工作区显示载体，如图7-2所示。

图7-2 初始数据文件

2）点着色。为了更加清晰、方便地观察点云的形状，将点云进行着色。选择菜单栏【点】→【着色点】，着色后的视图如图 7-3 所示。

图 7-3 着色显示

3）断开组件连接。选择菜单栏【点】→【选择】→【断开组件连接】，在管理器面板中弹出“选择非连接项”对话框。在分隔的下拉菜单中选择“低”分隔方式，这样系统会选择在拐角处离主点云很近但不属于它们一部分的点。“尺寸”按默认值“5.0”，点击上方的“确认”按钮。点云中的非连接项被选中，并呈现红色，如图 7-4 所示，按下 Delete 键。

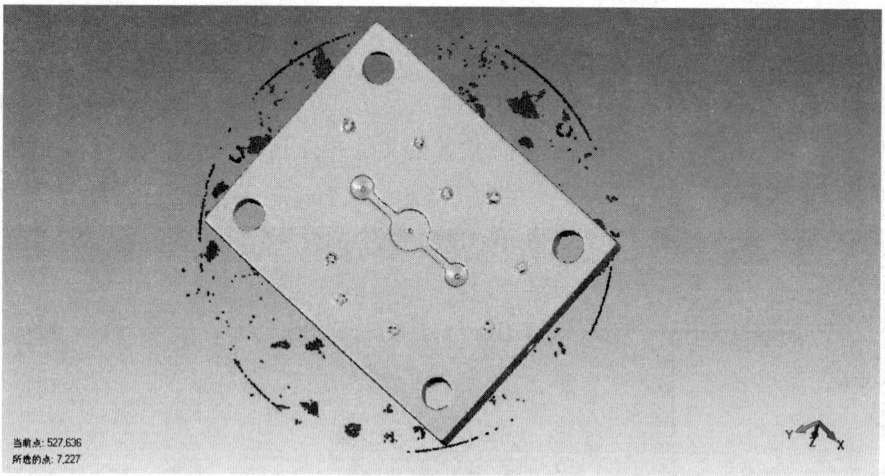

图 7-4 断开组件连接

4）体外孤点。选择菜单【点】→【选择】→【体外孤点】，在管理面板中弹出“选择体外孤点”对话框，设置“敏感性”的值为“50”，也可以通过单击右侧的两个三角号增加或减少“敏感性”的值，单击【确定】按钮。此时体外孤点被选中，呈现红色。对于选择不上的部分，使用套索手动选择。然后选择菜单【点】→【删除】或按 Delete 键来删除所选中的点和部分来去除体外孤点。去除后的结果如图 7-5 所示。

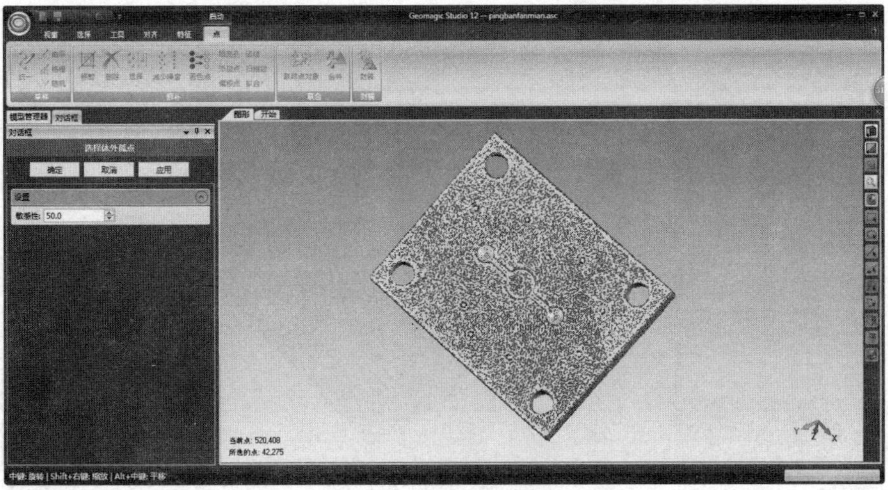

图 7-5　去除体外孤点

5）手动注册。选择菜单【点】→【对齐】→【手动对齐】，在对话框“模式”选择“n 点注册”，分别在相应的图形框中选择上下拼接图。将两拼接图对齐放正，并在相互对应的位置上选择一定数量的拼接点，点击【确定】完成图形的拼接，如图 7-6 所示。

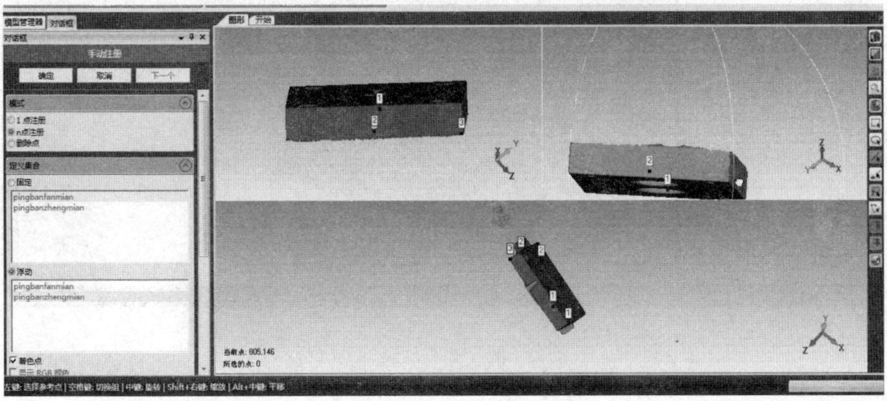

图 7-6　手动注册

6）减少噪声。选择菜单【点】→【减少噪声】，在管理器模块中弹出“减少噪声”对话框。选择“棱柱形（积极）”，“平滑度水平”滑标设置在第二个挡上。“迭代”为“5”，“偏差限制”为“0.2mm”。单击应用按钮，退出对话框，如图 7-7 所示。

7）封装。选择菜单【点】→【封装】，系统会弹出【封装】对话框，该命令将围绕点云进行封装运算，使点云数据转化为多边形模型，如图 7-8 所示。

8）网格医生。封装后的文件需要进行处理，选择菜单栏【网格医生】，默认系统设置，点击运用后确定，如图 7-9 所示。

9）保存文件。最后点击左上角保存图标，保存文件为 stl 格式，如图 7-10 所示。

（3）逆向建模

1）打开 Geomagic Design X 软件，点击 导入点云处理后的文件。

图 7-7 降噪

图 7-8 封装

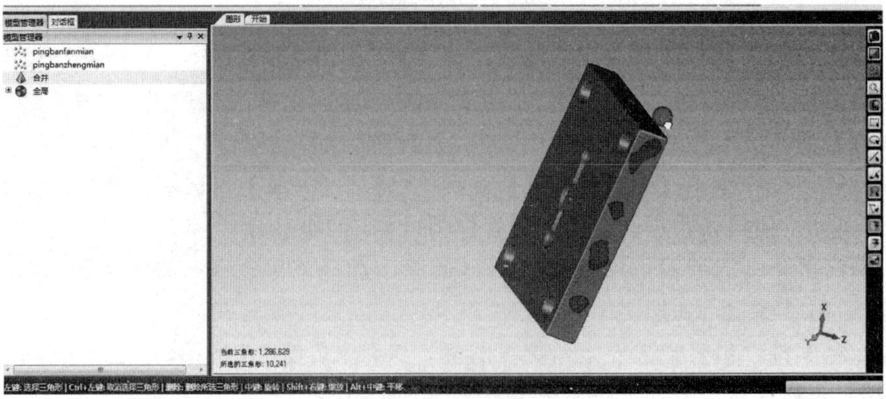

图 7-9 网格医生处理

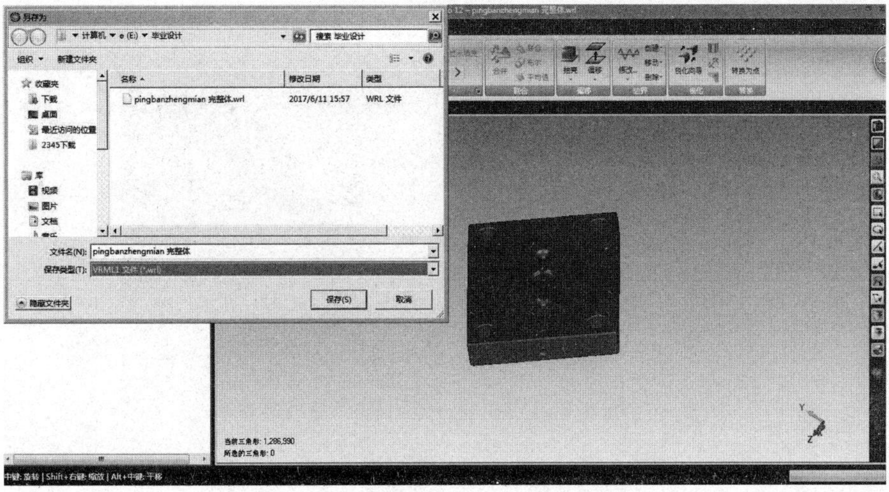

图 7-10　保存为 stl 格式文件

2）点击图标追加参照平面，选择绘制直线的方式，手动追加参照平面 1，如图 7-11 所示。

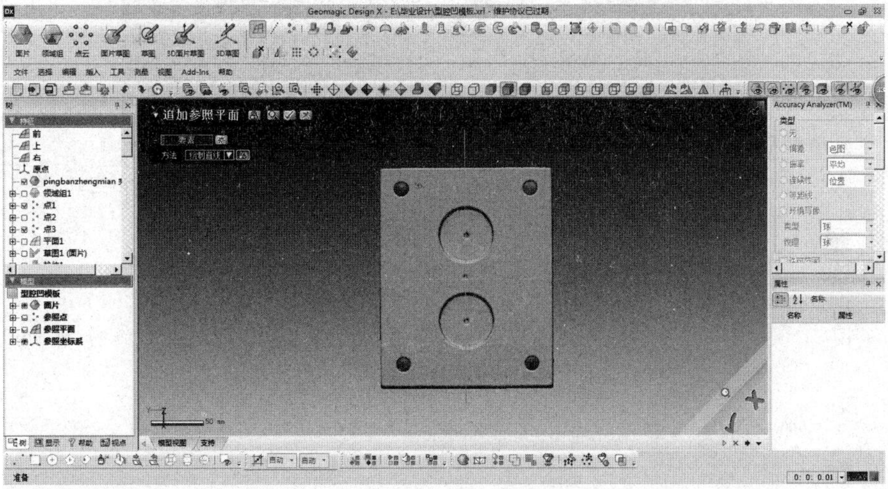

图 7-11　追加参照平面 1

3）点击图标追加参照平面，选择镜像的方式，要素选择导入的原文件和前面手动绘制的平面 1，作为基础手动追加垂直等分平面，得到参照平面 2，如图 7-12 所示。

4）点击图标追加参照平面，选择矩形选择模式与多个点的方式，生成参照平面 3，如图 7-13 所示。

5）零件坐标手动对齐。点击手动对齐图标，选择点云模型，点击“下一阶段”，以“X-Y-Z”为移动方式，以平面与线交界为坐标位置，以“平面 2”为 X 轴，“平面 3”为 Y 轴，对齐到原点，如图 7-14 所示。

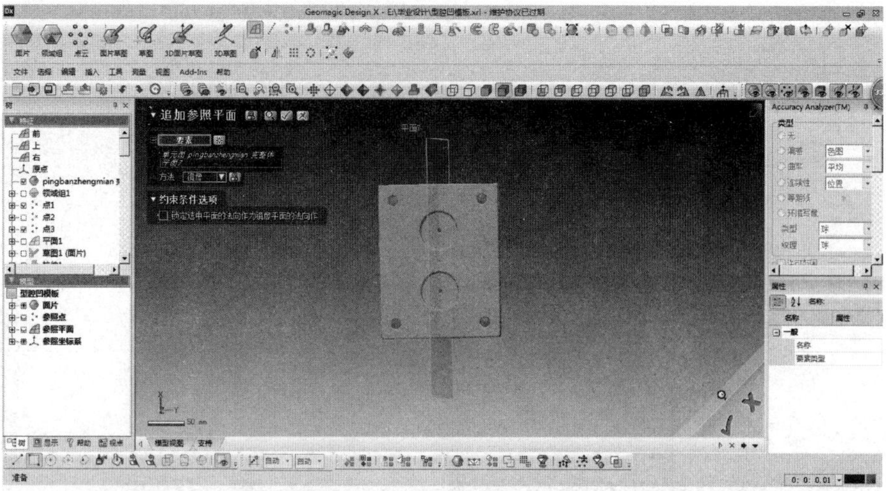

图 7-12　参照平面 2

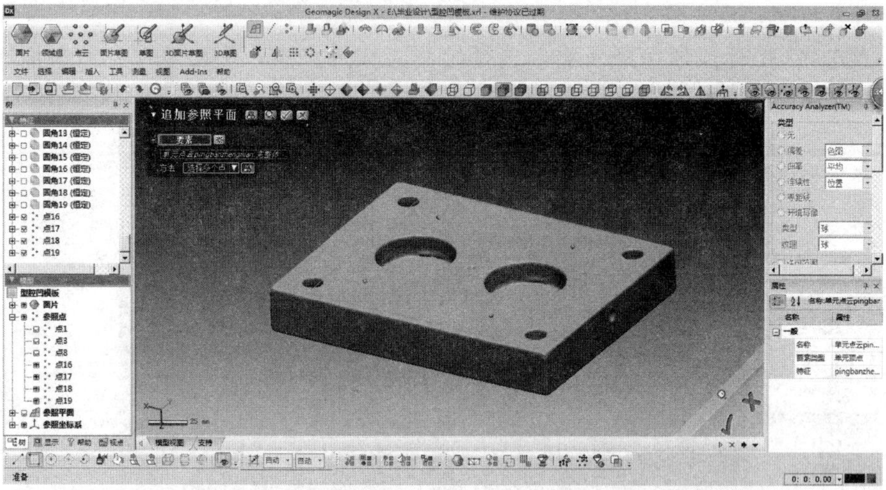

图 7-13　参照平面 3

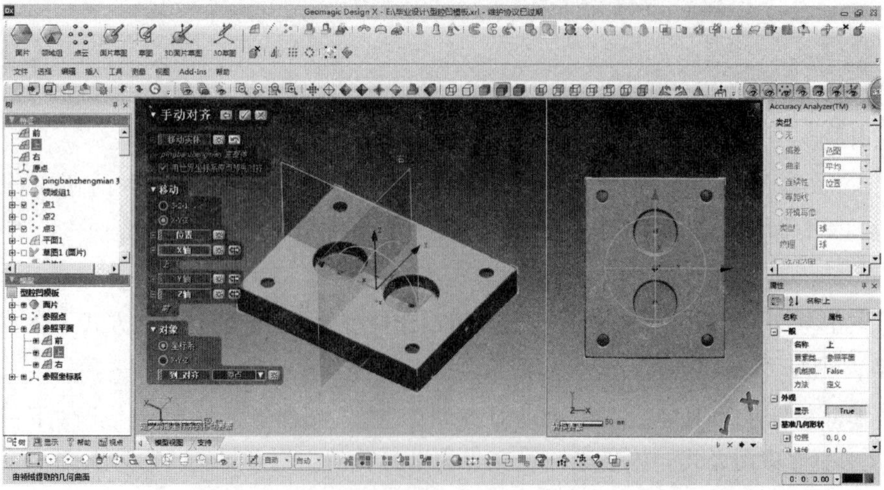

图 7-14　手动对齐

6）分割领域组。点击领域组，选择（自动分割按钮），系统将根据面片的变形程度进行自动分割，完成后点击退出，如图 7-15 所示。

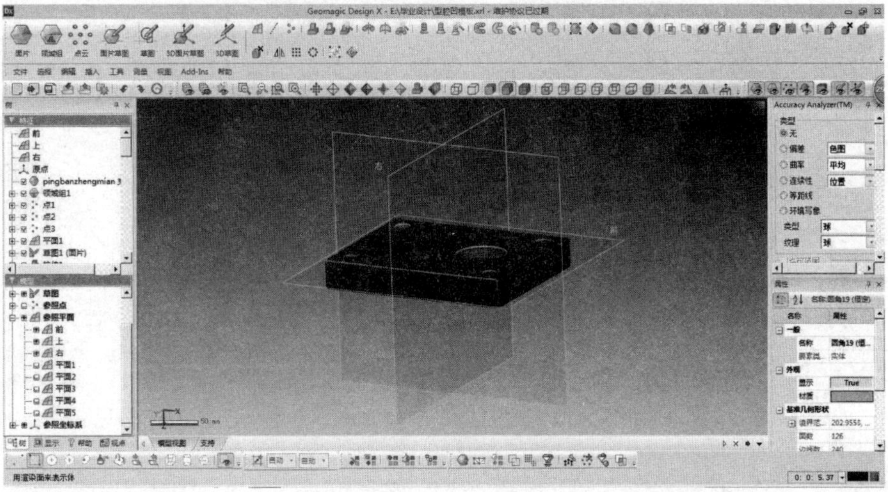

图 7-15 领域组分割

7）创建面片草图。

① 点击（参考点），以上平面为基准，追加方法“选择多个点”，进一步在该平面创建多个参考点，如图 7-16 所示。

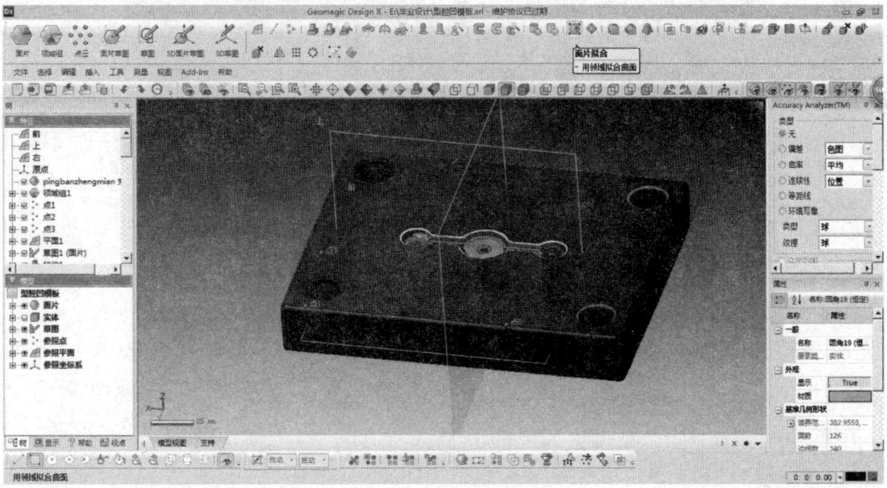

图 7-16 创建参考点

② 在工作栏里点击追加参考平面，追加方式还是以“选择多个点”的方式，手动选择前面创建的参考点，从而创建新的参考平面 4，完成后点击退出，如图 7-17 所示。

③ 点击（面片草图），手动选择基准平面 4，将其在有效的面片内进行上下拖动，直至达到自己所需要的草图轮廓后松开鼠标，完成草图绘制，点击退出，如图 7-18 所示。

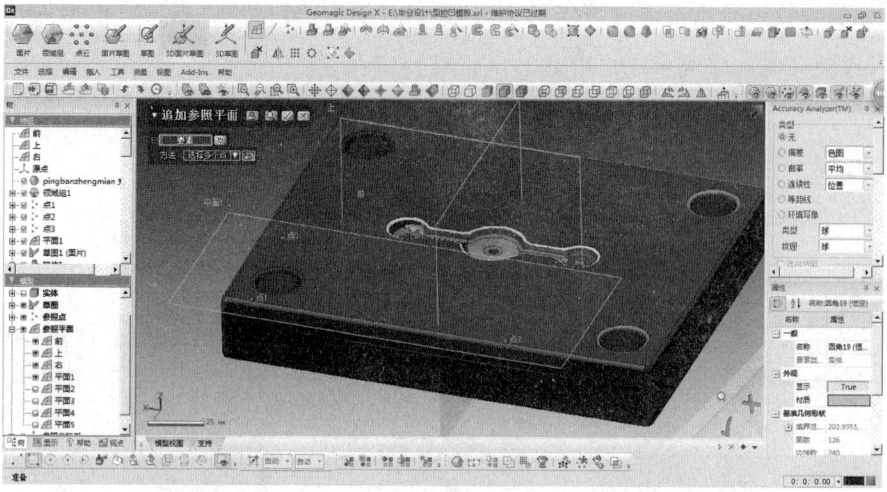

图 7-17 创建参考平面 4

图 7-18 创建面片草图

8）型腔板整体建模。点击拉伸，选择轮廓（为通过面片草图投影在平面 4 上的矩形面片草图 1），选择方向“到领域”，选择距离为“平均距离”，选择要素为“平面”。完成后点击退出，如图 7-19 所示。

9）拉伸导向孔。

①在同一平面，根据之前创建的平面 4 为基准平面，点击（面片草图），手动选择“基准平面 4”，将其在有效的面片内进行上下拖动，直至达到自己所需要的草图轮廓后松开鼠标，完成草图的绘制，点击退出，如图 7-20 所示。

② 点击拉伸，选择轮廓（为通过面片草图投影在平面 4 上的圆形面片草图 2），方向“到领域”选择距离为“平均距离”，选择要素为“平面”，运算结果“剪切”，完成后点击退出，如图 7-21 所示。

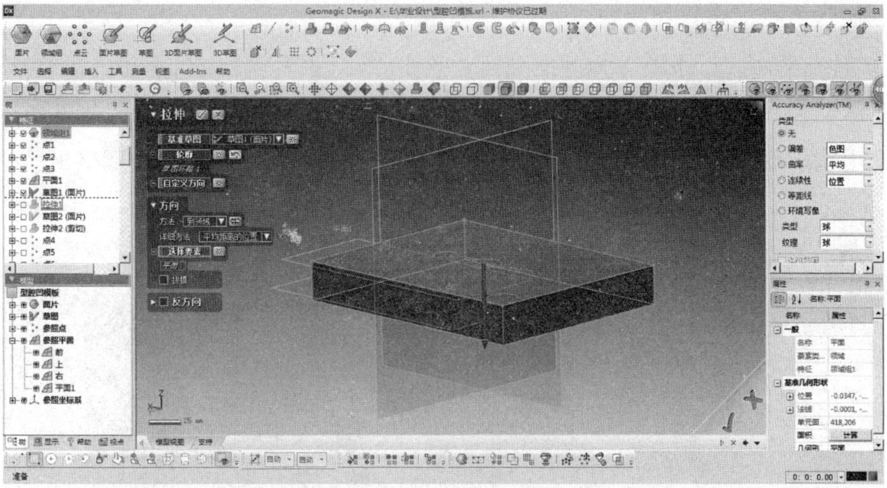

图 7-19　拉伸曲面

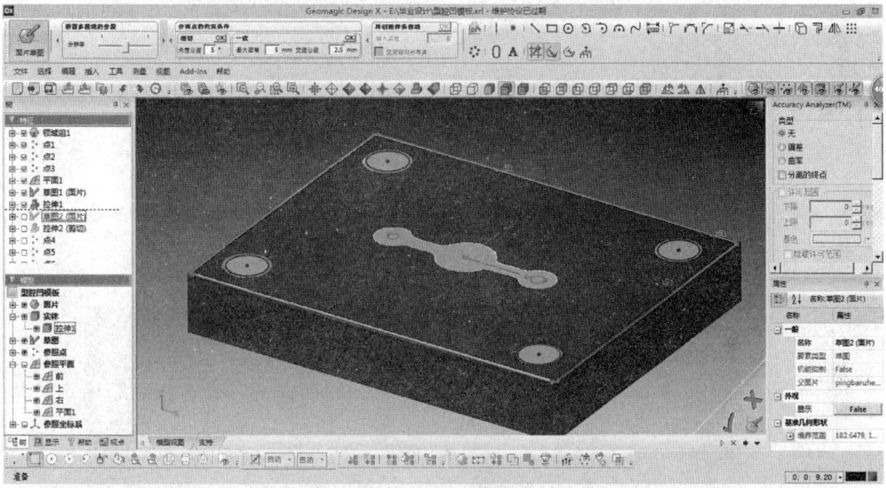

图 7-20　创建草图

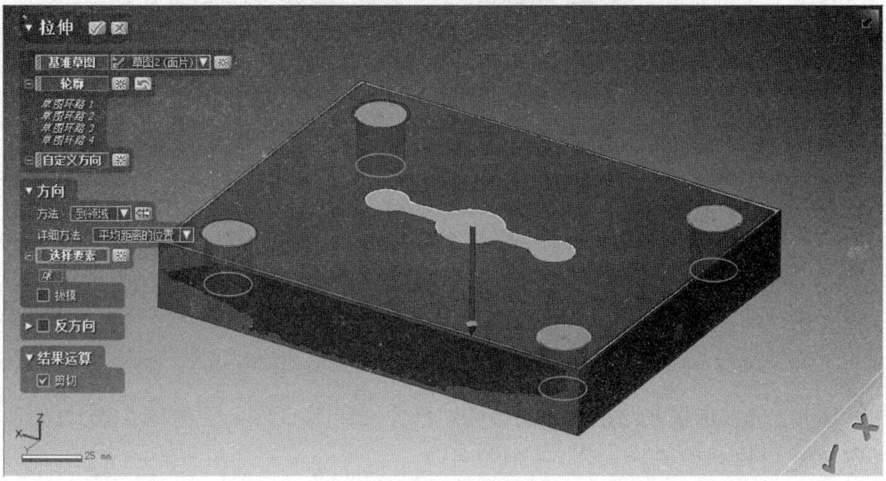

图 7-21　圆孔拉伸

10）模穴与横浇道拉伸建模。

① 在同一平面，以平面 4 为基准平面，点击（面片草图），手动选择基准平面 4，将其在有效的面片内进行上下拖动，直至达到自己所需要的草图轮廓后松开鼠标，完成模穴与横浇道草图的绘制，分别如图 7-22（a）与图 7-22（b）所示，点击退出。

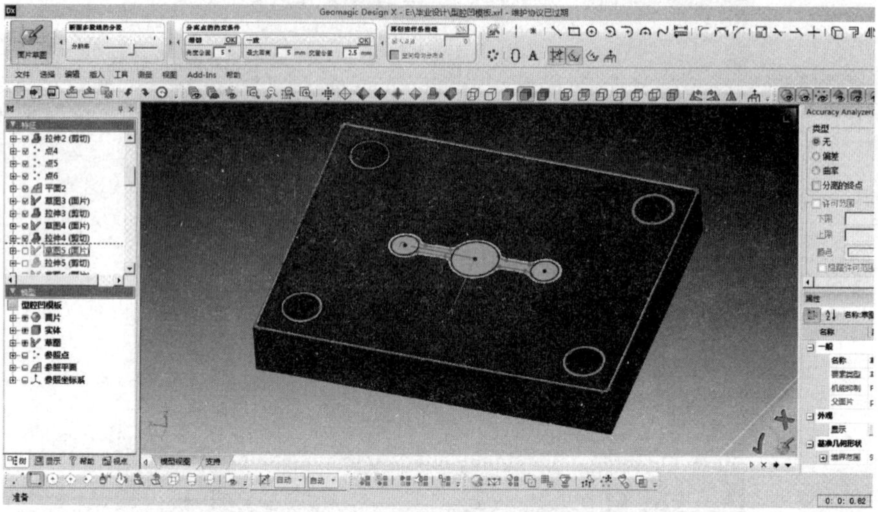

(a) 模穴草图

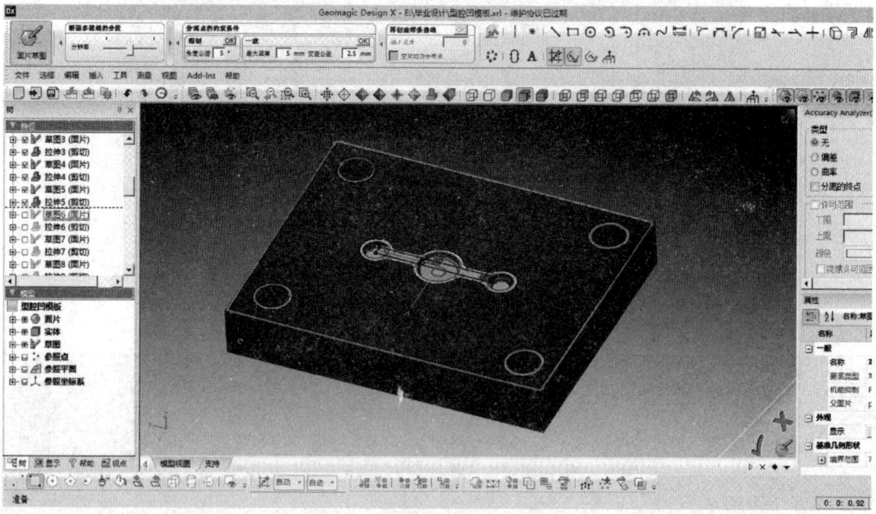

(b) 横浇道草图

图 7-22 模穴与横浇道草图绘制

② 点击拉伸，选择轮廓（为通过面片草图投影在平面 4 上的圆形面片草图 3 和矩形草图 4），方向“到领域”，选择距离为“平均距离”，选择要素为“平面”，运算结果“剪切”，完成后点击退出。完成的模穴与横浇道的拉伸建模分别如图 7-23（a）与图 7-23（b）所示。

11）圆锥浇口拉伸建模。

① 领域组创建：再次点击进入“领域组 1”，将锥形凹型腔创建新的领域组，以方便

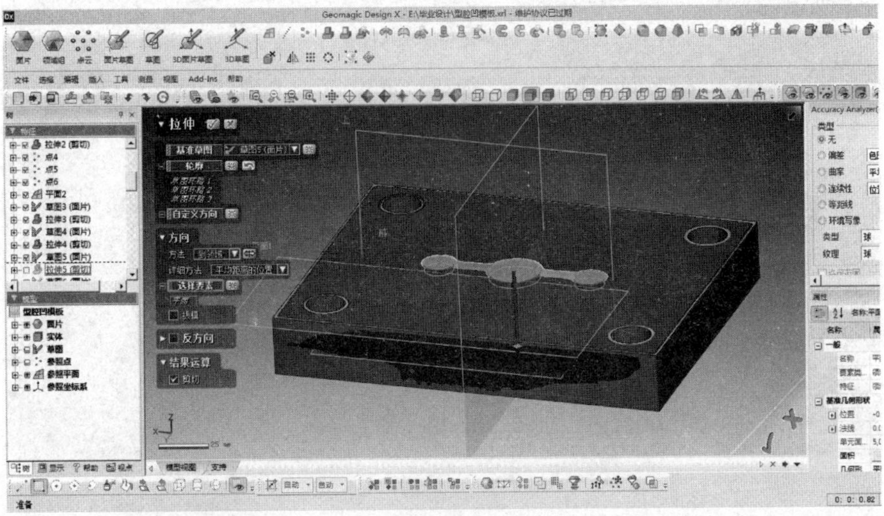

(a) 模穴拉伸

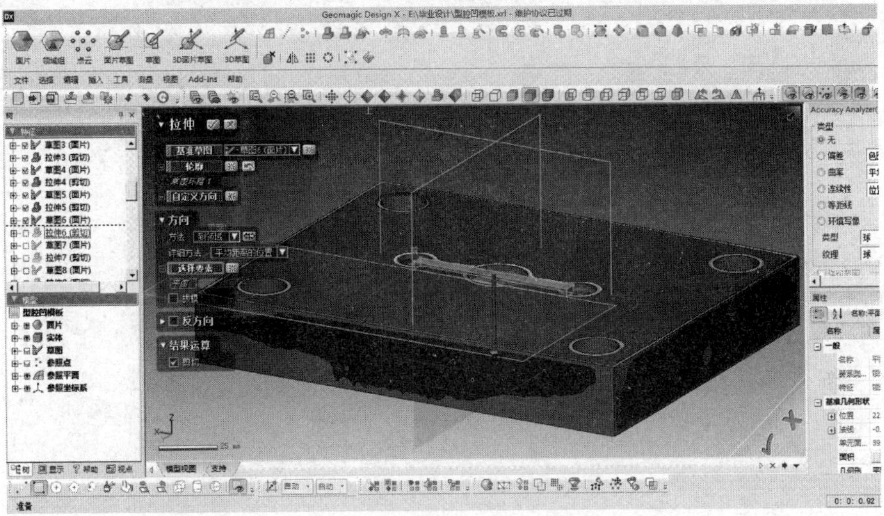

(b) 横浇道拉伸

图 7-23 模穴与横浇道拉伸建模

后续建模，完成后点击退出，如图 7-24 所示。

② 创建草图。以凹槽底面为参照平面，点击追加参考点，任意选择三个及以上的点来创建基准点，在工作栏里点击追加参考平面，追加方式还是以“选择多个点”的方式，手动选择前面创建的参考点，从而创建新的参考平面 5，根据创建的平面 5，点击，手动选择基准平面 5，将其在有效的面片内进行上下拖动，直至达到自己所需要的草图轮廓后松开鼠标，完成草图的绘制，完成后点击退出，如图 7-25 所示。

③ 拔模拉伸。点击按钮，轮廓选择两个圆形草图，根据面片设定需要的距离，勾选拔模选项，选择拔模角度为“70°”，系统自动生成得到圆锥，运算结果“剪切”完成后，点击退出，如图 7-26 所示。

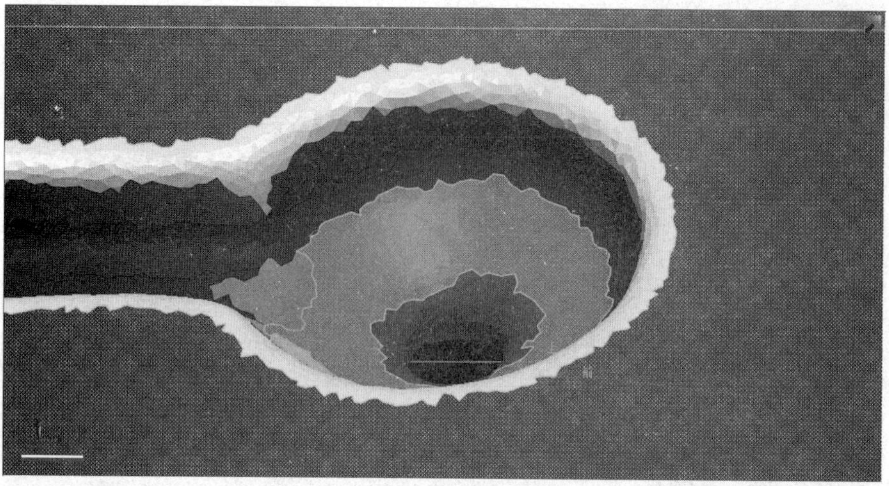

图 7-24　创建领域组

图 7-25　创建草图

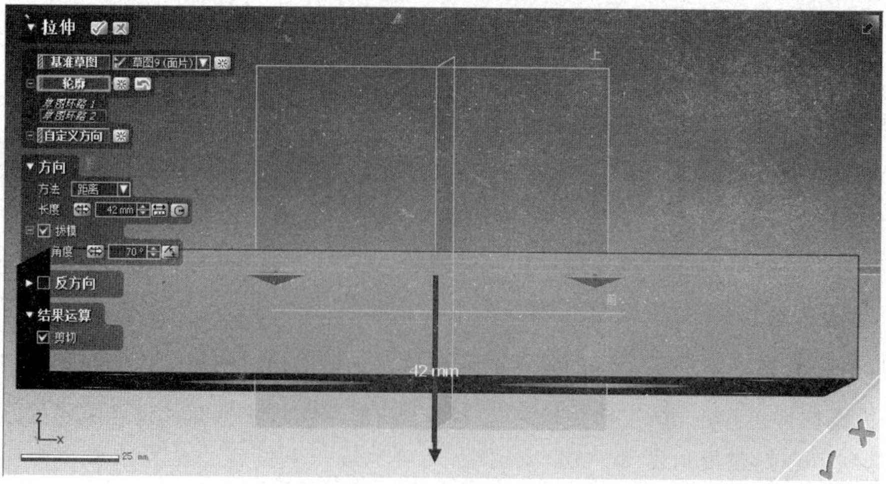

图 7-26　拔模拉伸

12）主流道拉伸。

① 面片草图。以之前创建的平面 4 为基准平面，点击[图标]，手动选择基准平面 4，将其在有效的面片内进行上下拖动，直至达到所需要的草图轮廓后松开鼠标，完成草图的绘制，点击[图标]退出，如图 7-27 所示。

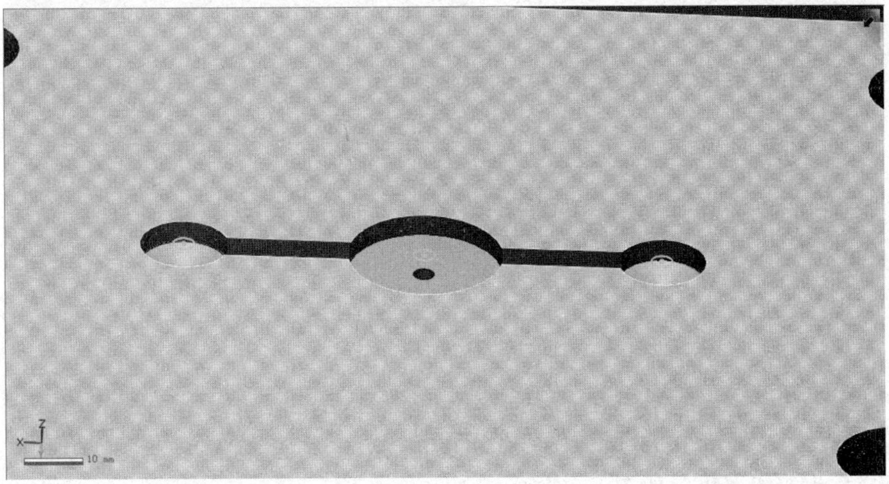

图 7-27 面片草图

② 剪切拉伸。点击[图标]拉伸，选择轮廓（为通过面片草图投影在平面 4 上的矩形面片草图 5），选择方向“通过”，运算结果“剪切”，完成后点击[图标]退出，如图 7-28 所示。

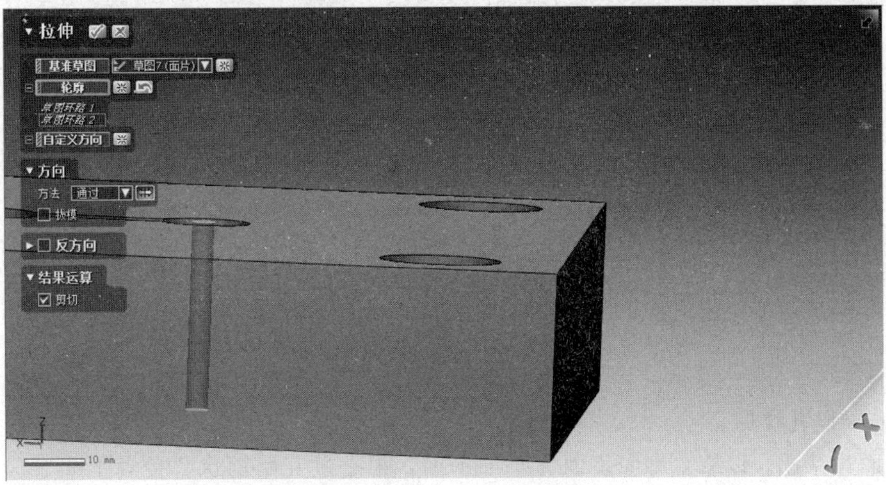

图 7-28 剪切拉伸

13）瓶盖型腔拉伸建模。

①面片草图。以瓶盖型腔表面为基准平面，根据最开始创建的参考平面 3 为基准平面，点击[图标]，手动选择基准平面 3，将其在有效的面片内进行上下拖动，直至达到所需要的草图轮廓后松开鼠标，完成草图的绘制，点击[图标]退出，如图 7-29 所示。

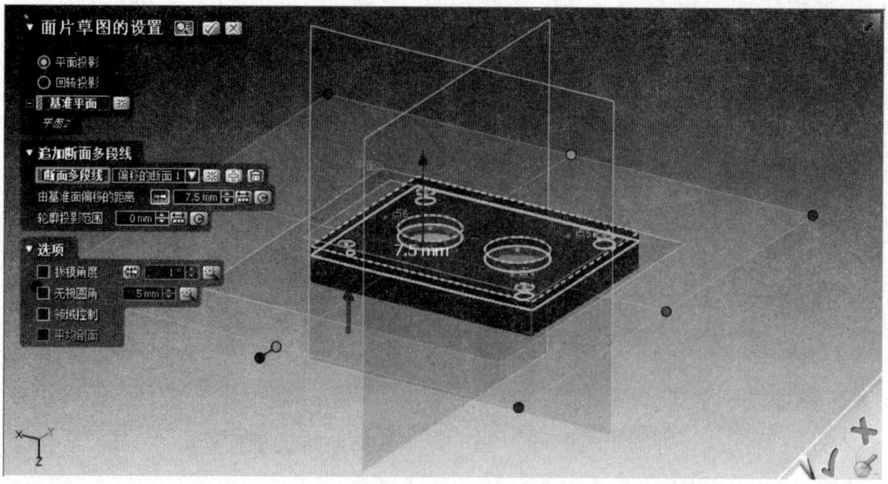

图 7-29 面片草图

② 剪切拉伸。点击拉伸，选择轮廓（为通过面片草图投影在平面 3 上的圆形面片草图 6)，方向“到领域”，选择距离为“平均距离”，选择要素为“球”，运算结果“剪切”，完成后点击退出，如图 7-30 所示。

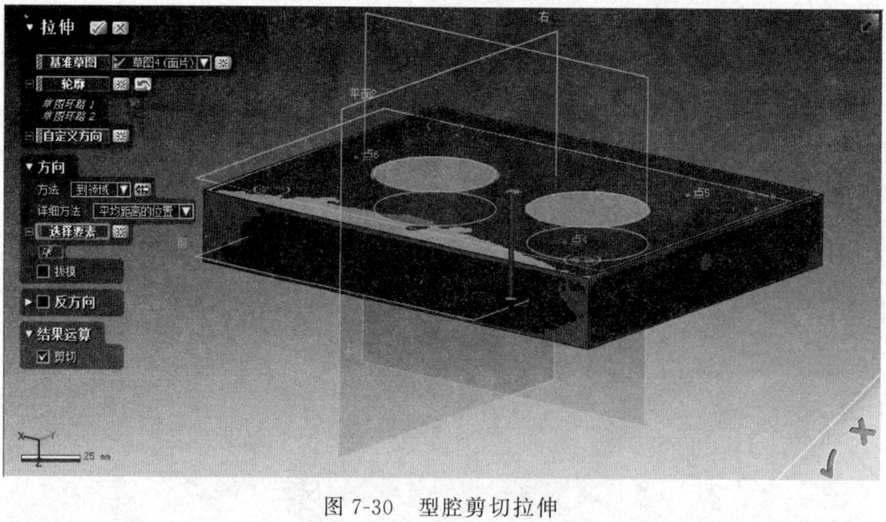

图 7-30 型腔剪切拉伸

14）导向孔拉伸。

① 面片草图。以瓶盖型腔表面为基准平面，根据最开始创建的参考平面 3 为基准平面，点击，手动选择基准平面 3，将其在有效的面片内进行上下拖动，直至达到所需要的草图轮廓后松开鼠标，完成草图的绘制，点击退出，如图 7-31 所示。

② 剪切拉伸。点击拉伸，选择轮廓（为通过面片草图投影在平面 3 上的圆形面片草图 7)，方向“通过”，运算结果“剪切”，完成后点击退出，如图 7-32 所示。

15）侧面孔拉伸。

图 7-31 面片草图

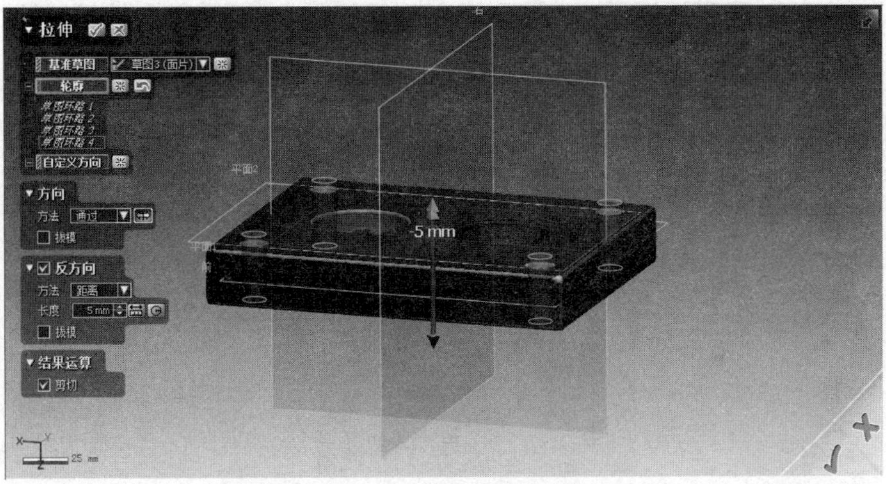

图 7-32 导向孔剪切拉伸

① 面片草图。分别以型腔板左右侧领域为基准，点击任意选择三个及三个以上的点创建基准点，再点击，在选择多个点的模式下根据创建的三个基准点创建基准平面，点击进入，手动选择基准平面 5 和平面 6，将其在有效的面片内进行上下拖动，直至达到所需要的草图轮廓后松开鼠标，完成草图的绘制，点击退出，如图 7-33 所示。

② 剪切拉伸。点击拉伸，选择轮廓（为通过面片草图投影在平面 5 和平面 6 上的圆形面片草图 8 和 9），方法“到领域”，选择距离为“平均距离”，运算结果“剪切”，完成后点击退出，如图 7-34 所示。

16）完成后的模型如图 7-35 所示。

17）倒角。将完成后的模型进行倒角，如图 7-36 所示。

18）文件输出。依次点击【文件】→【输出】，选择要输出的模型，点击，选择输出位置与格式，点击保存，如图 7-37 所示。

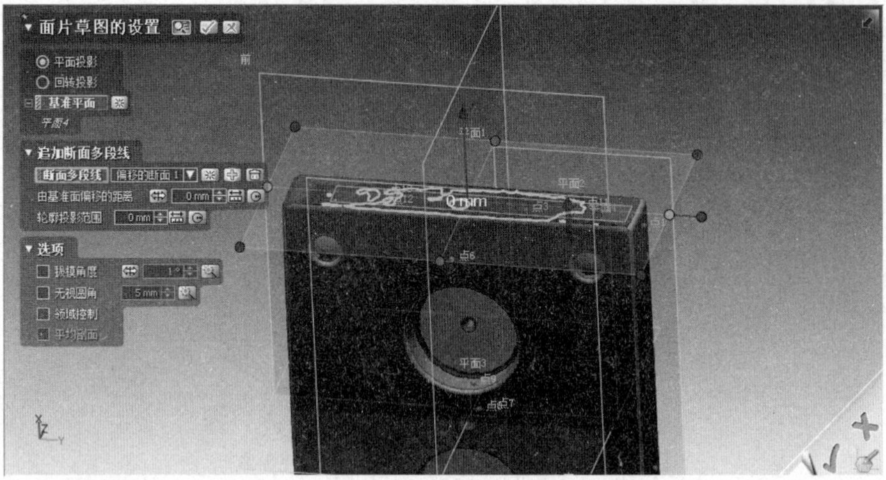

图 7-33　面片草图

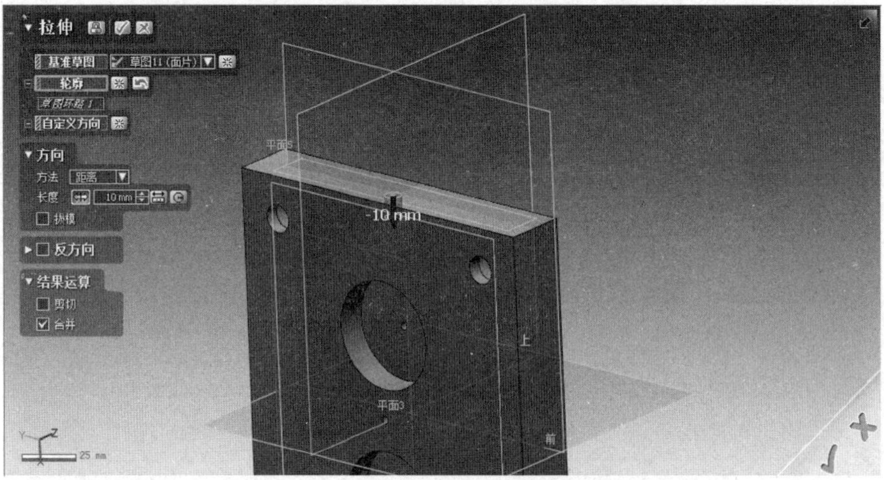

图 7-34　侧向孔剪切拉伸

图 7-35　完整的型腔数字模型

图 7-36 倒角

图 7-37 保存与输出

（4）数控加工

1）确定加工方案。

本工件毛坯为板类工件，零件由简单平面构成，精度要求较高。加工时需要翻面，需要建立两个坐标系，用平口虎钳夹持毛坯两侧。使用的加工设备为四轴立式加工中心数控机床。确定加工方案如表 7-1 所示。

2）启动 UG NX 程序后，首先选择主菜单【文件】→【新建】命令，或者单击【标准】工具栏中的【新建】图标，建立 NX 加工文件。

3）选择【加工】命令，进入 UG CAM 加工环境。

4）在【导航器】工具条中单击【几何视图】，在工作界面左侧单击 工序导航器 - 几何，双击坐标系 MCS MCS，弹出 MILL Orient 对话框，创建加工坐标系（具体参见项目 4）。

表 7-1　　　　　　瓶盖模具型腔加工工艺方案

工步	加工内容	操作类型	驱动方式	刀具选用刀号	切削用量(公制)		
					主轴转速/(r/min)	进给/(r/min)	切削深度/mm
1	精加工上平面	底壁加工	跟随周边	D10 立铣刀 T1	4000	800	0.5
2	加工孔	铣孔	螺旋	D10 立铣刀 T1	3000	50	0.2
3	加工孔	铣孔	螺旋	D6 立铣刀 T2	3000	50	0.2
4	加工孔	铣孔	螺旋	D2 立铣刀 T3	3000	50	0.2
5	精加工槽	型腔铣	跟随周边	D3 立铣刀 T4	3000	50	0.5
6	翻面以定位基准面装夹及精加工平面	底壁加工	跟随周边	D20 立铣刀 T5	4000	800	0.5
7	加工孔	铣孔	螺旋	D20 立铣刀 T5	3000	50	0.2

5）创建毛坯几何体与工件几何体：在工作界面左侧单击 工序导航器 - 几何 ，单击坐标系 MCS MCS ，双击其下拉菜单 MCS WORKPIECE，弹出【铣削几何体】对话框。单击指定部件，弹出【部件几何体】对话框，选择所建零件模型后确定。单击（指定毛坯），弹出【毛坯几何体】对话框，选择所建毛坯模型后确定。最后在铣削几何体对话框中单击“确定”，创建好命名为【ZM】的工件几何体。

6）创建刀具。

① 创建一号刀。单击【创建刀具】，弹出【创建刀具】对话框。在【刀具子类型】选择立铣刀 MILL 后单击【确定】。弹出【铣刀参数】对话框，设置直径为“10mm”，刀具号为“1”。

② 创建二号刀。单击【创建刀具】，弹出【创建刀具】对话框。在【刀具子类型】选择立铣刀 MILL 后单击【确定】。弹出【铣刀参数】对话框，设置直径为“6mm”，刀具号为“2”。

③ 创建三号刀。单击【创建刀具】，弹出【创建刀具】对话框，名称改为 T3。在【刀具子类型】选择立铣刀 MILL 后单击【确定】。弹出【铣刀参数】对话框，设置直径为“2mm”，刀具号为“3”。

④ 创建四号刀。单击【创建刀具】，弹出【创建刀具】对话框，名称改为 T4。在【刀具子类型】选择立铣刀 MILL 后单击【确定】。弹出【铣刀参数】对话框，设置直径为“2mm”，刀具号为“3”。

⑤ 创建五号刀。单击【创建刀具】，弹出【创建刀具】对话框，名称改为“T5”。在【铣刀参数】对话框设置直径为“20mm”，刀具号为“5”。

7）创建上表面铣削加工工序。

① 单击【创建工序】图标→弹出【创建工序】对话框→选择【类型】为【Mill_Planar】→选择【子类型】为底壁加工→选择【程序】项为【NC_PROGAM】→选择【使用几

何体】为【ZM】→选择【刀具】为【T1】→选择【使用方法】为【Mill_FINISH】→在【名称】文本框中输入【A1T1D10】→单击【确定】按钮→弹出底壁加工对话框。

② 在底壁加工对话框中，选择【几何体】项输入ZM，【指定部件】选项中选择整个部件，【指定切削区域面】选择ZM上平面，【切削模式】选用跟随周边（跟随周边）。在【切削参数】对话框中，策略选项卡设置切削方向为“顺铣”，刀路方向选用“内向”。在进给率和速度选项卡中【主轴转速】（rpm）为“4000r/min”，进给率为“800mm/min”，其余项采取默认设置，查看刀轨生成，如图7-38所示。

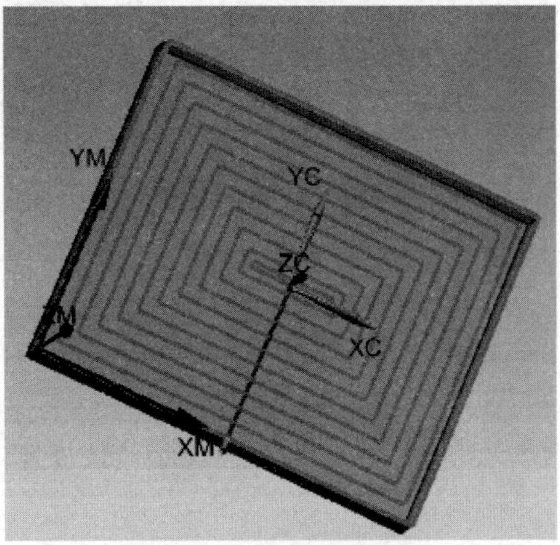

图7-38　上表面铣削刀轨

8）铣沉头导向孔。

① 单击【创建工序】图标→弹出【创建工序】对话框→选择【类型】为【Mill_Planar】→选择【子类型】为铣孔→选择【程序】项为【NC_PROGAM】→选择【使用几何体】为【ZM】→选择【刀具】为【T1】→选择【使用方法】为【Mill_FINISH】→在【名称】文本框中输入【A2T1D10】→单击【确定】按钮→弹出铣孔对话框。

② 在铣孔对话框中，选择【几何体】项输入“ZM”，【指定特征几何体】选项中，【限制深度】设置为“模型深度”，依次选择四个沉头孔确定。在铣孔对话框中切削模式选后面的螺旋，在进给率和速度选项卡中【主轴转速】为“3000r/min”，进给率为“50mm/min”，其余项采取默认设置，查看刀轨生成，生成沉头，如图7-39所示。

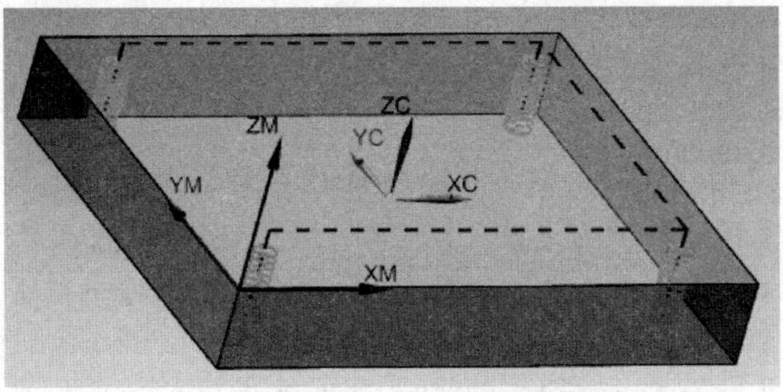

图7-39　铣导向孔沉头刀路仿真

③ 单击【创建工序】图标→弹出【创建工序】对话框→选择【类型】为【Mill_Planar】→选择【子类型】为铣孔→选择【程序】项为【NC_PROGAM】→选择【使用几何体】为【ZM】→选择【刀具】为【T2】→选择【使用方法】为【Mill_FINISH】→在【名称】文本框中输入【A4T2D6】→单击【确定】按钮→弹出铣孔对话框。

④ 在铣孔对话框中，选择【几何体】项输入“ZM”，【指定特征几何体】选项中，【限制深度】设置为“穿过”，依次选择四个孔确定。在铣孔对话框中切削模式选后面的螺旋，在进给率和速度选项卡中【主轴转速】设为“3000r/min”，进给率设为“50mm/min”，其余项采取默认设置，生成沉头导向孔刀具路径，如图7-40所示。

9）创建中间型孔加工工序。

① 单击【创建工序】图标→弹出【创建工序】对话框→选择【类型】为【Mill_Pla-

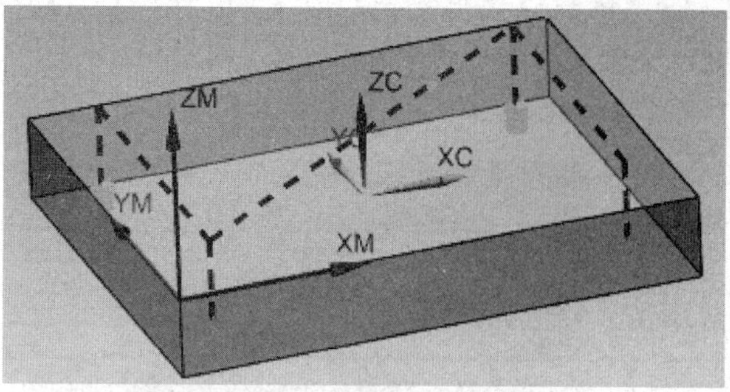

图 7-40 沉头导向孔刀具路径

nar】→选择【子类型】为铣孔→选择【程序】项为【NC_PROGAM】→选择【使用几何体】为【ZM】→选择【刀具】为【T1】→选择【使用方法】为【Mill_FINISH】→在【名称】文本框中输入【A3T1D10】→单击【确定】按钮→弹出铣孔对话框。

② 在铣孔对话框中，选择【几何体】项输入“ZM”，【指定特征几何体】选项中，【限制深度】设置为“模型深度”，依次选择中间孔后确定。在铣孔对话框中切削模式选后面的螺旋，在进给率和速度选项卡中【主轴转速】为“3000r/min”，进给率为“50mm/min”，其余项采取默认设置，查看刀轨生成，如图 7-41 所示。

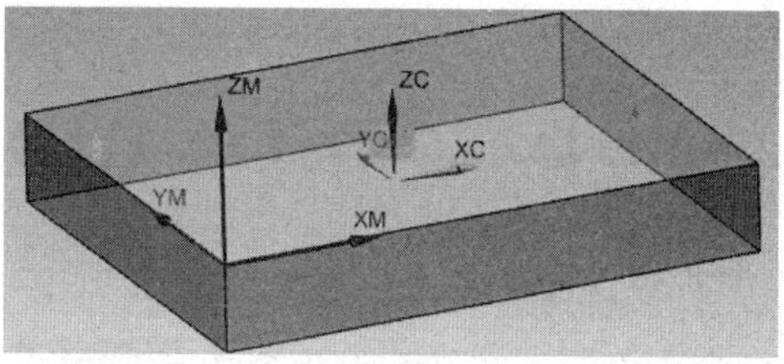

图 7-41 刀轨

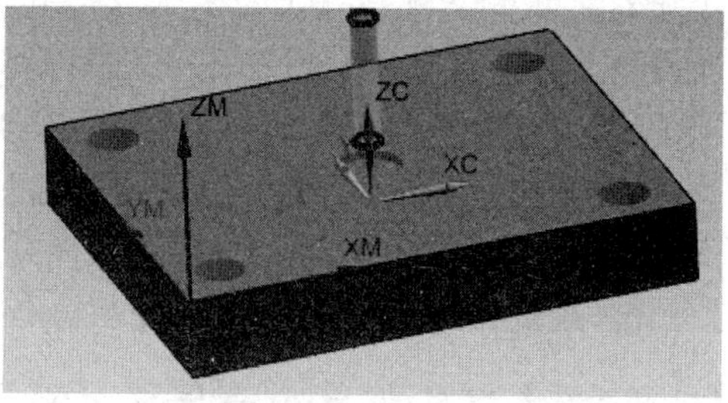

图 7-42 仿真效果

③ 确认刀轨无误后，进行模拟铣孔仿真加工。仿真效果如图 7-42 所示。

10）创建两模穴型孔加工工序。

① 单击【创建工序】图标→弹出【创建工序】对话框→选择【类型】为【Mill_Planar】→选择【子类型】为铣孔→选择【程序】项为【NC_PROGAM】→选择【使用几何体】为【ZM】→选择【刀具】为【T2】→选择【使用方法】为【Mill_FINISH】→在【名称】文本框中输入【A5T2D6】→单击【确定】按钮→弹出【铣孔】对话框。

② 在【铣孔】对话框中，选择【几何体】项输入“ZM”，【指定特征几何体】选项中，【限制深度】设置为“模型深度”，依次选择两个孔确定。在铣孔对话框中切削模式选后面的螺旋，在进给率和速度选项卡中【主轴转速】为“3000r/min”，进给率为“50mm/min”，其余项采取默认设置，查看刀轨生成，如图 7-43 所示。

③ 确认刀轨无误后，进行模拟铣孔仿真加工。仿真效果如图 7-44 所示。

11）创建两模穴流道孔加工工序。

① 单击【创建工序】图标→弹出【创建工序】对话框→选择【类型】为【Mill_Planar】→选择【子类型】为铣孔→选择【程序】项为【NC_PROGAM】→选择【使用几何体】为【ZM】→选择【刀具】为【T4】→选择【使用方法】为【Mill_FINISH】→在【名称】文本框中输入【A7T2D6】→单击【确定】按钮→弹出铣孔对话框。

② 在铣孔对话框中，选择【几何体】项输入“ZM”，【指定特征几何体】选项中，

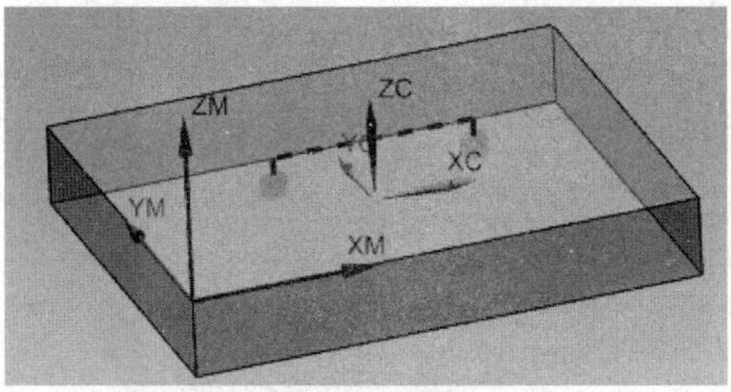

图 7-43 刀轨

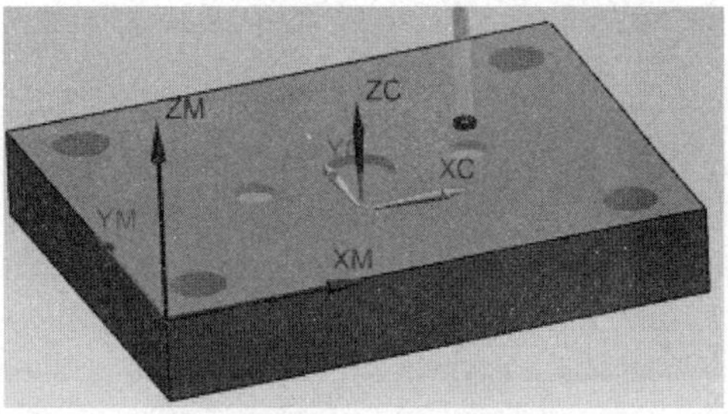

图 7-44 仿真效果

【限制深度】设置为“穿过”，依次选择三个孔确定。在铣孔对话框中选 切削模式 后面的 螺旋，在进给率和速度选项卡中【主轴转速】为“3000r/min”，进给率为“50mm/min”，其余项采取默认设置，查看刀轨生成，如图 7-45 所示。

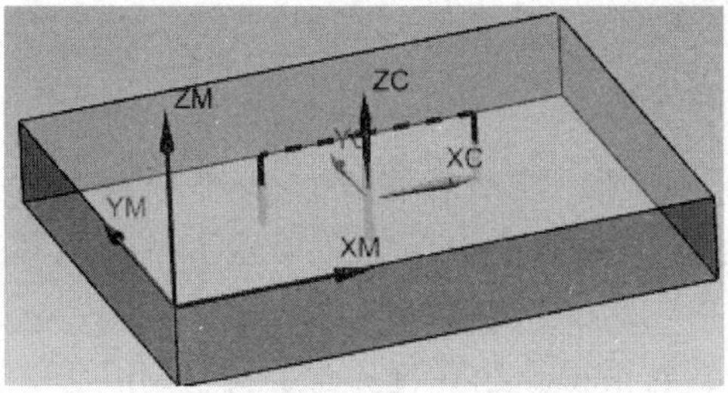

图 7-45 刀轨

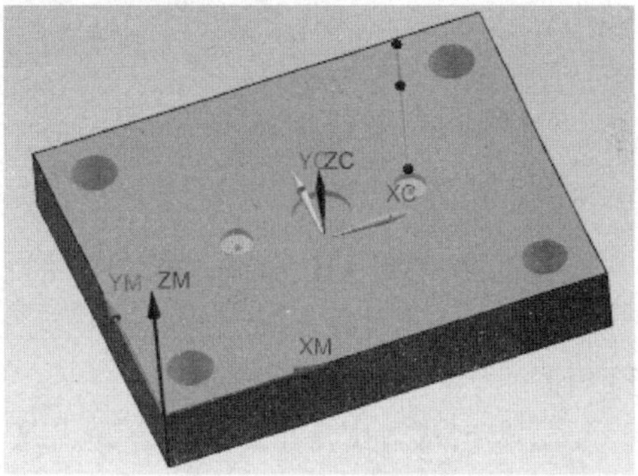

图 7-46 仿真效果

③ 确认刀轨无误后，进行模拟铣孔仿真加工。仿真效果如图 7-46 所示。

12）创建横浇道加工工序。

① 单击【创建工序】图标→弹出【创建工序】对话框→选择【类型】为【Mill_Conter】→选择【子类型】为型腔铣→选择【程序】项为【NC_PROGAM】→选择【使用几何体】为【ZM】→选择【刀具】为【T3】→选择【使用方法】为【Mill_FINISH】→在【名称】文本框中输入【A2T1D3】→弹出【铣孔】对话框。

② 在铣孔对话框中，选择【几何体】项输入“ZM”，在铣孔对话框中指定切削区域，选择上平面需要铣的区域，“切削模式”选择“跟随周边”，“切削方向”选“顺铣”，“切削顺序”选“层优先”，“刀路方向”选“向内”，进给率和速度选项卡中【主轴转速】为“3000r/min”，进给率为“50mm/min”，其余项采取默认设置，查看刀轨生成，如图 7-47 所示。

③ 确认刀轨无误后，进行模拟铣孔仿真加工。仿真效果如图 7-48 所示。

13）创建区域轮廓铣精加工工序。

以区域轮廓铣进行型腔的精加工（具体步骤参见项目 4），刀路如图 7-49 所示。

14）创建下表面铣削加工工序。

① 反面装夹。

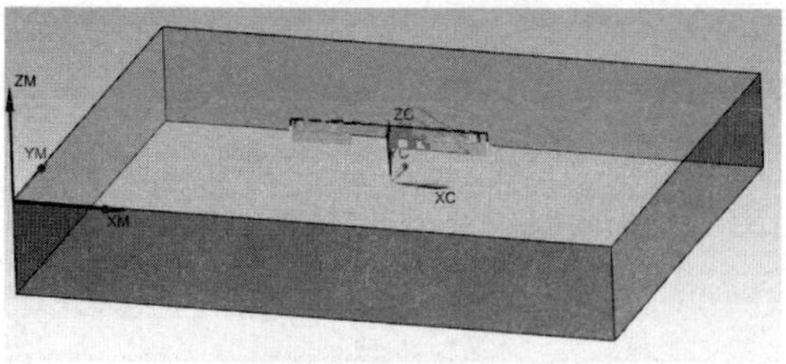

图 7-47 刀轨

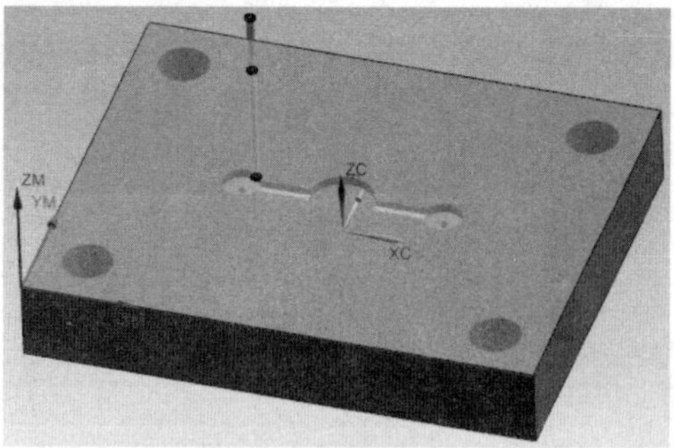

图 7-48 仿真效果

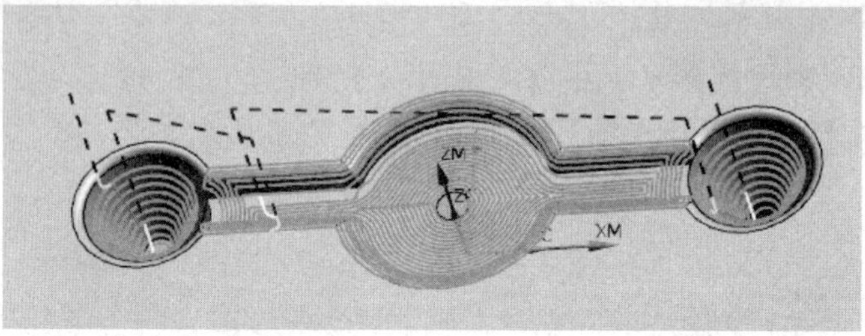

图 7-49 区域轮廓铣刀路

② 选择【主页】命令，选择“创建几何体”选项，在对话框中输入坐标系名称“ZBX2”后点击“确定”，创建好坐标系并在此基础上按前述相同方法创建工件几何体【FM】。

③ 单击【创建工序】图标→弹出【创建工序】对话框→选择【类型】为【Mill_Planar】→选择【工序子类型】为底壁加工→选择【程序】项为【NC_PROGAM】→选择【使用几何体】为【FM】→选择【刀具】为【T5】→选择【使用方法】为【Mill_FINISH】→在【名称】文本框中输入【B1T5D20】→单击【确定】按钮→弹出【底壁加工】对话框。

④ 在底壁加工对话框中选择【几何体】项输入“FM”，【指定部件】选项中选择整个部件，【指定切削区地面】选择“FM”上平面，【切削模式】选用【跟随周边】（跟随周边），在【切削参数】对话框中，策略选项卡设置“切削方向”为“顺铣”，“道路方向”选择“向内”。在进给率和速度选项卡中【主轴转速】为“4000r/min”，进给率为“800mm/min”，其余项采取默认设置，刀轨生成如图 7-50 所示。

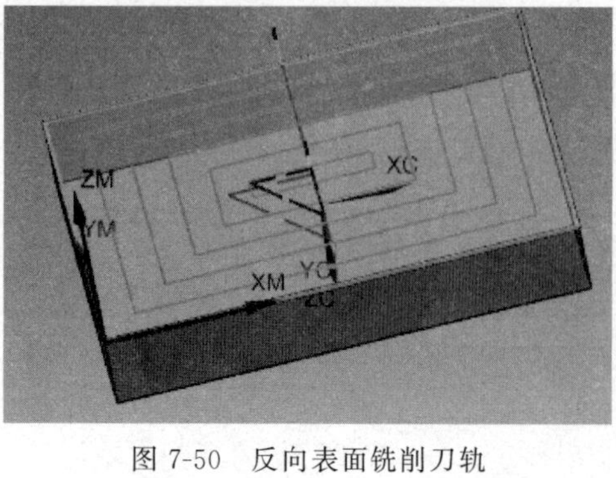

图 7-50 反向表面铣削刀轨

15）创建瓶盖型腔加工工序。

① 单击【创建工序】图标→弹出【创建工序】对话框→选择【类型】为【Mill_Planar】→选择【子类型】为铣孔→选择【程序】项为【NC_PROGAM】→选择【使用几何体】为【FM】→选择【刀具】为【T5】→选择【使用方法】为【Mill_FINISH】→在【名称】文本框中输入【B2T5D20】→单击【确定】按钮→弹出【铣孔】对话框。

② 在铣孔对话框中，选择【几何体】项

输入“FM”，【指定特征几何体】选项中，【限制深度】设置为“模型深度”，依次选择两个沉头孔确定。在铣孔对话框中选 切削模式 后面的 螺旋，在进给率和速度选项卡中【主轴转速】为“3000r/min”，进给率为“50mm/min”，其余项采取默认设置，查看刀轨生成，如图 7-51 所示。

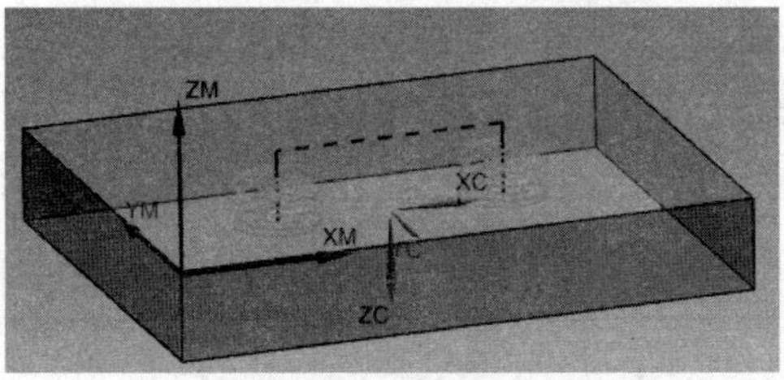

图 7-51　刀轨

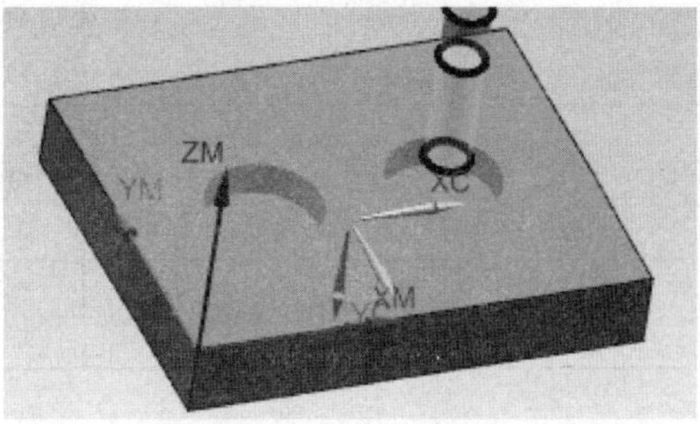

图 7-52　仿真效果

③ 确认刀轨无误后，进行模拟铣孔仿真加工。仿真效果如图 7-52 所示。

【项目总结】

本项目基于逆向技术对模具型腔的失效复杂表面进行修复。技能要点如下。

1. 产品的几何形状数据采集是逆向设计中的关键技术之一，完整性与精度是点云数据性能的两个重要指标。为使这两个指标达到要求，扫描前要仔细观察产品的破损面，拟定最优的扫描方案。同时要做好清洁工作，认真粘贴合适的标志点，对设备完成精确标定；扫描时要注意结合转盘、橡皮泥、转盘垫块等工具从不同角度实现数据采集的完整性。

2. 失效表面逆向修复技术的主要思路与步骤是：模具型腔失效分析→逆向扫描与数据获取→数据处理→重构建模→数控加工等。

3. 通过 DX 所构的产品数字模型已具有其比较完全的特征信息，但有时会产生扭曲、交叉等影响表面质量精度的状况，此时可以再将数字模型导入到 UG 或 CATIA 等功能强大的正逆向建模软件中进行优化处理，完成最终的型腔重构建模。

【项目作业与技能考评】

完成如图 7-53 所示门把手注塑模具型腔表面的逆向修复。其技能考评要求如表 7-2 所示。

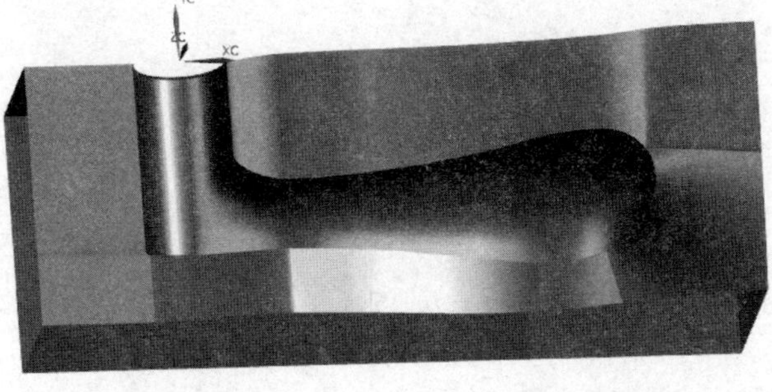

图 7-53　门把手注塑模具型腔（分型半部分）

表 7-2 拉手逆向建模与制造技能考评表

序次	主要内容	关键能力与技术检测点	检测结果	评分
1	完成三维数据采集与数据处理并建模	思维能力 接受新事物能力 数据采集操作能力 数据处理能力 建模技能等		
2	数控加工编程设计	编程能力 模拟分析能力 工艺制作能力		
3	局部创新设计	创新能力 思维能力		

项目8 CHAPTER 8 叶轮三维数字化逆向建模与制造

【项目导读】

(1) 项目内容

叶轮作为涡轮发动机的三大零部件之一，是典型的复杂曲面类零件，其在设计、再设计方面，建立自由复杂的曲面模型非常困难，在制造方面也需通过五轴加工技术才能实现。在逆向设计过程中，主要是通过 Win3DD 三维扫描仪采集叶轮外形数据，将其物理特征转化为测量点云数据，然后结合点云数据处理软件 Geomagic Wrap 对获取的叶轮点云数据进行点处理与多边形处理，将其转换为精确的曲面化三维数字模型，最后结合逆向工程软件 Geomagic Design X 实现对叶轮的实体重构。在制造过程中，叶轮的铣削加工是使用五轴编程方法来实现的。结合 NX 软件的整体式叶轮加工模块（MILL_MULTI_BLADE），创建用于执行叶轮粗加工、叶片精加工、轮毂精加工及叶根圆角精加工的工序，对整体叶轮进行五轴加工编程设计，实现叶轮的五轴加工编程。

(2) 学习目标

通过本项目的学习，学生应学会叶轮的 3D 扫描技术，掌握自由曲面的逆向建模方法，并能运用 NX 软件实现对叶轮的五轴加工的编程设计。

(3) 知识目标

叶轮 3D 扫描及点云采集技术；叶轮逆向设计方法；整体式叶轮加工模块（MILL_MULTI_BLADE）编程方法；机床模拟加工设计。

(4) 能力目标

掌握叶轮点云数据的采集与处理方法；掌握复杂曲面类零件进行反求设计方法，会根据合适的曲面设计方法，重建出叶轮的实体模型；会运用 UG（NX）软件对叶轮进行五轴编程设计与模拟加工验证。

(5) 素质目标

能够把理论知识与实践有机结合起来，具有逆向建模与快速原型制造的基本技能。

【知识链接】

1. 叶轮反求技术的应用简述

叶轮即指装有动叶的轮盘，是冲动式汽轮机转子的组成部分，在各种增压类发动机中有着广泛的应用。叶轮作为涡轮式发动机的主要部件，是典型的复杂曲面类零件，对其进行设计、再设计时，建立自由复杂的曲面模型非常困难，在制造上也需通过五轴加工技术来实现。本项目首先对叶轮的外形特征进行数据采集和点云处理，然后通过 Geomagic Design X 进行逆向数字建模，重构 3D 数字模型，并对重构的曲面进行精度与质量分析，最后对结合 NX 软件的整体叶轮加工模块，创建用于执行叶轮粗加工、叶片精加工、轮毂精加工及叶根圆角精加工的工序，生成叶轮加工刀具轨迹。通过在软件的模拟加工环境下调入机床模型，建立真实环境的仿真加工，预防叶轮在加工过程中出现撞刀、干涉、过切和欠切等情况的发生。

2. 叶轮逆向设计的工作思路

逆向工程的概念是相对于正向工程（Forward Engineering）提出的。基于逆向工程的产品设计就是把现有的产品进行数据还原的过程。简单地说，逆向设计是基于物理模型来获取数据点云，然后通过逆向软件对原始设计参数进行产品还原，对还原的模型进行评估，或对其进行模型再设计，通过导入这些模型，对其进行质量评价与精度验证，就可以在再设计阶段进行反求复原与优化设计，之后再通过 CAM 来进行加工验证。

3. 叶轮自动编程概述

叶轮的叶片由复杂曲面组成，其曲面的表面粗糙度和尺寸精度要求很高，普通机床与传统的机械加工技术无法完成，随着多轴数控机床的出现，实现了这种复杂曲面的零件加工。叶轮作为涡轮机的核心部件，其表面质量的好坏直接影响发动机的输出效果。所以，在叶轮的数控加工中，需制定出合理的加工工艺，选取较好的切削参数组合，选择适合的数控机床。叶轮的叶片结构属于薄壁类零件，大、小叶片之间的距离又较为狭窄，刀具的切削空间非常有限，且材料切除率非常高，切除率达到 60%以上，在加工过程中，如果切削参数选择不合理的话，叶片表面质量达不到要求。且加工时容易发生弹刀现象，传统的数控机床无法满足叶轮的加工。所以，在叶轮或叶片的数控加工中多选用五轴联动加工中心。一般的五轴加工机床的运动轴是由三个水平移动轴（X 轴、Y 轴、Z 轴）和两个绕着对应水平轴转动的旋转轴组成。绕着 X 轴转动的轴称为 A 轴，绕着 Y 轴转动的轴称为 B 轴，绕着 Z 轴转动的轴称为 C 轴。市场上的五轴机床根据移动轴与旋转轴的形式不同主要分为以下三种。

（1）双摆头式五轴联动数控机床

双摆头式五轴联动数控机床的运动轴是由 X、Y、Z 三个平动轴和作用在主轴上的两个旋转轴组成。在对叶轮精加工时，加工用刀具选择带锥度的球头铣刀，而球头刀在加工叶轮轮毂曲面时，球头刀最底部为切削刃部位，刀具与轮毂表面呈“90°”，球头刀最底部的切削半径接近于“0”，此时的刀具单位切削力很小，加工出的工件表面质量会很差。双摆头五轴联动数控机床在加工时通过旋转轴的作用可以避免球头刀具顶点区域在切削中产生的死角现象，刀具能根据切削旋转轴的作用在顶点区域旋转一定的角度来避免零线速度切削。这类机床主要用于加工航空发动机或大型的精密模具。双摆头（C-B 轴）式机床运动轴如图 8-1 所示。

（2）摇篮式五轴联动数控机床

摇篮式五轴加工机床和双摆头式五轴加工机床相比，除了同样有 X、Y、Z 三个移动轴外，其旋转轴都是绕着移动轴转动的，而非主轴绕着工件转动。这类机床根据其旋转轴不同分为 B-A、A-B、B-C、A-C 四种。这类机床的主轴结构刚性较好且结构相对紧凑，因为在零件加工时，主轴 Z 轴只提供切削力，主轴不做多角度摆动，多方位的切削靠工件随工作台的转动和摆动实现，所以这类机床的尺寸会有所限制，承载力也有规定。摇篮式多轴联动数控机床主要用于加工小而复杂的零件，如叶片、叶轮等零件。摇篮式（A-C 轴）数控机床运动轴如图 8-2 所示。

（3）摇篮、摆头式五轴联动数控机床

摇篮、摆头式五轴联动数控机床在原有的 X、Y、Z 三个平动轴情况下，其旋转轴分别是作用在工作台和主轴上的，结合了摇篮型和摆头式的优点。根据其旋转轴作用的类型可分为 B-A、A-B、C-A、C-B 四种。摇篮、摆头（A-C 轴）五轴联动数控机床运动轴如图 8-3 所示。

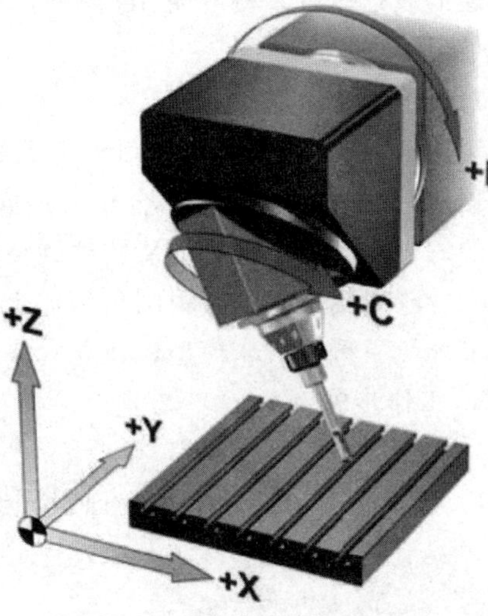

图 8-1 双摆头（C-B 轴）式机床

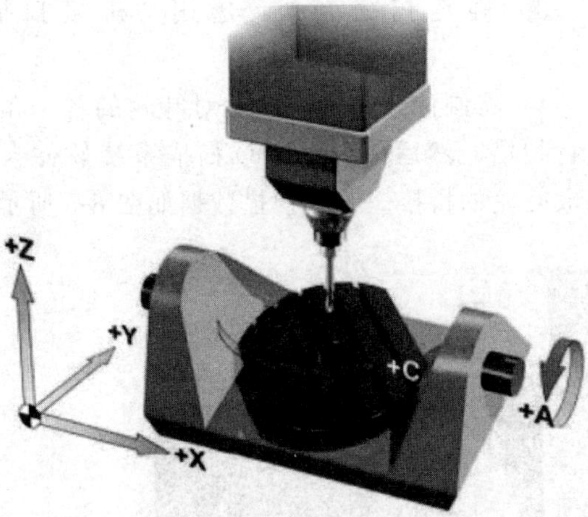

图 8-2 摇篮式（A-C 轴）五轴联动数控机床

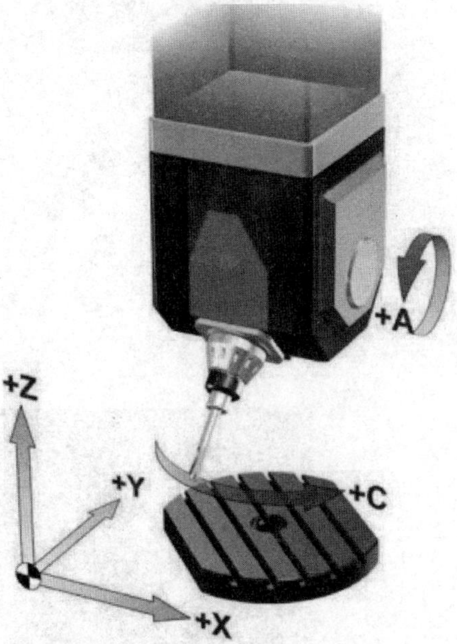

图 8-3 摇篮、摆头（A-C 轴）五轴联动数控机床

【项目实施】

任务 叶轮三维数字化逆向建模与制造

1. 任务导入

在没有叶轮设计图纸或图纸不完整的情况下，用 3D 扫描技术采集叶轮的外形数据，

结合逆向设计软件重构叶轮3D模型，然后结合UG NX软件对叶轮进行五轴编程设计与模拟加工验证。

2. 任务分析

运用3D扫描技术，获取叶轮点云数据，通过Geomagic Wrap（或Studio）软件对点云数据进行优化处理，再结合正、逆向建模软件Geomagic Design X重构叶轮3D模型。叶轮的编程设计中，结合NX软件的整体叶轮加工模块，创建用于执行叶轮粗加工、叶片精加工、轮毂精加工及叶根圆角精加工的工序，生成叶轮加工刀具轨迹，通过在软件的模拟加工环境下调入机床模型，建立真实环境的仿真加工，验证刀具轨迹的合理性。

3. 工作步骤

（1）数据采集

1）喷显像剂：叶轮本身表面对光线具有一定的反射效果，会影响扫描数据的质量，故在进行扫描之前需对叶轮喷涂显像剂。

图8-4 粘贴叶轮标志点

2）标志点粘贴：显像剂喷涂完后需给叶轮粘贴标志点。在三维数据扫描过程中，扫描系统获得的是零乱点云数据，需靠标志点对点云数据进行匹配定位，实现数据点云的拼接，从而获得完整的产品外形点云数据。喷涂显像剂后粘贴标志点，如图8-4所示。

3）确定扫描方式：选用“拼接扫描”方式。

4）将制件放在旋转盘上对叶轮的各个角度进行扫描，然后由Win3DD扫描系统软件自动完成叶轮的拼接。叶轮扫描数据如图8-5所示。

图8-5 叶轮扫描数据

（2）点云处理

1）导入素材文件。扫描的点云数据文件格式为asc文件，将点云文件导入Geomagic Studio软件，选择采样比率，根据零件采样选择默认的采样比率，选择使用的尺寸单位，并对点云数据进行着色，着色后的叶轮点云数据如图8-6所示。

图 8-6　叶轮数据点云图

2）去除杂点。点云数据在扫描的过程中由于光线、环境、设备校准不精确，或操作人员的经验不足，又用到辅助定位等的影响下，都会对扫描数据点云产生一些不需要的杂点，这些杂点称为离散点。从扫描数据点云可以看出叶轮外部有许多多余的杂点需要删除。对于上述叶轮杂点主要通过手动选择删除，然后选择【断开组件连接】【体外孤点】等功能对叶轮外杂点点云进行删除。杂点删除后的点云如图 8-7 所示。

图 8-7　去除多余点云

3）减少噪声。在进行数据采集过程中，获得的数据中因测量设备的标定参数、环境、设备的轻微振动、光线等因素发生变化的影响，获得的数据中存在一定的超差点，统称为噪声点。噪声点的存在将影响工件表面的质量，必须去除。在 Geomagic Studio 软件中选择【减少噪声】命令，进入功能对话框，在【参数】选项中选择【自由曲面形状】，点击【应用】。该命令能够删除在扫描过程中产生的噪声点和体外孤点，更好地表现真实的物体形状。减少噪声前后效果图如图 8-8 所示。

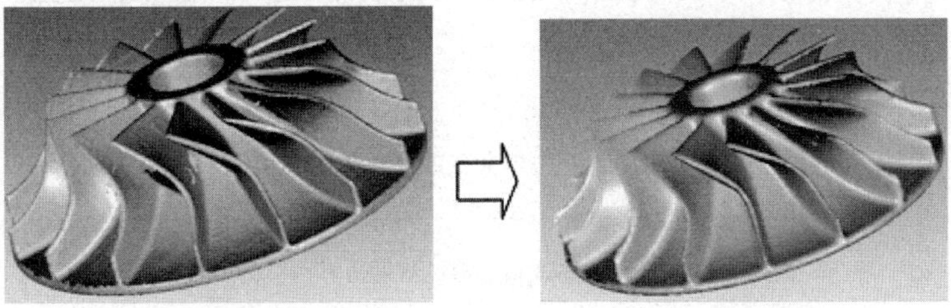

(a) 除噪前　　(b) 除噪后

图 8-8　减少噪声

4）进行统一采样。在利用 Win3DD 单目三维扫描仪对叶轮进行扫描的过程中，为了获得叶轮的表面特征，需对叶轮进行多次多方位的重叠扫描，所以扫描的点云数据有重叠，这时需结合 Geomagic Studio 软件的【统一采样】命令消除重叠的点云。在 Geomagic Studio 软件中选择【统一采样】命令，在参数设置的输入中选择【绝对间距】并输入“0.2mm”，完成该点云数据的统一采样。该功能在保留物体原来面貌的同时减少点云数量，便于删除重叠点云、稀释点云。

5）封装。点击【封装】命令，进入封装对话框，点击【确定】，软件自动计算，将点转化为三角面片，封装结果如图 8-9 所示。

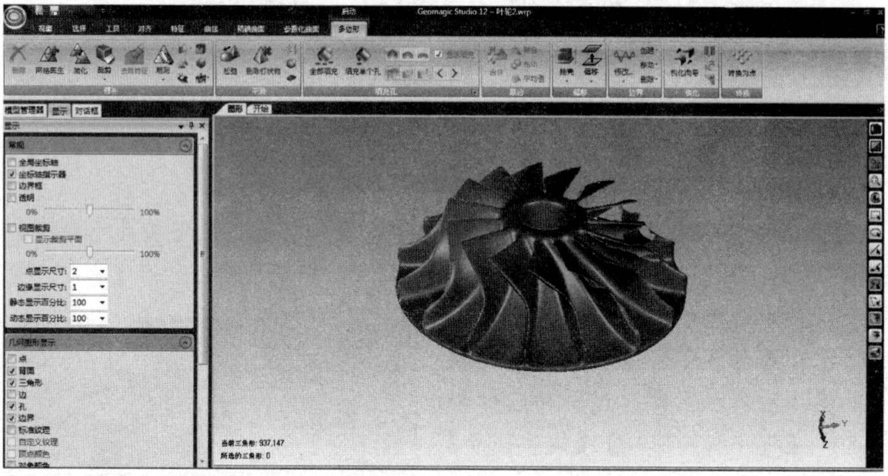

图 8-9 封装处理结果

（3）多边形处理

在对点云进行封装处理后，软件自动计算，将封装处理后的点云转化为三角面片，进入多边形处理阶段，对生成的模型面片进行处理。在多边形阶段处理命令中，可根据零件的特点选择合适的处理方法调整三角面，包括三角面删除、空洞填充、边修补技术和光滑曲面等各种方法，如表 8-1 所示。

表 8-1 多边形处理常用命令

图 标	命令	解释
	填充孔	探测并填补多边形模型的孔洞
	去除特征	删除选择的三角形并填充产生的孔
	网格医生	自动修复多边形网格内的缺陷
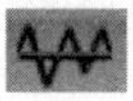	编辑边界	修改多边形模型的边界
	简化	减少三角面的数量但不影响曲面的形状或颜色
	松弛/砂纸	最大限度减少单独多边形间的角度

1）填充空洞。三角网格模型产生空洞的原因有很多，如被测量体的模型部分被破坏；物体结构形状较复杂导致测量盲区；在测量时因测量需要采用了夹具或支撑装夹导致部分测量表面被遮挡。在由曲面或实体模型生成的三角网格模型中将产生孔洞，这些漏洞的存在，不仅会影响 3D 模型的视觉效果，更会影响后面基于网格模型的一系列操作，如曲面建模、快速原型制造、有限元分析等，因此孔洞修补在逆向工程建模过程中是非常重要的一个数据处理步骤。空洞的填补手段主要有手动填补和自动填补。在填补空洞时因填补的方式有填充封闭的孔洞、填充未封闭的孔洞和桥连两片不相关的边界三种方式，生成的填充形式软件给出了以曲率方式填充、以切线方式填充和以平面方式填充三种形式填充。对于叶轮零件，其结构形状较为复杂，且在后面的曲面建模过程中我们只需找出关键特征，在此采用手动填补方式对关键特片位置进行空洞填补。空洞填补如图 8-10 所示。

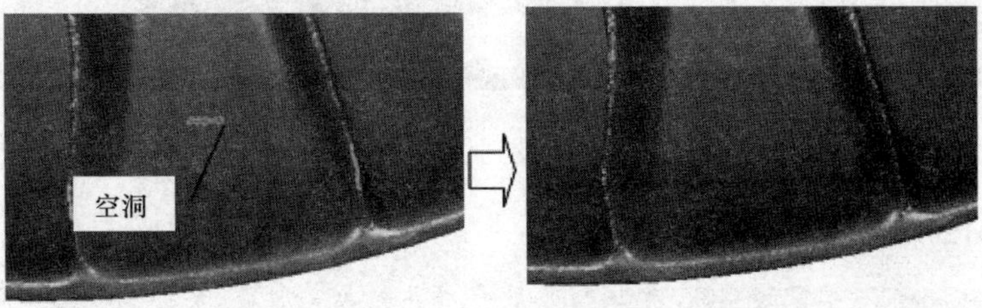

图 8-10 空洞填补过程

2）去除特征。物体的表面本身存在的小凸块和小凹块，或因在扫描过程中贴标志点，在形成三角网格模型表面时这些特征会伴随存在，去除特征功能可根据零件的几何特征自动消除模型的部分特征形状，图 8-11 为去除叶轮底面特征示意图。

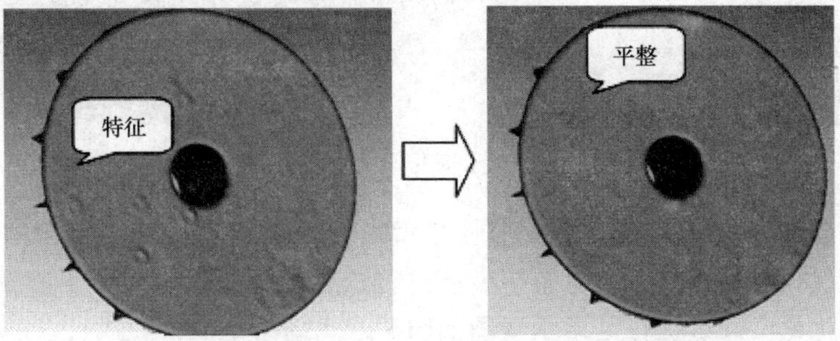

(a) 去除特征前　(b) 去除特征后

图 8-11 去除叶轮底面特征

3）网格医生。在多边形处理阶段中的“网格医生”命令可对生成的有缺陷的三角形面片进行修复。类型选项是选择所需要修复的类型，操作选项是对所选择的类型（以红色区域表示）进行处理，比如删除红色区域、创建流型（删除非流型的三角形）或扩展选区（扩大红色区域）。“网格医生”命令如图 8-12 所示。

4）简化。多边形处理中的“简化”命令是根据现有的多边形做三角形计数或公差简化。对叶轮进行多边形简化，简化方式选择“减少到百分比”和“固定边界”，“固定边界”简化方式是为了尽量保持原有的多边形边界，直接以减少三角形计数方式对目标三角形进行简化，简化百分比值设定为“70%”，设置及结果模型如图 8-13 所示。

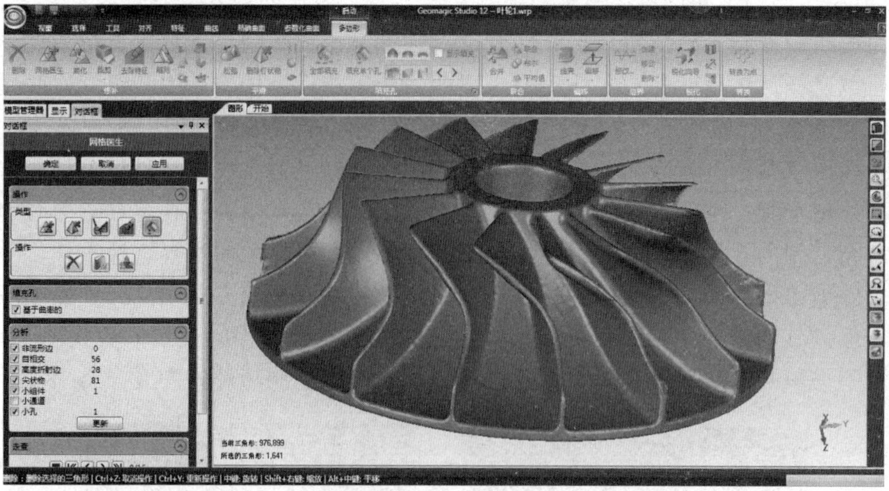

图 8-12　网格医生

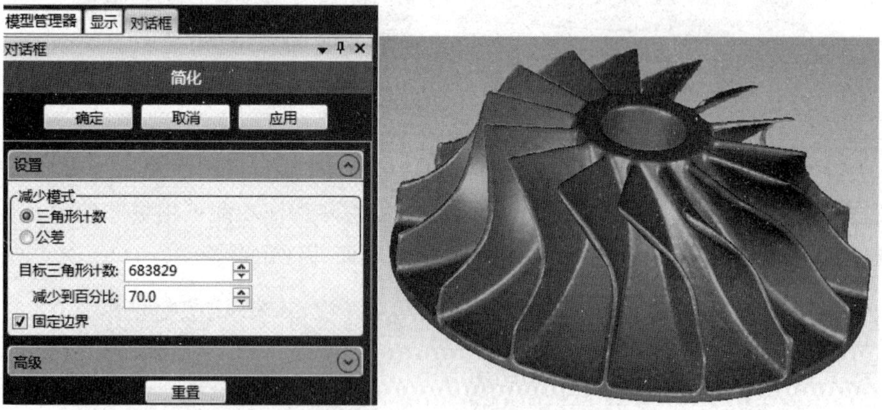

图 8-13　简化三角形数量

5）松弛/砂纸。“松弛”命令针对整个模型，“砂纸”命令用于对模型的局部凹凸、不平整部位进行优化，选择模型，对整个模型进行松弛处理，然后对不平整部分用“砂纸”命令对其进行优化。砂纸优化结果示意图如图 8-14 所示。

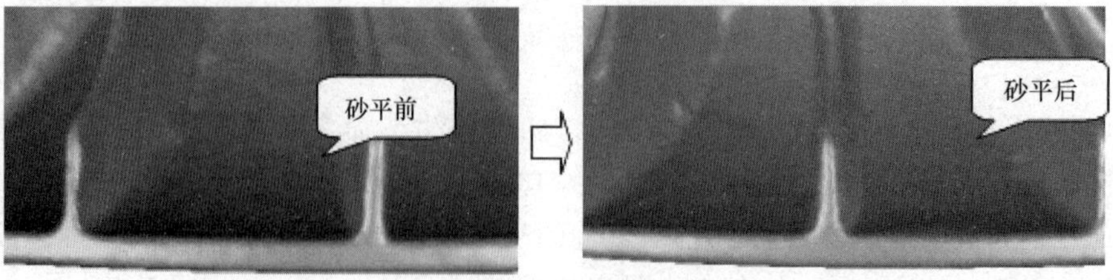

图 8-14　砂平

6）保存文件。如图 8-15 所示为 Geomagic Studio 数据处理结果模型图，以 stl（Surface Triangle List）文件对模型进行保存，以待后续模型重建处理。

（4）逆向建模

图 8-15　点云处理后数据模型图

1）导入叶轮模型数据，如图 8-16 所示。叶轮结构是由叶轮的轴心部分、轮毂与叶片组成，利用 Geomagic Design X 软件对叶轮模型进行实体重构。

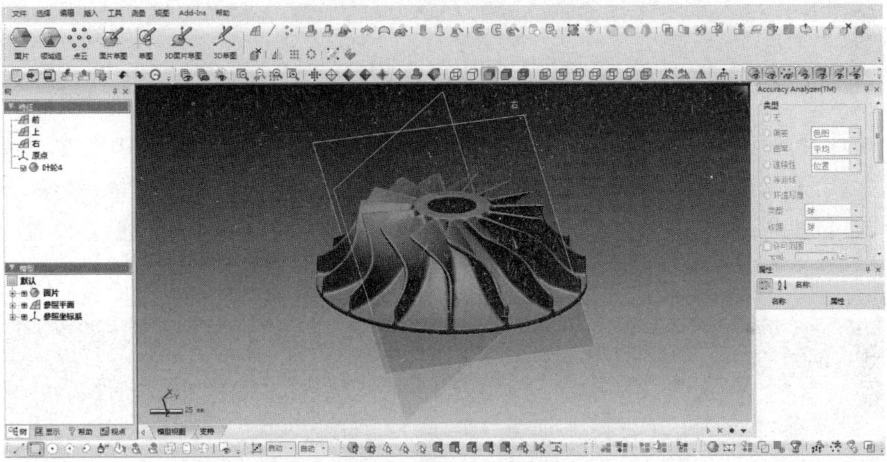

图 8-16　导入叶轮模型

2）领域组处理。轮毂是叶轮重建部分主要特征之一，轮廓线的提取是模型重构的重点。在重建模型时需提取特征面，而当前模型的曲面为一整体，所以需对模型的曲面进行分割。选择【领域组】命令，敏感度选择“50”，面片粗糙度选择“平滑”，根据面片曲率变化软件对面片进行自动分割，如图 8-17 所示。选择点云处理最好的叶片及轮毂面，并

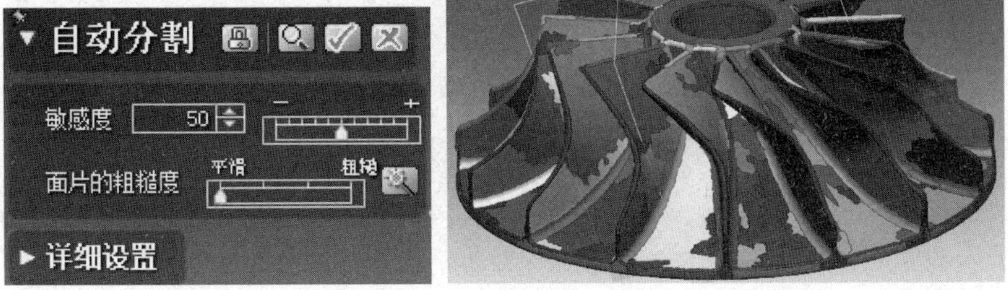

图 8-17　“领域组”命令

对相关面片进行合并，对不相关面片进行分割，以待后续处理。

3）视图找正对齐。对叶轮各视图找正对齐。通过在面片追加参考点及参考平面，通过【手动对齐】命令，对叶轮各视图进行找正对齐，如图 8-18 所示。

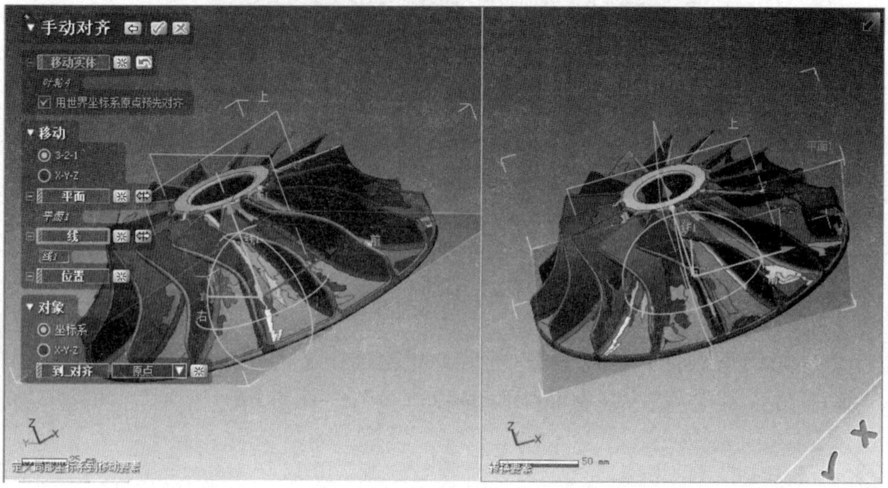

图 8-18　视图找正对齐

4）拾取叶轮轮毂回转截面线。轮毂是叶轮模型重建特征之一，关键点在于提取回转轮廓线，结合 Geomagic Design X 软件中【面片草图】功能，采用【回转投影】方法对轮毂轮廓线进行提取，设置投影中心轴线为回转中心轴线，并选择基准平面，设置轮廓投影范围为“30°”，截取出叶轮的轮毂截面特征线，如图 8-19 所示。

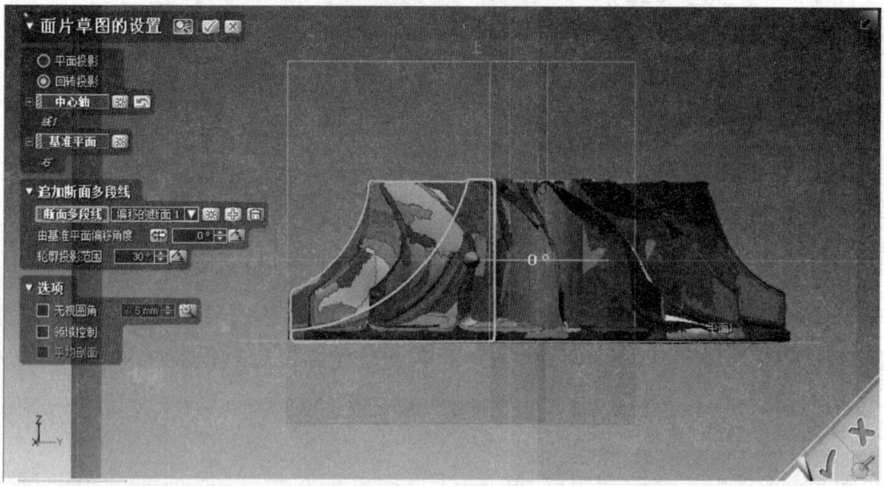

图 8-19　截取叶轮轮毂回转轮廓线

5）拟合叶轮轮毂截面线。截取的叶轮轮毂截面线是不平滑的，和实际轮毂的截面线有偏差，如图 8-20 所示，需对提取出的截面线进行修正或重新绘制。此处采用的是曲线拟合的方法修正叶轮轮毂截面线，这种拟合方法是在允许的公差范围之内根据草图曲线自动拟合成特征曲线。拟合出的叶轮轮毂截面线如图 8-21 所示。

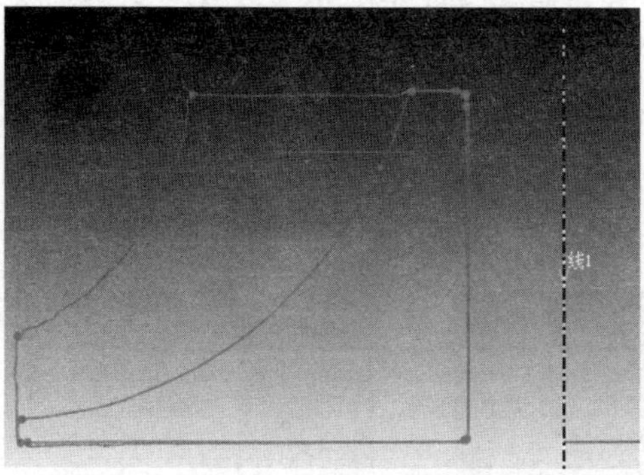

图 8-20　提取轮廓线

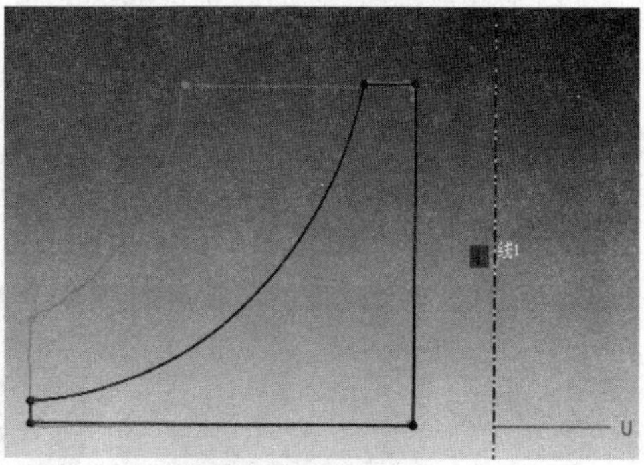

图 8-21　拟合轮廓线

6）叶轮轮毂实体生成。拟合的叶轮轮毂截面线作为轮毂表面的母线，提取轮毂的回转中心轴为旋转中心轴，采用回转拉伸的方法创建叶轮轮毂的实体特征，如图 8-22 所示。

图 8-22　叶轮轮毂面生成

7）轮毂光顺度检查。对重构的轮毂面进行光顺度检查。轮毂曲面的光顺度可以通过 Geomagic Design X 软件中【环境写像】命令来观察，如图 8-23 所示，从图中可看出所重建的叶轮轮毂表面光顺。

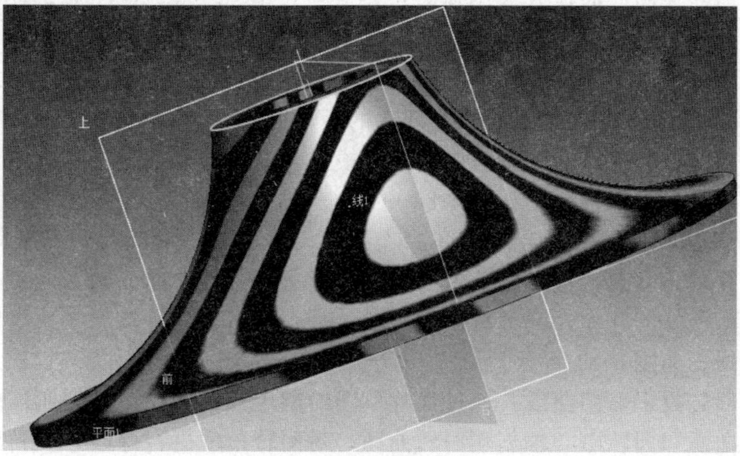

图 8-23　叶轮轮毂面环境写像

8）轮毂清度检查。叶轮重构的实体精度可通过与原始点云进行偏差比较，通过偏差测量来判断模型重构精度。结合 Geomagic Design X 软件中的“点云偏差测量［Accuracy Analyzer（TM)］”命令对曲面模型与原始点云进行偏差值对比。观察重构的叶轮轮毂曲面与实际点云偏差色图，重建的轮毂实体误差范围在－0.0532～0.0578mm，误差在允许范围内。叶轮轮毂偏差检查色图如图 8-24 所示。

图 8-24　叶轮轮毂偏差检查

9）叶片实体重建。

叶轮的叶片在叶轮轮毂上是呈 24°均匀分布的，所以在对其进行模型重构时，只需重构出一个合格的实体，结合软件的阵列命令便可完成所有叶片的建模。叶片的曲面属于自由曲面，在建模时很难寻找曲面的变化特征，根据叶片表面曲率的变化特点截取其表面截面线，然后以提取的截面线采用【曲面放样】的方法创建出叶片的前、后曲面。【放样】命令功能中有【平面放样】和【曲线放样】两种。曲线放样需在 3D 面片草图中截取一断曲线作为放样主曲线，然后放样截面线根据主曲线进行放样。平面放样路径有两种：一种是许可偏差，可设置许可偏差范围，软件对曲面进行自动放样；另一种是输入断面数，平面截取的截面线以输入的断面数截取。

① 创建前叶面。在【3D 面片草图】下，选择【放样向导】命令，断面数采用许可偏差“0.05mm”，最大截面数为“50”，生成叶片上叶片面片图，如图 8-25 所示。通过“点云偏差测量［Accuracy Analyzer（TM)］”命令对所创建的叶片曲面与原始点云进行偏差测量，叶片前叶片曲面的点云云图偏差范围在－0.4726～0.4821mm，如图 8-26 所示，误差在公差范围内，符合设计要求。

② 创建后叶面。后叶面的创建参照前叶面的创建方法，同样采用放样的方法来创建。如图 8-27 所示为创建的后叶面曲面图，创建的后叶面具有较好的光顺度，其点云云图偏差范围在－0.4726～0.4821mm，在曲面建模模型与点云数据偏差范围内，符合逆向设计的要求，后叶片点云云图偏差图如图 8-28 所示。

③ 剪切叶片边界。轮毂和叶片之间的连接可以通过轮毂对叶片进行剪切，然后通过对其连接处进行倒角处理，叶片的其他边界面可以通过做辅助曲面的方法对其进行曲面剪切处理，首先对做好的叶片两面进行曲面延长处理，然后在面片草图下通过回转投影获得所需的投影曲线，如图 8-29 所示。

拾取所需回转投影剪切曲线，通过面片草图绘制生成旋转投影剪切所需曲线，利用草图绘制的剪切曲线和回转中心轴创建回转曲面，对回转角度进行修改，回转曲面只需把叶片包围在内即可，如图 8-30 所示。

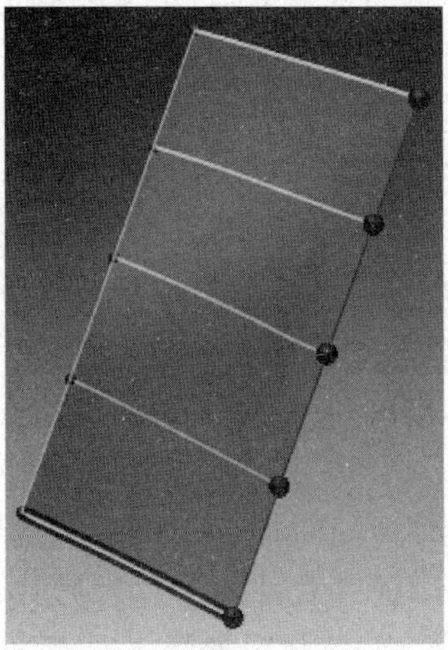

图 8-25　生成前叶片曲面

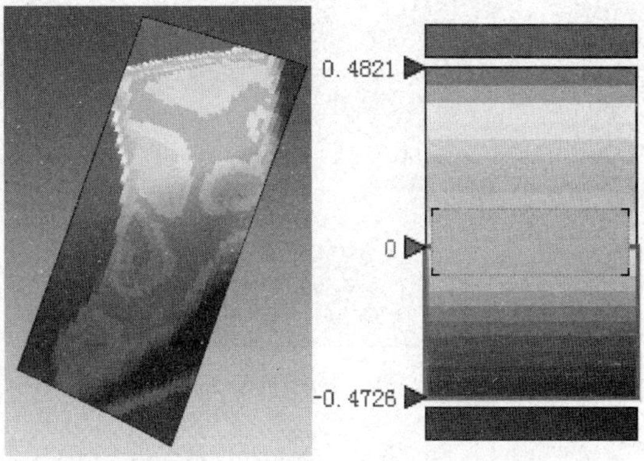

图 8-26　前叶片点云云图偏差图

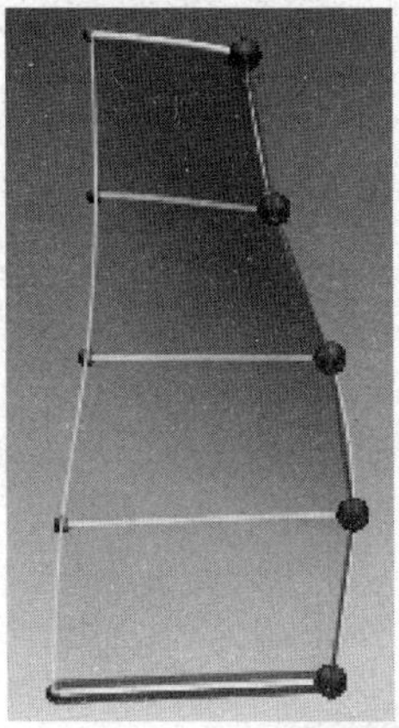

图 8-27　生成后叶片曲面

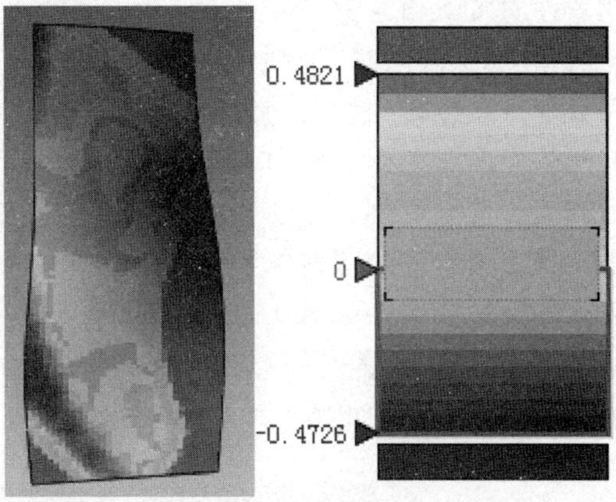

图 8-28　后叶片点云云图偏差图

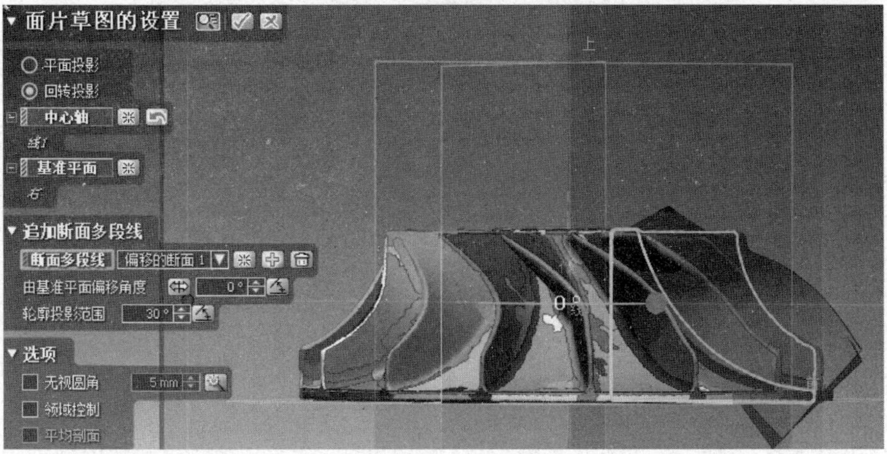

图 8-29　回转投影

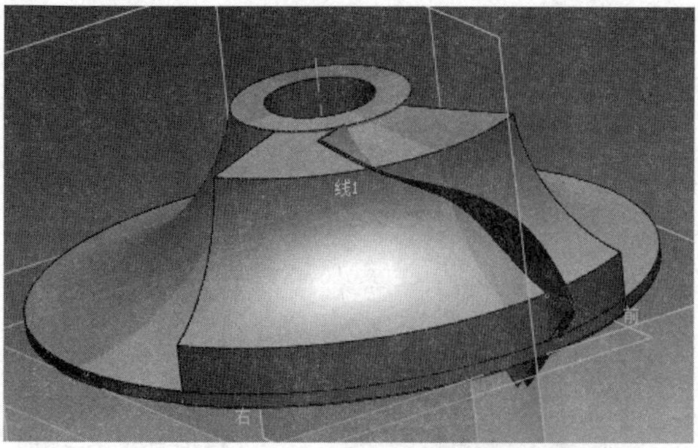

图 8-30 创建剪切曲面图

叶片曲面的剪切分为两部分：一是利用创建的回转曲面对叶片外包围进行剪切；二是和轮毂接触的多余部分可通过轮毂曲面对其进行剪切。以【曲面偏移】命令对轮毂表面进行偏移，偏移量设置为“0”，创建一个和轮毂表面相重合的曲面用以对叶片的剪切。剪切采用【剪切与合并】命令，要素选择分别选取“轮毂曲面”“回转剪切曲面”“前叶片曲面”“后叶片曲面”，然后点击“确定”，通过对叶片进行相交剪切可自动生成叶片实体，如图 8-31 所示。

10）创建叶根圆角、轮毂圆角。

在轮毂和叶片实体重建结束后，利用软件的【变圆角】命令，对叶片与轮毂相交处及叶片顶部圆角进行变圆角处理。在进行变圆角处理过程中可利用软件误差色图分析对所倒圆角进行调整，直至所倒圆角达到误差范围内；轮毂圆角采用【圆角】对有圆角要求部位过行圆角处理。最后采用实体阵列方法对叶片进行阵列复制，生成的叶轮 3D 模型如图 8-32 所示。

图 8-31 剪切叶片

图 8-32 叶轮模型的重构

重建出叶轮模型后，通过对叶轮模型进行 Accuracy Analyzer（TM）中的等距线与环境写像观察叶轮模型曲面的连续性与光顺度，如图 8-33、图 8-34 所示。

图 8-33　叶轮曲面等距线图

（5）数控加工

1）确定加工方案。

① 生成二维剖视图。通过 IGES 文件导入到 UG NX 软件中，通过测量叶轮模型各尺寸，导出叶轮二维剖视图，并按叶轮制造精度、形位公差要求绘制出叶轮的零件图。根据叶轮尺寸精度要求及表面粗糙度要求绘制 CAD 平面图，如图 8-35 所示。叶轮外形规则，被加工表面的尺寸、表面粗糙度、形位公差值要求较高。叶轮叶片的最大轮毂直径为 ϕ204mm，最小直径为 ϕ96mm。叶轮叶片 $Z=15$，叶片在轮毂上每隔 24°均匀分布，叶片的曲率变化较大，刀具的实际加工预留空间很小，在加工过程中刀具和叶片之间容易发生干涉。根据零件特征，机床选用摇篮式（A-C 轴）式。

图 8-34　叶轮模型环境写像

② 确定叶轮毛坯类型。叶轮在加工前需先确定好毛坯的外形尺寸和材料。叶轮材料为 7075 超硬铝合金，叶轮毛坯示意图如图 8-36 所示。

③ 制定加工工艺方案。叶轮的加工需在五轴机床上进行，其加工过程主要有：叶轮粗加工→精铣叶片→精铣轮毂面→精铣叶根圆角。叶轮的加工工艺方案如表 8-2 所示。

表 8-2　　**叶轮加工工艺方案**　　单位：mm

工步号	程序名	加工内容/部位	加工余量	刀具类型	刀具直径	刀头直径	长度/刀刃长度
1	MULTI_BLADE_GEOM	叶轮粗铣	—	带锥度的球头刀	D8A3	8	70/50
2	BLADE_FINISH	叶片精铣	0.0	带锥度的球头刀	D6A3	6	70/50
3	HUB_FINISH	精铣轮毂	0.0	带锥度的球头刀	D6A3	6	70/50
4	BLEND_FINISH	精铣叶根圆角	0.0	带锥度的球头刀	D6A3	6	70/50

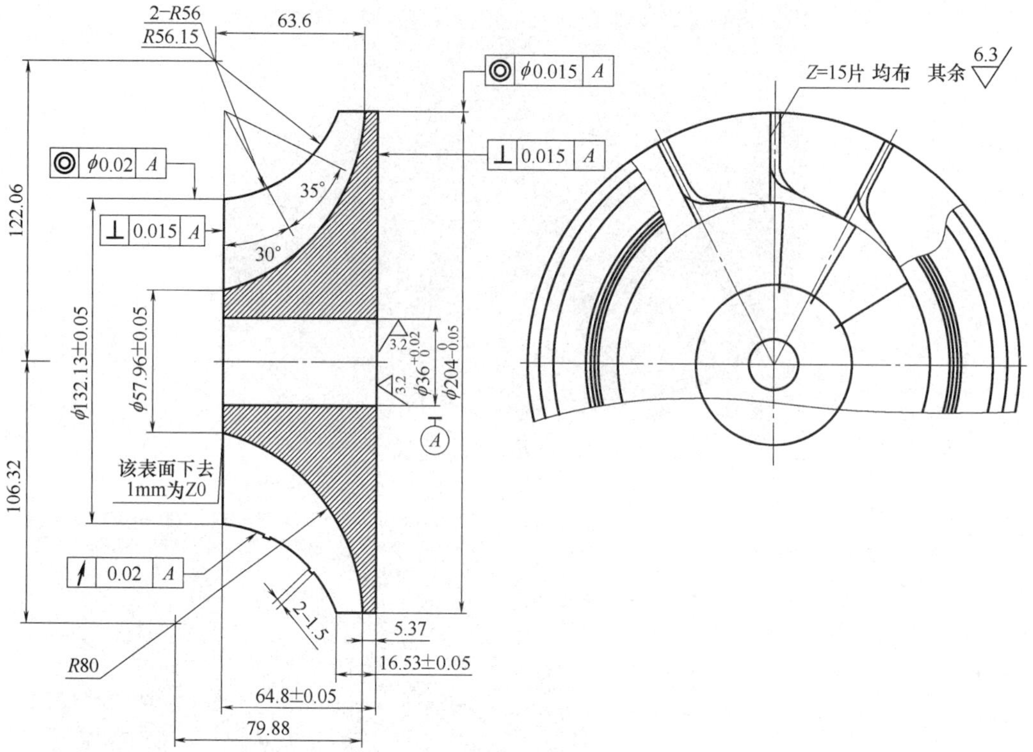

图 8-35 叶轮二维剖视图

④ 定位装夹方案。根据摇篮式（A-C 轴）五轴加工机床的加工特点和叶轮的加工工艺方案，设计一套用于加工本叶轮的专用夹具，夹具装配如图 8-37 所示。

图 8-36 确定叶轮毛坯

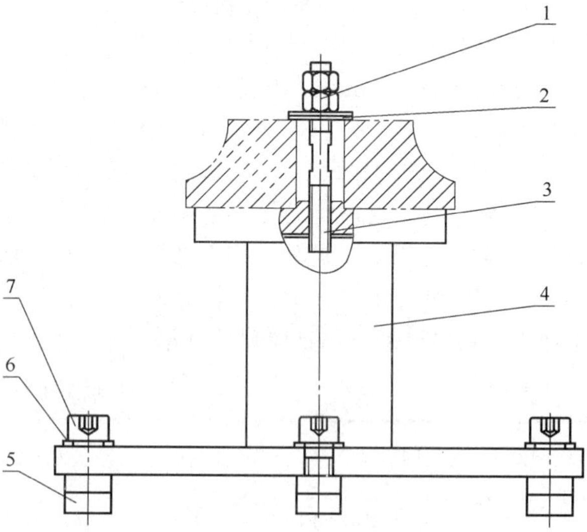

图 8-37 夹具示意图

1—螺母 M16 2—大垫圈 C 级 3—大垫圈 C 级

4—叶轮连接盘 5—T 形槽螺母

6—平垫圈 C 级 7—螺钉 M20×50

2）叶轮 CAM 自动编程预处理。

① 定义叶轮加工坐标系。以叶轮顶面作为 X 轴与 Y 轴平面，Z 轴为叶轮轮毂中心轴线，这样便保证了测量基准、设计基准、加工基准的统一。

在 UG 软件 CAM 环境下，打开【工序导航器】，双击【MCS_MILL】，选择叶轮的顶面和轮毂中心线，并把其指定为“MCS”的 X 轴、Y 轴和 Z 轴，在“安全设置选项”中选择“包容圆柱体”，输入安全距离“12.0”。

② 定义叶轮几何体。在定义叶轮几何体中要求指定出叶轮的部件几何体、毛坯几何体和检查几何体。首先，选择【菜单】→【首选项】→【可视化】，单击可视选项卡，选中透明度复选框，设置毛坯透明度，这时便可清晰地观察到毛坯内的部件结构形状。

单击几何视图，在【工序导航器】中，单击加号“+”展开“MCS_MILL”。

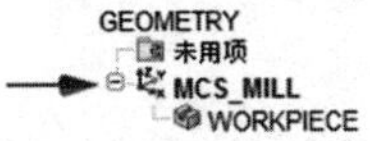

双击【WORKPIECE】以编辑该组，分别编辑“指定部件”“指定毛坯”和“指定检查”，完成部件几何体相关设置。单击材料“CARBON STEEL”，从列表中选择“MATO_02100”，这将指定 HSM Aluminum 作为部件材料。定位毛坯几何体如图 8-38 所示。

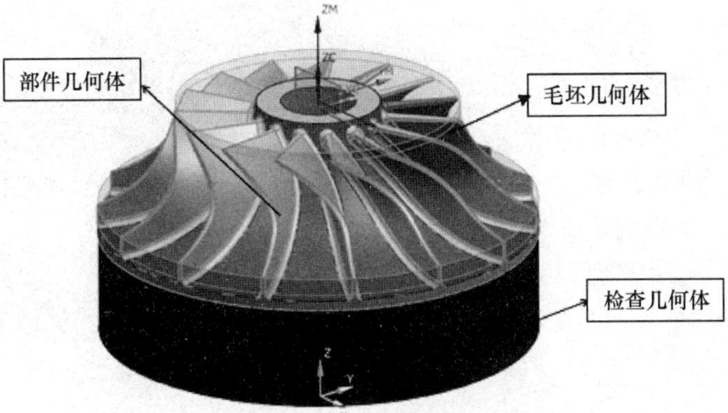

图 8-38　定义毛坯几何体

③ 定义叶片几何体。UG NX 叶轮加工模块“mill_multi_blade”在编程设置中，定义叶片几何体是指需选择指定需要加工的叶轮轮毂、包覆、叶片和叶根圆角。单击“创建几何体”，从类型列表中选择“mill_multi_blade”，单击“MULTI_BLADE_GEOM”，从几何体列表中选择“WORKPIECE”，在几何体名称中输入“MULTI_BLADE_GEOM-1”单击“确定”。进入多叶片几何体对话框设置，分别指定出叶轮的轮毂、包裹、叶片的叶根圆角。

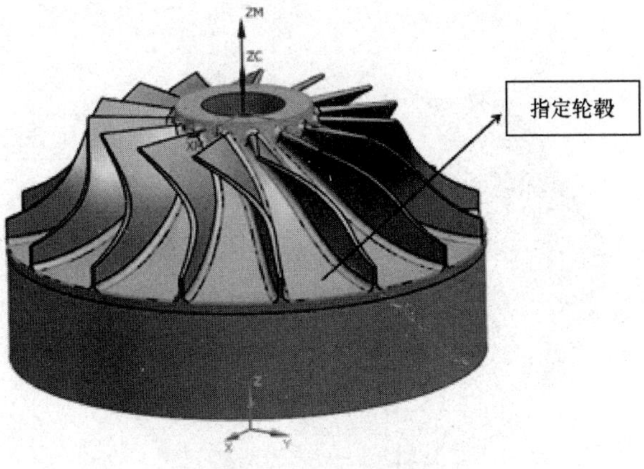

图 8-39　指定轮毂

• 指定轮毂

进入多叶片几何体设置选项，单击 （指定轮毂），选择所需定义的叶轮轮毂的面，如图 8-39 所示，单击“确定”以接受轮毂几何体对话框设置。

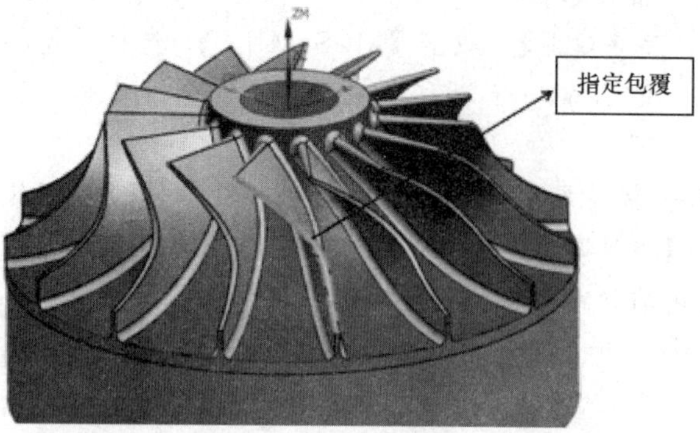

图 8-40　指定包覆

• 指定包覆

单击 （指定包覆），选择叶片边缘上的面，此几何体将绕用于定义包覆的旋转轴进行旋转，如图 8-40 所示，单击“确定”以接受包覆几何体对话框设置。

• 指定叶片

指定叶片主要是选择用于定义叶片的三个面，单击“指定叶片 ”，选择为包覆叶片的三个面，如图 8-41 所示，单击“确定”接受叶片几何体对话框设置。

• 指定叶根圆角

单击指定 （叶根圆角）选择出用于定义叶根圆角的三个面，如图 8-42 所示，单击“确定”以接受叶根圆角几何体对话框设置。

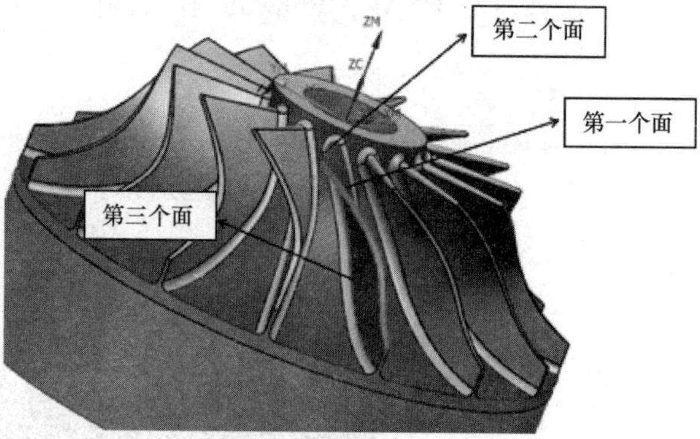

图 8-41　指定叶片

按以上四个步骤分别定义需要加工的其余 14 个叶片几何体，几何体名称依次设置为 MULTI_BLADE_GEOM-1 ～ MULTI_BLADE_GEOM-15。

④ 定义数控加工刀具和夹持器。叶轮的加工曲面曲率变化较大，两叶片间的容刀空间狭小，且切除下刀深度较深，所以普通的铣刀难以满足加工要求，叶轮加工最常用的刀具一般选择带锥度的球头铣刀，目的是为了在保证下刀深度的同时增强刀具的强度。

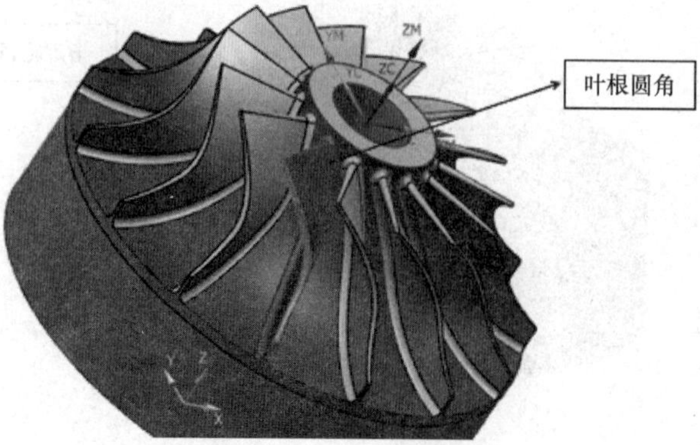

图 8-42　指定叶根圆角

结合叶轮的实际加工经验，选用带锥度的球头铣刀，加工的叶轮叶片之间的间隙狭窄，在刀具的选择中既要考虑刀具在叶片间隙间的可容空间又要保证刀具的刚性，根据实际加工经验，选用 ϕ8mm，锥角为 3°，长度为 70mm，刀刃长度为 50mm 的刀具用于工件的开粗加工，用 ϕ6mm，锥角为 3°，长度为 70mm，刀刃长度为 50mm 的刀具用于叶片、轮毂、叶根圆角的精加工。刀具分别命名为“D8A3”和“D6A3”。

• 创建 D8A3 刀具和夹持器

单击“夹持器”选项卡，在（OS）偏置框中输入“20.0”，展开对话框的库区段，单击（从库中调用夹持器），单击“Milling_Drilling”，单击“确定”。在搜索准则对话框中，单击“确定”。在搜索结果对话框中，单击“HLD001_00012”，单击“确定”，完成刀具和夹持器定义，如图 8-43 所示。

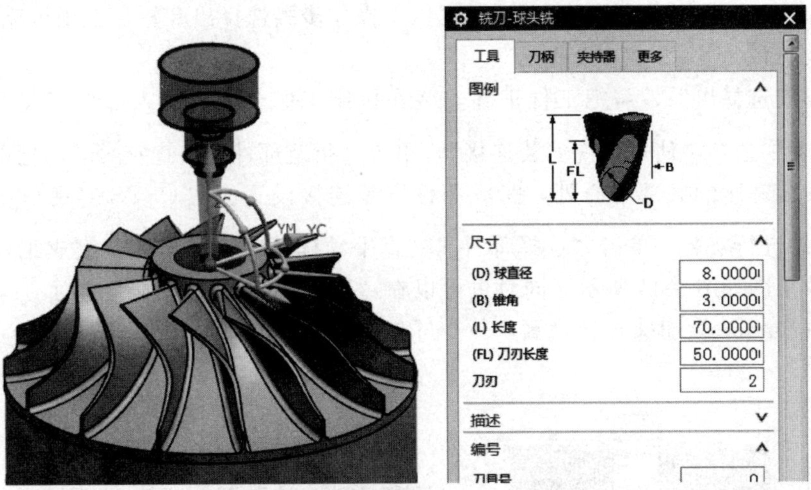

图 8-43　创建 D8A3 刀具和夹持器

• 创建 D6A3 刀具和夹持器

在创建刀具选项卡中，设置球直径“6mm”，锥度为“3°”，长度“70mm”刀刃长度“50mm”。单击夹持器选项卡，在（OS）偏置框中输入“20.0”，展开对话框的库区段，单击（从库中调用夹持器），单击“Milling_Drilling”，单击“确定”。在搜索准则对话框中，单击“确定”。在搜索结果对话框中，单击“HLD001_00012”，单击“确定”，完成刀具和夹持器定义，如图 8-44 所示。

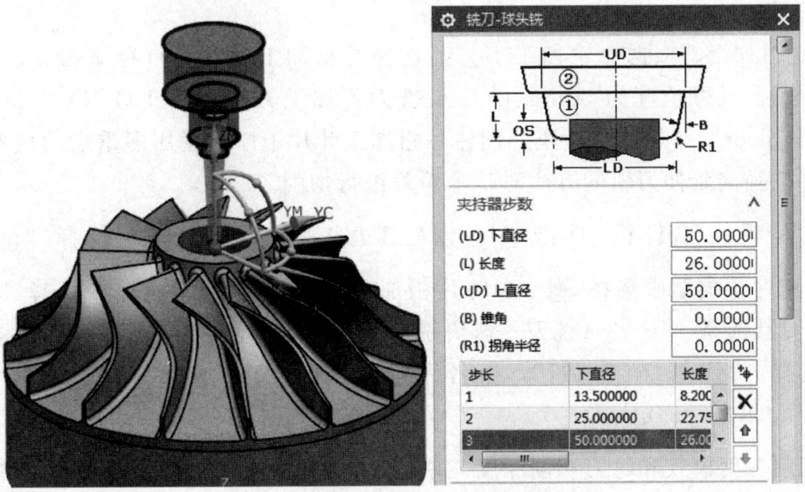

图 8-44　创建 D6A3 刀具和夹持器

⑤ 定义数控加工机床。在 UG NX 软件仿真加工模块中，将工作部件安装到机床后，就可以对机床移动仿真来对工件进行编程。在工序导航器的机床视图中显示“GENERIC_MACHINE”，表明没有指定加工机床。

• 选择机床

双击“GENERIC_MACHINE”，弹出机床设置对话框，单击 （从库中调用机床），从要搜索的类列表中选择“MILL”，单击“确定”，从匹配项列表中选择“sim08_mill_5ax_sinumerik_mm”，单击“确定”。根据以上操作步骤选择出叶轮加工用机床类型。

• 安装工件

机床类型选择出后，需把工件正确安装在机床工作台上。进入部件安装对话框，从“定位”列表中选择“使用部件安装连接”，单击“指定部件安装连接 ”，把部件安装连接放置在安装基座的底部中心处，完成部件安装连接设置。在 CSYS 对话框中单击“确定”，对部件进行安装，单击“选择部件 ”，手动选择叶轮和基座。完成工件的安装设置，安装效果图如图 8-45 所示。同时也可以在“装配导航器”选项卡中对“sim08_mill_5ax_sinumerik_mm”机床选择隐藏，减少屏幕混乱。

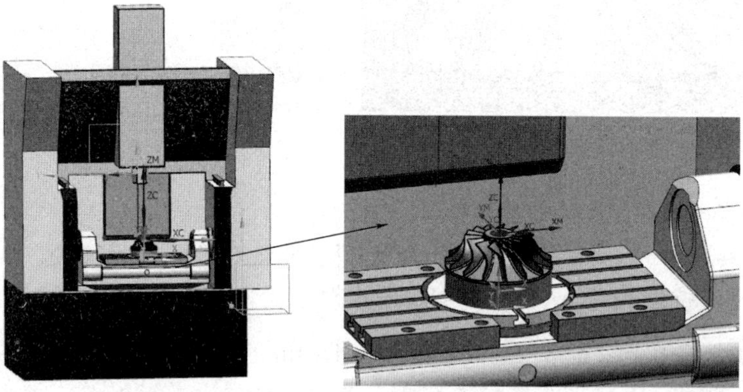

图 8-45 定义数控加工机床

3）编程设计。

① 叶轮粗加工。根据叶轮加工工艺，选择的粗加工刀具为直径 ϕ8mm，锥角为 3°，长度为 70mm，刀刃长度为 50mm 的球头铣刀。加工方法选用 UG NX 10.0 软件中的“mill_multi_blade”叶轮加工模块。创建一粗加工叶片工序，使用多重切削层对叶片进行粗加工，并按径向延伸刀轨的方法对整个轮毂进行切削。

创建叶片粗加工工序。单击 （创建工序），从类型列表中选择“mill_multi_blade”，在工序子类型中选择 （多叶片粗加工），在位置设置程序中选择“NC_PROGRAM”，刀具选择“D8A3（铣刀—球头铣）”，几何体选择“MULTI_BLADE_GEOM-1”，方法选择“MILL_ROUGH”，在名称列表中把此工序命名为“MULTI_BLADE_ROUGH-1”，单击“确定”。

定义切削深度模式和每刀切削深度。单击 （切削层），在深度模式列表中选择“从轮毂偏置”，每刀切削深度选择“恒定”，在距离框中选择“刀具百分比”并键入“30.0”，单击“确定”，完成切削层设置。

设置叶片粗加工的驱动方法，对生成的刀轨进行延伸，实现叶轮上缘部分的切削。单击“驱动方法”，从叶片边缘点列表中选择“沿部件轴”，“沿部件轴”是通过沿部件中心线投影在各切削层前缘的最高刀轨位置处创建的参考点，“沿部件轴”的参数设置有距离、切向延伸和径向延伸三个参数，距离值是通过沿刀轨重新放置边缘点来修剪刀轨，距离沿刀轨而不是叶片进行测量，在距离框中键入“15.0”；切向延伸是将与刀轨相切的切削刀路从按距离值所创建的参考点进行延伸，在切向延伸框中键入“0”；径向延伸是按径向从切向延伸的一端延伸切削刀路，为了使轮毂加工完全，在径向延伸框中键入“150.0”，如图 8-46 所示。

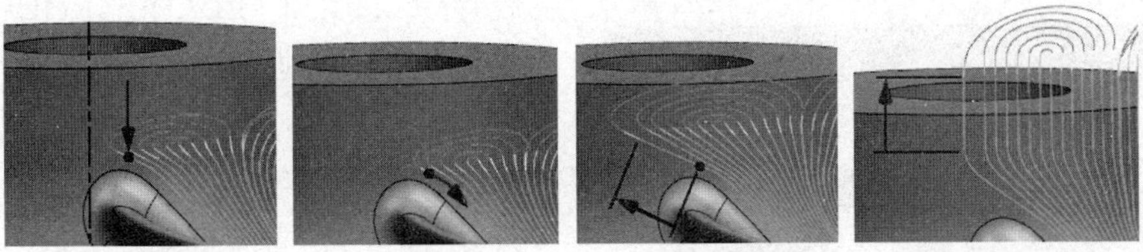

图 8-46　叶片粗加工驱动方法

完成叶片粗加工 CAM 相关设置，单击 （生成），生成叶片粗加工刀轨。刀具轨迹如图 8-47 所示。

对生成的单个叶轮槽粗加工刀轨进行仿真加工，仿真加工效果图如图 8-48 所示。

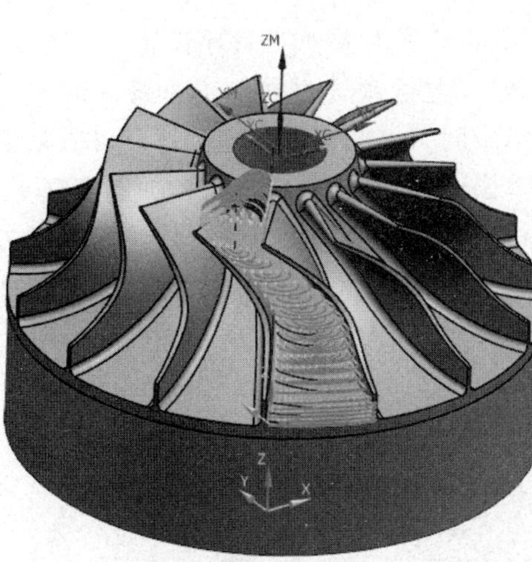

图 8-47　单个叶轮槽粗加工刀轨

图 8-48　单个叶轮槽仿真加工

在完成第一个叶轮槽粗加工后，还需对其他叶轮槽进行粗加工。单击 （创建几何体），从类型列表中选择“mill_multi_blade”，单击“MULTI_BLADE_GEOM ”，从几何体列表中选择“WORKPIECE”，几何体名称定义为“MULTI_BLADE_GEOM-2”，单击“确定”。进入多叶片几何体设置中，参照第一个叶片几何体设置步骤，分别按设置第一个叶轮叶片几何体一样指定第二个叶轮的“轮毂”“包裹”“叶片”和“叶根圆角”。以同样的步骤方法依次设置出15个叶片几何体，并依次把其命名为“MULTI_BLADE_GEOM-1”至“MULTI_BLADE_GEOM-15”。

生成其余叶轮槽的刀轨。UG（NX）软件具有对程序进行复制粘贴的功能，对于加工方法设置一致的程序只需对原始程序进行复制粘贴，对粘贴的程序修改加工对象即可，无须重新创建工序。进入工序导航器的程序顺序视图，对第一个叶轮槽粗加工程序进行复制，并把其分多次粘贴在程序“MULTI_BLADE_ROUGH-1”下方，并对粘贴的程序重新命名：“MULTI_BLADE_ROUGH-2”至“MULTI_BLADE_ROUGH-15”，重新命名的程序分别代表第2～15个叶片的粗加工程序。第2～15个叶轮槽粗加工程序设置：双击程序“MULTI_BLADE_ROUGH-x”，进入多叶片粗加工对话框，在几何体选择中更改几何体，几何体选择“MULTI_BLADE_GEOM-x”，使程序名和叶片几何体对应，单击（生成），生成第x个叶轮槽粗加工刀路轨迹。以同样方法和操作步骤分别设置其余叶轮粗加工程序。叶轮粗加工机床模拟仿真如图8-49所示。

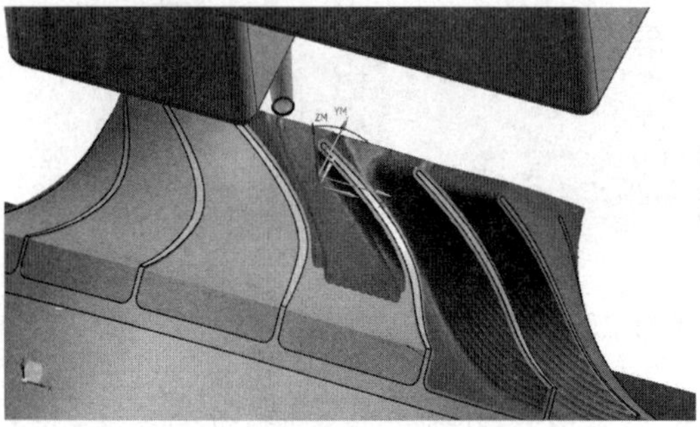

图8-49 叶轮粗加工机床模拟仿真

② 叶片精加工。创建叶片精加工工序。进入创建工序对话框，在工序子类型中选择（叶片精加工），刀具选择“D6A3”，几何体选择“MULTI_BLADE_GEOM-1”，程序名称命名为“BLADE_FINISH-1”，单击“确定”，进入叶片精加工程序设置。单击（切削层），深度模式列表中选择“从包覆插补至轮毂”，此选项通过在包覆刀路（第一个刀路）和轮毂刀路（最后一个刀路）之间插值确定沿中间刀路的切削深度，每刀切削深度选择“残余高度”，在残余高度值中键入“0.05”，单击“确定”，生成刀轨，如图8-50所示。从图8-50可看出，所生成的刀轨使后缘不能被切削，因它未被指定为叶片几何体，这时需延伸刀路并指定各个切削层之间的光顺移刀。对叶片精加工驱动方法进行设置，在后缘选项的叶片边缘点中选择“沿叶片方向”，切向延伸键入刀具百分比“75.0”，沿叶片方向是指通过沿叶片方向投影为各切削层在后缘上的最低刀轨位置处创建参考点。设置完成后重新生成刀轨，如图8-51所示。

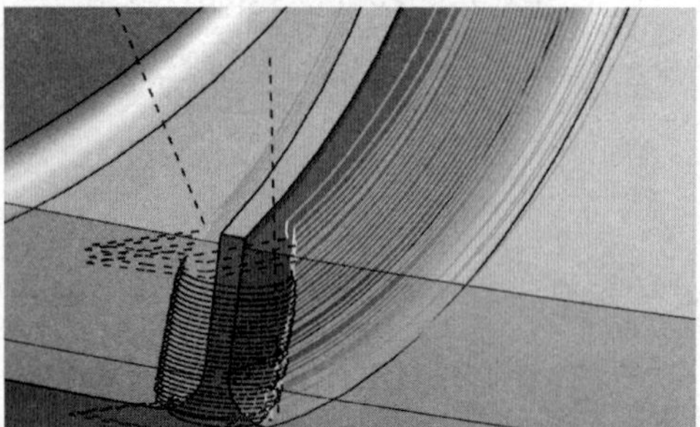

图8-50 后缘不能被切削

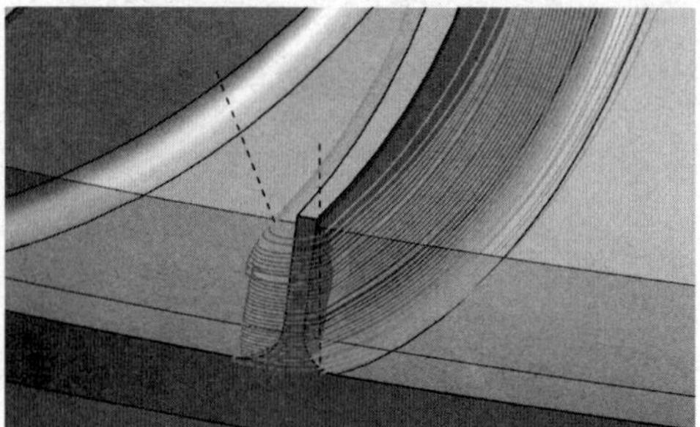

图8-51 后缘被切削

对叶片精加工的非切削参数进行设置，通过对移除进刀并指定区域间的光顺移刀进行设置，可在各切削层之间创建光顺过渡，从而提高叶片加工质量。对第一个叶片精加工程序进行复制，在“BLADE_FINISH-1”程序下方重复粘贴，把 15 个叶片的叶片精加工程序依次命名为：BLADE_FINISH-1 至 BLADE_FINISH-15。按正交实验切削参数分组要求对试验组叶片的切削参数做更改，然后在叶片精加工程序设置中选择叶片所对应的几何体，生成所对应叶片的精加工刀轨。单个叶片精加工刀轨如图 8-52 所示，叶片精加工刀轨如图 8-53 所示。

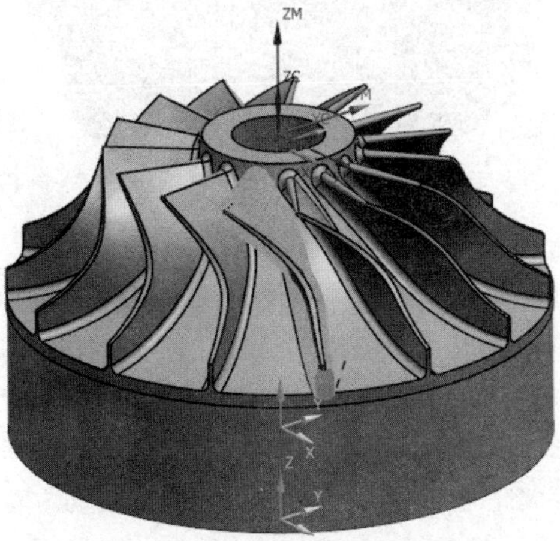

图 8-52　单个叶片精加工刀轨

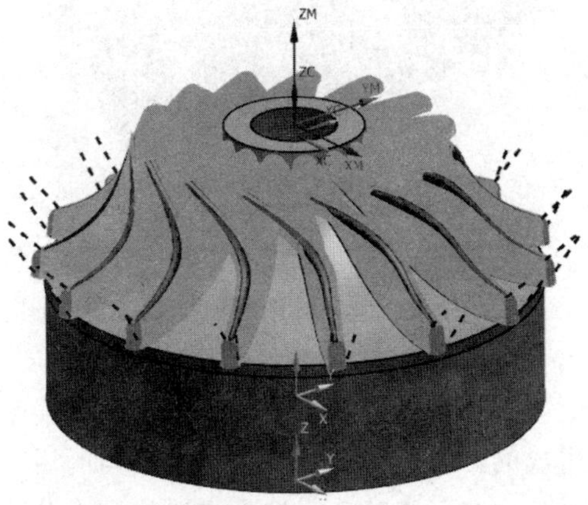

图 8-53　叶片精加工刀轨

③ 轮毂精加工。根据叶轮尺寸特征，在轮毂面精加工时选用 D6A3 刀具，直径为 ϕ6mm，锥度为 3°的球头铣刀。进入叶轮加工模块后，在工序子类型中选择“轮毂精加工”，刀具选择“D6A3”，几何体选择“MULTI_BLADE_GEOM-1”，方法选用“MILL_FINISH”，程序名称命名为“HUB_FINISH-1”，单击“确定”，创建出第一个轮毂精加工程序名。进入轮毂精加工程序设置。在轮毂精加工程序设置中，需对轮毂精加工的驱动方法进行设置，使其生成的刀轨能延伸到叶轮轮毂的前缘和后缘部分。对轮毂前缘进行设置：在叶片边缘点列表中选择“沿部件轴”，在距离框中键入“10.0”，切向延伸“0”，径向延伸“120.0”。对轮毂后缘进行设置：边定义选择“指定”，在距离中键入“25.0”，切向延伸距离“15.0”，径向延伸距离“0”。设置完成后轮毂的上部未被精加工的区域，刀轨将延伸至该区域进行切削。在驱动设置中的切削模式改为“往复上升”，以减少进刀数和退刀数。设置完成，生成第一个轮毂面精加工刀轨，如图 8-54 所示。在完成第一个轮毂面精加工程序后，对程序“HUB_FINISH-1”进行复制，在其下方粘贴，并依次重命名为“HUB_FINISH-2”～“HUB_FINISH-15”，其分别代表 15 个轮毂面精加工程序名，每个轮毂面的加工方法和策略一样，只需更改几何体便可生成其他轮毂面的精加工程序。双击轮毂面程序，选择该程序名所对应的叶片几何体，按正交实验对切削参数的分组要求对轮毂精加工参数进行设置，重新生成每组轮毂的精加工刀轨，如图 8-55 所示。

④ 叶根圆角精加工。叶根圆角是由叶片和轮毂相连处倒圆角形成。在叶轮高速运转中，叶根圆角可起到消除应力集中的作用，降低叶片根部的集中应力，提高了叶片的强度和刚性，提升了叶轮的使用寿命。

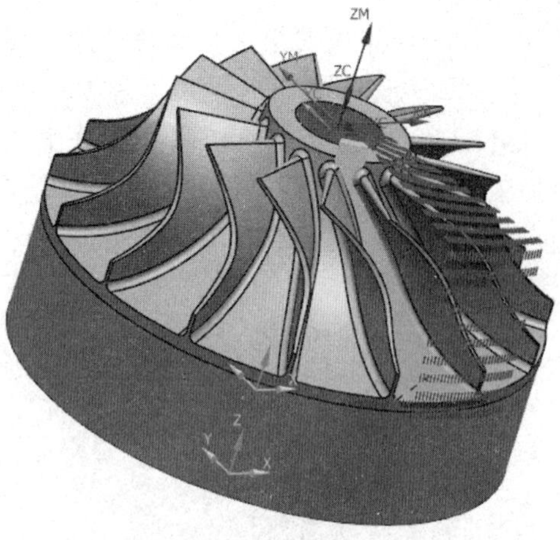

图 8-54 单个轮毂面精加工刀轨

图 8-55 轮毂面精加工刀轨

创建叶根圆角精加工工序，刀具选择“D6A3”，进入叶轮加工模块，选择“圆角精加工”子类型，选择几何体“MULTI_BLADE_GEOM-1”，方法选用“MILL_FINISH”，第一个叶根圆角精加工程序名为“BLEND_FINISH-1”，单击“确定”。进入圆角精加工驱动方法设置，在步距列表中选择“残余高度”，最大残余高度值设定为“0.01”，这时所生成的刀轨没有被延伸，叶根圆角的后缘部分不能被完全切削。进入圆角精加工驱动方法设置，在后缘叶片边选择中选择“沿叶片方向”，切向延伸键入“75.0”并选择刀具百分比。对非切削参数进行设置，把移刀类型选择“光顺移刀”，使其在切削之间创建光顺过渡。进入“非切削运动”选项，在进刀选项对话框的开放区域区段中，从进刀类型列表中选择“无”，单击“转移/快速”选项卡，在区域之间区段中，分别设置逼近、离开和移刀里的逼近方法、离开方法和移刀类型，逼近方法选择“无”，离开方法选择“无”，移刀类型选择“光顺”，通过以上设置使刀轨在切削之间建立了一个光顺的过渡。生成第一个叶根圆角精加工刀轨，如图 8-56 所示。对第一个叶根圆角精加工程序复制，粘贴在其下方并重命名。依此步骤依次创建其他叶根圆角精加工程序，对 15 个叶根圆角精加工程序命名为：“BLEND_FINISH-1”至“BLEND_FINISH-15”。进入叶根圆角精加工程序设置选择其所对应的几何体，按正交实验对切削参数的分组要求对叶根圆角精加工参数进行设置，重新生成刀轨。叶根圆角精加工刀轨图如图 8-57 所示。

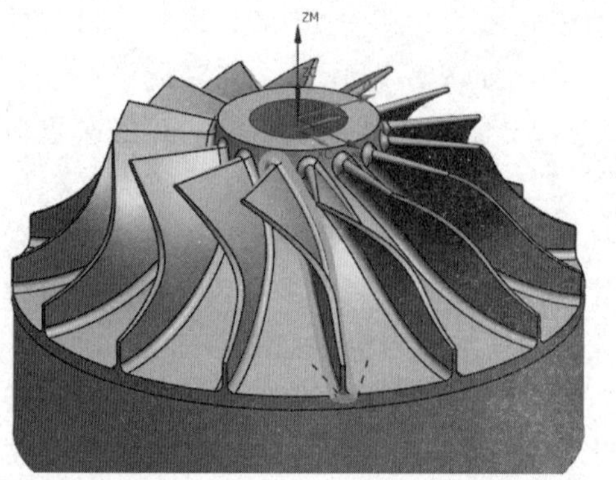

图 8-56 单个叶根圆角精加工刀轨

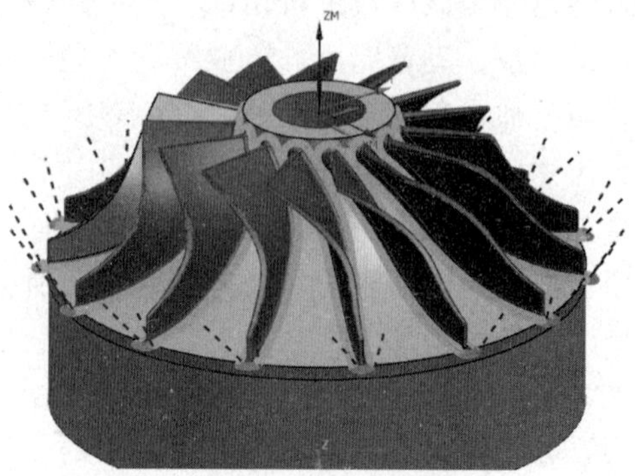

图 8-57 叶根圆角精加工刀轨

4）五轴数控机床仿真加工。

五轴加工的零件程序较复杂，加工用的机床非常昂贵，为了预防刀具干涉或撞刀情况的发生，防止不必要的损失，在工件进行试切加工之前，需对工件进行模拟仿真加工，观察其走刀轨迹是否正确，再将正确的程序导入机床进行零件的试切加工。

利用 UG NX 自带的机床仿真加工模块，对叶轮所有的走刀轨迹路线进行仿真。UG NX 仿真加工模块自带不同类型机床和数控系统，可根据实际加工机床进行调用，在工件的仿真加工过程中可同时实时观察刀具的走刀路线和机床的运动轨迹，防止刀具干涉或撞刀情况的发生，同时可模拟出每道工序的加工时间，也可对工件的加工结果进行分析，减少工件的试切加工次数。

根据零件试切加工机床型号，在 UG NX 仿真加工模块中调用的机床型号是“sim08_mill_5ax_sinumerik_mm”，以工件底座为中心将工件安装在机床工作台上，完成工件的安装，对各加工工序进行机床仿真加工。通过机床模拟加工仿真过程及仿真结果得出，所生成的刀轨符合加工要求，可用于机床的实际加工。

【项目总结】

本项目基于逆向技术对叶轮的失效复杂表面进行修复。技能要点如下。

1. 重构的实体精度可通过与原始点云进行偏差比较，通过偏差测量来判断模型重构精度。结合 Geomagic DesignX 软件中的【点云偏差测量［Accuracy Analyzer（TM）］】命令对曲面模型与原始点云进行偏差值对比。观察重构的曲面与实际点云偏差色图，重建的实体误差范围要在允许范围内。

2. 叶轮的加工需在五轴机床上进行，其加工过程主要有：叶轮粗加工→精铣叶片→精铣轮毂面→精铣叶根圆角。

3. 通过 UG NX 自带的机床仿真加工模块，对叶轮所有的走刀轨迹路线进行仿真，减少工件的试切加工次数。

【项目作业与技能考评】

完成如图 8-58 所示话筒的 3D 逆向建模设计，其技能考评要求如表 8-3 所示。

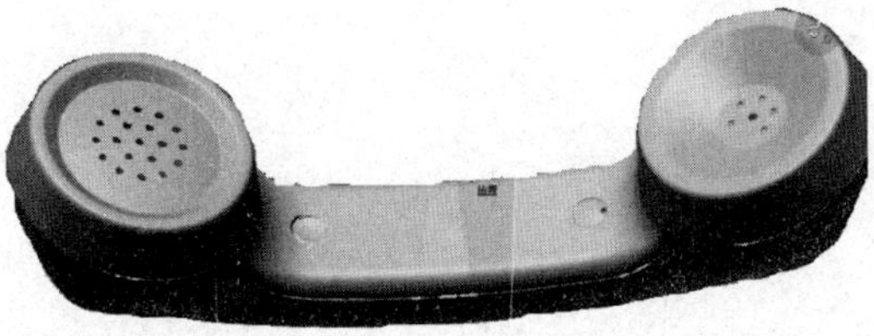

图 8-58 话筒模型

表 8-3 话筒逆向设计技能考评表

序次	主要内容	关键能力与技术检测点	检测结果	评分
1	完成三维数据采集与数据处理并建模	思维能力 接受新事物能力 数据采集操作能力 数据处理能力 建模技能等		
2	数控加工编程设计	编程能力 模拟分析能力 工艺制作能力		
3	局部创新设计	创新能力 思维能力		

参考文献

[1] 石皋莲，吴少华. UG NX CAD应用案例教程［M］. 北京：机械工业出版社，2010.

[2] 赵松涛. UG NX 实训教程［M］. 北京：北京理工大学出版社，2009.

[3] 冯如设计在线，李元园. UG NX4 实例应用篇［M］. 北京：人民邮电出版社，2008.

[4] 周华，蔡丽安，周爱梅. UG NX6 数控编程（基础与进阶）［M］. 北京：机械工业出版社，2008.

[5] 郭晟，刘勇. 模具 CAD/CAM 技术应用［M］. 北京：机械工业出版社，2015.

[6] 郭晟. 异形面型芯数控加工与仿真研究［J］. 机械设计与制造，2014（2）：150-152.

[7] 赵松涛. UG NX 实训教程［M］. 北京：北京理工大学出版社，2010.

[8] 郭晟，阳彦雄. NX8.0 在壳体模具型腔设计与数控加工中的应用［J］. 制造业自动化，2014（6）：43-46.

[9] 成思源，杨雪荣. Geomagic Design Direct 逆向设计［M］. 北京：清华大学出版社，2015.

[10] 戴静. 逆向工程数据处理关键技术研究［D］. 南京：南京理工大学，2003.